国家自然科学基金青年科学基金（52304102，52104153）
徐州市重点研发计划（社会发展）（KC23314）

矿渣-黄土基胶结充填材料的变形与强度演化机制及蠕变模型研究

吴鹏　陈彦龙　陈梁　时旭阳　吕鲲／著

中国矿业大学出版社
·徐州·

内容提要

本专著以露天矿土石剥离物(黄土和岩石)高效处置和端帮滞留煤安全高效开采为背景，系统研究了矿渣-黄土基胶结充填材料的变形与强度演化的宏观、微观机制及蠕变规律。全书共有6章，主要内容包括：矿渣-黄土基胶结充填材料变形与强度的组分效应、矿渣-黄土基胶结充填材料变形与强度的养护条件效应、矿渣-黄土基胶结充填材料强度演化的微观机制、矿渣-黄土基胶结充填材料蠕变特性和胶结充填材料蠕变模型研究等。本书可供工程力学、采矿工程等相关领域的高校教师、研究生及相关专业工程技术人员参考。

图书在版编目(CIP)数据

矿渣-黄土基胶结充填材料的变形与强度演化机制及蠕变模型研究 / 吴鹏等著. — 徐州 ：中国矿业大学出版社，2024.10. — ISBN 978-7-5646-6479-4

Ⅰ. TD353

中国国家版本馆 CIP 数据核字第 2024Y5L564 号

书　　名　矿渣-黄土基胶结充填材料的变形与强度演化机制及蠕变模型研究
著　　者　吴　鹏　陈彦龙　陈　梁　时旭阳　吕　鲲
责任编辑　吴沛沛　潘俊成
出版发行　中国矿业大学出版社有限责任公司
（江苏省徐州市解放南路　邮编 221008）
营销热线　(0516)83885370　83884103
出版服务　(0516)83995789　83884920
网　　址　http://www.cumtp.com　**E-mail**:cumtpvip@cumtp.com
印　　刷　江苏淮阴新华印务有限公司
开　　本　787 mm×1092 mm　1/16　**印张** 9.75　**字数** 249 千字
版次印次　2024 年 10 月第 1 版　2024 年 10 月第 1 次印刷
定　　价　40.00 元

前　言

我国露天矿端帮滞留煤总量高达百亿吨，若弃而不采，不仅造成资源浪费，而且可能留下煤炭自燃的安全隐患。利用端帮采煤机开采是回收端帮滞留煤行之有效的方法，但该方法需要在采硐之间留设一定宽度的煤柱支撑上覆岩层，导致回收率偏低。本书提出采用胶结充填开采方法回收端帮滞留煤。然而，以水泥基为主的胶结充填材料普遍存在干缩性大、耐久性差和成本高等弊端。结合露天矿土石剥离物，开发适用于端帮滞留煤回收的新型胶结充填材料是实现安全、高效和低成本开采的关键。因此，本书以矿渣和黄土作为胶结材料、以剥离的岩石作为骨料、以水玻璃作为激发剂，制备碱激发矿渣-黄土基胶结充填材料。该材料的变形与强度特性对端帮覆岩边坡的稳定性具有重要影响，鉴于此，本书综合采用室内试验、数值模拟和理论分析等多种手段开展矿渣-黄土基胶结充填材料的变形与强度演化机制及其蠕变模型研究，取得如下创新性成果。

(1) 研发了一种新型碱激发矿渣-黄土基胶结充填材料，研究得到了水玻璃模数、骨料级配指数、黄土与粉体比以及激发剂固含量占比等四个主控因素与试样强度的关系，建立了考虑组分及养护龄期效应的胶结充填材料强度预测模型，并给出了相应的材料配比方案优选流程，使碱激发矿渣-黄土基胶结充填材料性能的按需调控成为可能。

(2) 开展了胶结充填材料三轴压缩试验和声发射试验，分析得到了围压、养护温度和养护龄期对胶结充填材料的强度、弹性模量、裂纹起裂阈值和损伤阈值的影响机制；结合声发射波形特征，获得了不同围压、养护温度和养护龄期下胶结充填材料张拉-剪切裂纹的演化规律。研究成果可为端帮滞留煤充填开采中保护煤柱回收时机的确定提供科学依据。

(3) 借助电镜扫描和能谱分析技术，得到了胶凝产物的元素组成及其质量占比对不同养护温度和养护龄期条件下胶结充填材料孔隙结构演化的影响规律；采用改进的模拟退火算法建立了胶结充填材料三维孔隙结构模型；结合孔隙结构与强度变化规律的负相关特性，从胶凝产物填充材料微孔隙作用的视角，揭示了碱激发矿渣-黄土基胶结充填材料强度演化的微观机制。

(4) 开展了不同养护温度下胶结充填材料的三轴蠕变试验，获得了蠕变特性曲线，明确了胶结充填材料蠕变变形速率、破坏强度、长期强度变化规律；建立了考虑养护温度、养护龄期及围压作用因素的非线性黏弹塑性蠕变模型及相应的蠕变本构方程，并给出了蠕变模型的三维扩展形式，根据蠕变试验数据识别了模型参数。该模型可为露天矿端帮滞留煤充填开采下边坡稳定性分析、预测及控制方法研究等提供重要基础。研究成果可为露天矿端帮滞留煤的安全、高效充填开采提供重要保障。

由于作者水平所限，书中难免存在不足之处，恳请广大读者批评指正。

前言

目 录

1 绪　论

1.1 研究背景与意义

我国露天煤矿一般采用分区开采双向内排的开采程序[1-2]，矿用卡车运输通道布置在端帮平盘上，造成端帮边坡坡度较缓，大量煤炭资源被端帮边坡压占而永久损失，这部分煤炭资源称为端帮滞留煤[3]。据统计，我国端帮滞留煤总量高达 100 亿 t，约占煤炭资源总量的 20%[4]，如果将端帮滞留煤弃而不采，不仅造成煤炭资源浪费，而且可能留下煤炭自燃的安全隐患。目前，利用端帮采煤机开采是回收端帮滞留煤的行之有效的方法[5-6]，如图 1-1 所示。端帮采煤机利用切割钻头对端帮滞留煤进行探入式开采，利用自身系统将煤炭运至采硐外，整个过程无须人员进入采硐。但是，每一个采硐开采结束后，需留设一定宽度的煤柱支撑上覆岩层，以防止边坡失稳，这样将造成端帮滞留煤回收率偏低，一般不超过 60%。此外，我国多数露天矿区地表为第四系黄土，对于露天矿在生产过程中需要剥离黄土层和岩石层，土岩剥离量大。剥离的黄土和岩石经矿用卡车转运至排土场，运输距离远、成本高；同时，土石剥离物的堆放也占用了大量的土地，甚至污染环境。

图 1-1　端帮采煤机和条带支撑煤柱

《煤炭工业"十四五"科技发展指导意见》指出，要深入研究充填开采和无煤柱开采等绿色开采技术，研发遗留煤炭资源安全复采技术；《关于"十四五"大宗固体废弃物综合利用的指导意见》也明确指出，要推动采矿废石制备砂石骨料等砂源替代材料和胶凝回填利用。基于此，采用端帮充填开采工艺回收端帮滞留煤，真正实现端帮煤的全部回收具有重要意义。充填物料就地取材，减少了剥离岩土体的外排量，极大降低了排弃成本。特别是采用胶结充填开采方法时，利用剥离的岩石等作为骨料，再辅以胶结材料、外加剂和水等组成胶结充填材料。

以往针对充填开采使用的胶结材料的研究主要集中在传统硅酸盐水泥上，但这种水泥在制作过程中会产生大量的二氧化碳(CO_2)，其排放量约占全球总CO_2排放量的7%[7]，严重危害生态环境。近些年，随着绿色开采理念的推广，对充填材料的研究重点逐渐从传统硅酸盐水泥转向工业废料，例如矿渣、赤泥、粉煤灰等，与水泥的水化产物不同，这些材料的胶结产物属于地聚合物[8-10]。与水泥基材料相比，地聚合物具有力学性质优良[11-12]、耐腐蚀性强[13]、耐久性强[14]和低碳排放[15]等优点。然而大多数地聚合物充填材料的研究只局限于工业废料，露天矿剥离的黄土作为具有一定胶结作用的材料往往被忽视。

黄土是一种易形成灾害的风成堆积物。黄土颗粒较小，一般由粉土颗粒和黏土颗粒组成。黄土主要分布在森林和沙漠中，覆盖面积约占陆地的10%[16]，不同地区的黄土矿物成分基本相同，这为黄土作为胶结充填材料原料的规模性应用提供了一定的前提。黄土具有一定的胶结性能，其作为胶结材料的应用在世界各地都有记录，比如用来制作土坯、搭建城墙等[17]。近些年出现了一些对黄土胶结性能的研究，如利用水玻璃固结黄土提高其力学性能[18-19]，或者利用黄土制备新型防水涂料[20]。由此可见，黄土具有作为胶结充填材料的潜力，但由于其稠度较高，反应性较差，强度较低，必须与其他材料以复合形式使用。

基于以上认识，本书提出以矿渣和黄土作为胶结材料，以矿山剥离的岩石作为骨料，以水玻璃和氢氧化钠作为碱性激发剂制备新型无机聚合物胶结充填材料。目前，针对碱激发矿渣-黄土基胶结充填材料变形与强度特性的研究鲜有报道，这直接影响了胶结充填材料在充填开采技术中的推广和应用，并在一定程度上阻碍了充填开采技术的发展和进步。矿渣-黄土基胶结充填材料能否起到控制岩层移动和地表沉陷、保证边坡稳定和人员安全的作用，取决于胶结充填材料的力学性能。而材料组分、养护龄期、养护温度和围压等因素对矿渣-黄土基胶结充填材料的变形与强度特性具有怎样的影响需要进一步探讨；上述影响因素下矿渣-黄土基胶结充填材料强度变化的微观机理尚不明确，仍需完善；矿渣-黄土基胶结充填材料在服役期间，为保证其具有一定的长期强度，防止其出现加速蠕变破坏现象，需要开展胶结充填材料蠕变特性研究。因此，本书对矿渣-黄土基胶结充填材料的变形与强度演化机制及其蠕变模型进行系统研究。相关研究成果可为露天矿端帮滞留煤的安全、高效充填开采提供重要保障，为露天矿端帮滞留煤充填开采下边坡稳定性分析、预测及控制方法研究等提供理论基础，同时对完善充填技术体系以及科学合理地制备经济、环保的胶结充填材料具有重要意义。

1.2 国内外研究现状

1.2.1 胶结充填工艺与材料制备

我国矿井充填技术经历了由干式充填、水力充填到胶结充填的发展历程。干式充填工艺复杂、矿石贫化率高、生产时间长、生产成本高，而水力充填存在充填体滤水污染井下环境的弊端，因而作用范围受限[21-23]。胶结充填是指将胶凝类材料作为凝结剂，以砂石为骨料作为支撑，充分搅拌均匀后用泵送或其他方式输送至充填区域，形成强度后对充填区域起到支撑作用的充填方式。与干式充填和水力充填相比，胶结充填工艺相对简单、充填体强度较高、充填量大，可以大幅度提高矿井生产能力与生产效率，并有效降低矿石贫化率[24-28]。胶结充填材料一般包括骨料、胶凝材料、外加剂和水[29]，其组成如表1-1所示。

表 1-1 胶结充填材料组成

胶结充填材料		备注
充填骨料	按粒径划分：超细骨料、细骨料、中粗骨料、粗骨料 按种类划分：分级尾砂、全尾砂、块石、山砂、河砂、碎石、棒磨砂	充填骨料可占胶结充填材料总体积的 80%，是充填料浆中的主要组成部分
胶凝材料	矿渣硅酸盐水泥、铝酸盐水泥、普通硅酸盐水泥、钢渣水泥、钢渣、高炉矿渣、粉煤灰、赤泥、高水材料、膏体、全砂土胶固材料	胶凝材料用量较大，其类型及掺加量是充填体强度的决定性因素
外加剂	速凝剂、缓凝剂、减水剂、早强剂、絮凝剂	改善充填体力学性能，部分外加剂可与胶凝材料发生化学反应
水	工业用水、矿井坑内水	与胶凝材料作用发生水化反应并作为输送介质

20 世纪 60 年代，胶结充填技术首次应用于加拿大 Food 矿山，经过多年发展已经形成较为成熟的充填技术与工艺[25]。我国胶结充填技术起步相对较晚，初期为混凝土胶结充填，后逐步过渡为尾砂胶结充填，取得了显著的经济效益与社会效益[30]。20 世纪 90 年代以来，在矿山企业与科研院校的共同努力下，胶结充填技术在我国矿山充填领域发展迅速，胶结材料成分愈加复杂[21,31]。

(1) 尾砂胶结充填

我国最早于 20 世纪 70 年代应用尾砂充填技术。该技术主要有分级尾砂胶结充填与全尾砂胶结充填[32-33]。分级尾砂胶结充填技术在我国矿井应用较为广泛。该技术采用的骨料主要为分级脱泥尾砂(天然砂和棒磨砂)，与胶凝材料(水泥)和水搅拌后输送至充填区域。但尾砂分级后在输送过程中会出现离析、分层现象，造成充填体强度降低。为了提高尾砂利用率，我国逐步提出了高浓度全尾砂充填技术。该技术无需将尾砂进行分级处理，而是将选出的全部尾砂作为充填骨料，添加胶结材料后进行活性搅拌形成高浓度浆液，然后泵送至充填区域。该技术主要有以下优点：① 浆液凝固速度快，充填体强度高，能够有效起到支撑作用；② 浆液输送过程中无分层、离析现象，流动性较好，尾砂利用率高，充填成本相对较低；③ 浆液输送至充填区域后不脱水，不会对井下环境造成污染，适用于尾砂及水泥来源方便且矿体集中的中小型矿山。但全尾砂胶结充填技术需对尾砂进行较为严密的脱水，工艺流程极为复杂，技术成本十分高昂[34]。

(2) 块石胶结充填

块石胶结充填技术利用自然级配的块石、矿山开采的废石或者碎石等作为充填骨料，以砂浆或水泥浆作为胶结材料，将骨料与胶结材料分开输送，无须搅拌，输运至充填区域后利用胶结材料的渗透作用将充填区域内块石、碎石或矿山废石等骨料固结，起到支撑围岩、控制地表沉陷以及回收矿柱的作用[35-36]。该技术在充填效率、充填强度以及机械化程度等方面具有明显优势，且劳动强度低、水泥用量少、工艺简单、基建投资少、充填能力大，但骨料与胶结材料分开运输增加了运输成本，而且充填效果缺乏有效的监测手段，不能对充填体强度及稳定性进行有效评价。此外，国内外许多矿井通过外加剂改善块石胶结充填效果，如加拿大 Williams 矿通过添加 DELVO 稳定剂改善胶结材料浆液性能，降低了管路输送过程中浆液堵塞概率;美国赫克拉矿业公司通过添加 Pozzlith344N 掺和剂减小了水泥等胶结材料的用量;我国东坪金矿通过改革块石胶结充填技术,降低了矿石贫化率,取得显著的经济与社会效益[21]。

(3) 膏体泵送胶结充填

膏体泵送胶结充填技术是将尾砂等充填材料制作成膏状的浆液,采用机械化泵送或管道自流的方式输送至充填区域[37-38]的充填方式。膏体泵送胶结充填技术首次应用于德国格隆德铅锌矿,后经过不断发展逐渐向全球推广。我国在 20 世纪 90 年代初期试验此类技术,而后逐渐形成全尾砂胶结膏体充填、全尾砂＋细石胶结膏体充填、全尾砂＋棒磨砂胶结膏体充填等技术。膏体胶结充填具有流动性好、稳定性强以及可塑性高等特点,膏体可长时间停留在输送管路,在保证充填体强度的同时可减少水泥的用量,无脱水环节且没有井下细泥污染,但该技术基建投资高,技术工艺较为复杂,设备故障率较高,适用于充填体强度要求高、地质条件复杂、矿压较大的矿床开采[27,39]。

(4) 高水速凝胶结充填

高水速凝胶结充填技术由中国矿业大学(北京)孙恒虎教授提出,即采用高水材料作为胶结材料,以全尾砂或尾砂为充填骨料,按比例加水固结形成充填材料。高水材料由甲、乙两种材料混合而成,具有流动性好、固结后无收缩等特点,且凝结速度快,固结体早期强度高,对环境无污染。但作为矿山充填技术之一,其本身仍存在许多不足之处,如工艺复杂,输送过程中容易堵塞管路,需要加水保养,材料来源紧缺,充填成本较高,等等[40-41]。

(5) 赤泥胶结充填

赤泥胶结充填技术的充填体主要由赤泥、石灰、粉煤灰以及减水剂组成。采用双管将赤泥粉煤灰浆液与石灰浆液分别输送至充填区域附近,经混合器混合后输送至充填区域,浆液固结后形成强度[42-43]。

(6) 磨砂胶结充填

磨砂胶结充填技术主要采用磨砂为骨料。用水泥和其他凝结材料配制高浓度磨砂浆液,通过自流充填系统输送至充填区域[44]。该技术在我国应用已逐渐减少。

尽管胶结充填技术在国内外众多学者的努力下得到了长足发展,但以往对该技术的研究侧重于技术革新与充填工艺的改进,忽视了胶结充填的理论研究,如新型充填材料的研发、充填体的形成机制以及充填体的作用机理等,制约了胶结充填技术的进步。目前,胶结充填技术在国内外大部分金属矿和部分煤矿广泛应用,市场前景极为广阔,研发新型材料降低矿山充填成本已迫在眉睫。因此,开发取材方便、来源广泛、成本低廉、工艺简单且能符合矿山充填力学性能要求的胶结充填材料是今后矿山充填的主要研究方向。本书结合露天矿现有的土石剥离物开发一种新型的碱激发矿渣-黄土基胶结充填材料,以丰富和发展胶结充填材料在露天矿端帮滞留煤回采中的应用。

1.2.2 胶结充填材料的力学特性

胶结充填材料的力学特性直接决定充填体的强度、支撑效果以及围岩的稳定性,关系矿山充填工程应用的成败。从胶结充填材料的制备过程以及应用环境可以发现,影响胶结充填材料力学特性的因素可以概括为两大方面:其一,制备胶结充填材料的原材料及其配比;其二,养护龄期、养护温度以及围压等外在环境条件。国内外众多学者针对影响胶结充填材料力学特性的因素开展了大量研究,详细介绍了原材料及其配比、养护龄期、养护温度和围压等因素对胶结充填材料力学特性的影响。

(1) 原材料及其配比对胶结充填材料力学特性的影响

胶结材料种类及其配比直接决定胶结充填材料的力学性能，尤其是胶结充填材料中充填骨料与胶结材料的配比对胶结充填材料抗压强度至关重要[45-51]。郭廷儒等[52]以尾砂为充填骨料，开展的不同配比下胶结充填材料力学性能试验研究发现，胶结充填材料的抗压强度与灰砂比呈正相关。方志甫等[53]和邓代强等[54]制备了不同灰砂比的胶结充填材料，得到了充填体的峰值应变、抗压强度、弹性模量、泊松比、韧性指数的变化规律。葛海源等[55]以冀东地区超细全尾砂为研究对象，分析并建立了材料配比、充填材料浓度等因素与充填体强度之间的关系，揭示了超细全尾砂浆充填体的力学特性及其变化规律。吴恩桥[56]、刘志祥等[57]通过不同配比胶结充填材料的单轴和三轴压缩试验，揭示了不同配比充填体三维损伤能耗规律，从能量角度探讨了充填体与围岩的匹配关系。

水泥、高水等胶结材料的大量使用导致矿山经济效益降低，许多研究人员从工程需求及胶凝材料种类出发优选胶结充填材料及其最佳配比。B. Ercikdi 等[58]采用普通硅酸盐水泥、硅酸盐复合水泥和抗硫酸盐水泥研究了胶凝材料种类和掺量对胶结充填材料力学性能的影响，并给出了胶凝材料最佳质量占比。李一帆等[59]深入研究了充填体作用机理，结合山东黄金金创集团有限公司烟台市蓬莱区大柳行金矿Ⅶ矿体充填强度要求，开展胶结充填材料各材料配比正交试验，优选出符合工程需求的全尾砂胶结充填材料最佳配比。杨超等[60]从尾砂的物理参数入手，以胶结材料的凝结时间为起点，开展不同灰砂比、料浆浓度、养护龄期、养护方式下胶结充填材料强度试验；其试验结果表明，同配比及料浆浓度下矿用胶凝剂充填体强度优于水泥胶结充填体强度。邹威等[61]以全尾砂为骨料，以硅酸盐水泥为胶结材料制作胶结充填材料，并开展不同灰砂比及料浆浓度下胶结充填材料力学特性试验；其试验结果表明，充填体破坏过程与岩石极为相似，且灰砂比 1∶6、料浆浓度为 70%为充填体最佳配比。王国强等[62]在前期试验确定粗骨料膏体浓度范围的基础上，开展了不同浓度、不同配比条件下膏体胶结充填材料单轴抗压强度试验，给出了矿山充填材料最佳配比。尽管通过优化材料配比可以在一定程度上降低充填成本，但是其经济效益仍然较差，例如，制备尾砂胶结充填材料时，波兰特水泥的消耗成本占到尾砂胶结充填总成本的 75%[63-66]，因此，寻找新的胶凝材料部分或全部替代水泥和膏体已迫在眉睫。A. Oner 等[67]为了减少水泥掺量，采用粉煤灰代替部分水泥，发现，材料的强度随粉煤灰掺量的增加呈现先增大后减小的变化趋势，最佳粉煤灰掺量约为水泥掺量的 40%。O. Peyronnard 等[68]针对 8 种工业附属产品的胶凝性能进行了研究，指出 20%～50%的硅酸盐水泥可以被工业附属产品所取代。B. Ercikdi 等[69]采用矿渣或粉煤灰等替换了部分水泥，提高了胶结充填材料的单轴抗压强度。

(2) 养护龄期对胶结充填材料力学特性的影响

胶结充填材料的养护龄期与充填体早期强度、抗压强度等力学性能密切相关，直接关系到充填体对围岩的支撑作用及复杂应力下充填体的稳定性[70-73]。张雯[74]通过试验从宏观角度揭示了全尾砂胶结充填材料灰砂比、养护龄期以及料浆浓度对试样抗压强度的影响规律，并通过建立三者与充填体强度的非线性函数关系，得到三者与充填体强度敏感性排序：灰砂比＞养护龄期＞料浆浓度。李志慧[75]开展了尾砂胶结充填材料特性试验研究，给出了胶结充填材料在不同养护龄期下(7 d、28 d、90 d)的抗压强度；其试验结果表明，养护龄期的增加有助于试样抗压强度的提高，且养护至 28 d 时试样强度基本达到矿山充填强度要求。杨超等[60]通过分析养护龄期对尾砂胶结充填材料强度的影响得出，充填体养护龄期为 28 d 时可达到其最终强度的 80%，养护龄期为 60 d 时可达到其最终强度的 90%。张开放等[76]通过研究料浆浓度、养护龄期以及抗压强度来确定高浓度胶结充填材料最佳参数；其试验结果表明，充填体抗压强度随养护龄期的增加而逐渐升高，且材料配比对充填体力学性能影响显著。张国胜等[77]采用小波神经网络的方法，以试验结果为初始样本，建立不同养护龄期充填强度预测模型，为胶结充填参数优化提供新的方法与思路。

(3) 养护温度对胶结充填材料力学特性的影响

水泥等材料水化学反应与养护温度息息相关，对胶结充填材料的力学性能有显著影响[78-83]。随着开采深度的增加，井下温度逐渐上升，与实验室养护箱恒定温度下试样的力学性能相比差异明显，尤其采用水泥、膏体等作为胶凝材料的充填材料时，温度的变化必然造成浆液反应速率的不同，进而影响充填体的强度[84-87]。S. J. Barnett 等[88]通过开展不同养护温度下胶结充填材料的力学特性试验研究发现，更高的养护温度能够加快水化产物的生成速率，改善材料内部的微观结构，进而提高胶结充填材料的强度。白丽伟等[89]通过开展不同养护温度下粉煤灰-煤矸石胶结充填材料力学特性试验研究得出，充填体养护温度越高，试样应力-应变曲线初期切线模量越高。周平锋等[82]采用单轴抗压强度试验探究养护温度对尾砂胶结充填材料抗压强度的影响；其研究结果表明，养护龄期大于 14 d 时充填体强度随养护温度的升高呈现先增加后减小的变化趋势。M. Fall 等[90-91]开展了不同硅酸盐水泥掺量及养护温度下胶结充填材料强度变化规律研究，认为升高养护温度或降低水灰比有利于快速达到充填体的强度要求。D. Wu 等[92]认为养护温度升高可以促进胶结充填材料的水化反应，产生的大量热量及水化反应物改变了尾砂胶结充填材料的孔隙结构，提高了充填体的强度。升高养护温度有利于提高水泥胶结充填材料早期强度，但高温阻止了水化反应的进一步进行，致使充填体后期强度有所降低[93-65]。有学者开展了高温条件下胶结充填材料力学性能的研究，认为当温度低于 200 ℃时，充填体抗压强度与温度呈正相关；反之，则呈负相关[96-100]。H. Q. Jiang 等[101-102]研究了低温条件下胶结充填材料强度与时间的变化关系，认为低温条件抑制了胶结材料的水化反应，降低了浆液的输送性能。

(4) 围压对胶结充填材料力学特性的影响

充填体在井下主要起到三种作用：对滑移岩体的侧向支撑作用、对采空区围岩移动的限制作用、对破碎裂隙岩体的支撑作用，因此围压对充填体的稳定性及力学特性影响显著[103-107]。由于充填体所处应力环境较为复杂，进行不同应力条件下胶结充填材料力学特性研究尤为必要。刘炜震等[108]开展了胶结充填材料三轴卸围压力学特性研究，得到了胶结充填材料三轴卸荷全过程偏应力-应变曲线，指出莫吉-库仑强度准则更能表征试样在增轴压卸围压条件下的卸荷破坏强度特征。徐文彬等[109-110]开展了胶结充填材料三轴压缩试验，研究了胶结充填材料宏观变形、破坏模式、能量耗散与围压的内在关系；其研究结果表明，充填体峰值应力及峰前能量占比随围压的增加而逐渐增大，低围压条件下呈现明显的脆性破坏。郭靖等[111]基于胶结充填材料三轴试验结果，分析了浆液质量浓度与围压对胶结充填材料力学特性及能量耗散的影响规律；其研究结果表明，充填体强度、总能量、耗散能及弹性应变能均与质量浓度和围压呈正相关。O. Arslan 等[112]、M. Fall 等[113]通过试验证明了围压对胶结充填材料的强度及变形特征影响较大，得到了不同围压下材料配比、养护龄期对充填体强度的影响规律。蔡晓盛[114]基于数值模拟与理论分析的方法对胶结充填材料与围岩组成的复合岩体开展了不同围压下的力学特性研究。

综上所述，国内外许多学者开展了大量单轴压缩条件下胶结充填材料力学特性研究，探讨了充填材料配比、养护龄期以及养护温度等因素对胶结充填材料力学性能的影响规律，部分学者研究了三向受力状态下胶结充填材料的力学特性。但由于组成胶结充填材料的骨料、胶结材料及外加剂的不同，试验结果千差万别，加之应力环境与试验条件的差异性，以往研究难以为不同充填材料下胶结充填材料力学特性提供指导与借鉴作用。尤其涉及围压、养护龄期和养护温度等多因素耦合作用下碱激发矿渣-黄土基胶结充填材料的力学特性研究尚不清楚。

材料或试件在受力变形及裂纹萌生的过程中，会以弹性波的形式释放变形能，这种现象称为声发射。利用设备捕捉声发射信号并以声发射特征参数来表征试样裂纹演化过程的技术，称为声发射技术。材料内部结构、完整性、外部应力环境以及自身力学参数等均可影响声发射事件的产生。特别是胶结充填材料在固结时容易在浆液与骨料的分界面存在裂隙，在承载过程中充填体内部原生裂隙以及分界面裂隙会形成应力集中，在应力作用下裂纹逐渐扩展并相互贯通，同时释放能量，产生大量声发射事件。由于声发射技术能够实现无损监测并反应材料受力状态，其在力学试验中应用较为广泛。

国内外关于煤岩、水泥及混凝土、高水、膏体以及其他非胶结试样的声发射特征研究已经很详尽[115-124]，但涉及胶结充填材料声发射特征研究则相对较少，其研究成果总结如下：① 在材料配比方面，程爱平等[125-127]开展了不同级配下尾砂胶结充填材料单轴压缩及分级蠕变声发射试验；其研究结果表明，尾砂级配指数 n 为 0.5 时，材料强度达到最大值，且声发射特征参数与全应力-应变曲线各阶段变化基本一致；不同应力水平下声发射特征与试样蠕变特征基本一致，即稳定蠕变阶段声发射事件较少，减速蠕变阶段声发射事件相对增加，加速蠕变阶段声发射事件最为活跃。赵奎等[128]通过不同质量浓度下胶结充填材料单轴压缩声发射试验得出，充填体质量浓度越高，其峰值强度、弹性模量以及声发射特征参数累计值越高，此特征可为不同浓度充填体稳定性监测提供依据。胡京涛等[129]进行了不同配比下尾砂胶结充填材料声发射试验，并采用“G-P”算法建立了充填体稳定性预测模型；其试验结果证明，胶结充填材料声发射过程具有分形特征。何志伟[130]开展了不同灰砂比下尾砂胶结充填材料与聚丙烯腈纤维尾砂胶结充填材料声发射特征试验研究，探讨了不同配比下试样宏细观破坏机理；其研究结果表明，不同胶结充填材料声发射能量参数随灰砂比的降低而增加，而达到峰值应力时聚丙烯腈纤维尾砂胶结充填材料声发射事件数远高于普通尾砂胶结充填材料的。② 在养护龄期方面，刘永涛[131]开展了不同养护龄期下尾砂胶结充填材料声发射试验；其试验结果表明，养护龄期为 3～42 d 时，随养护龄期的增加声发射事件数逐渐增多；养护龄期为 42～300 d 时，充填体受载过程中声发射特征变化不大。③ 在养护温度方面，白丽伟等[89]通过开展不同养护温度下胶结充填材料声发射试验研究，得出试样声发射振铃计数和能量累计值与充填体强度呈正相关(表明试样声发射特征参数与试样抗压强度及破坏程度存在较强的关联性)，根据声发射特征参数的变化情况可预测试样的失稳时机。

部分学者开展了试样尺寸、加载方式对胶结充填材料声发射特征的影响规律的研究。

赵永辉等[132]、郭育霞等[133]通过开展不同宽高比下矸石胶结充填材料声发射试验得出，声发射特征参数在充填体峰值应力附近达到最大值，并将特征参数累计值突变拐点作为试样破坏的前兆。龚囱等[134]通过胶结充填材料单轴循环加卸载试验得出，压密阶段声发射 b 值(裂纹扩展尺度的函数)呈现先增大后减小的变化趋势，弹性阶段声发射 b 值随应力增加而逐渐减小，多次加卸载阶段直至接近峰值应力时声发射 b 值持续大幅度减小。

综上所述，国内外部分学者进行了胶结充填材料声发射特征试验研究，探究了胶结充填材料承载过程中损伤演化规律，但由于胶结充填材料骨料与胶凝材料的千差万别，其声发射特征受胶结充填材料和外部应力环境影响较大，与相对均质的岩石材料相比差异性较高。目前尚没有系统开展过多因素耦合作用下胶结充填材料声发射特征研究，其各因素对胶结充填材料声发射特征的影响规律尚不清楚。本书将开展相关试验探究围压、养护温度和龄期对碱激发矿渣-黄土基胶结充填材料声发射特征的影响规律。

1.2.3 胶结充填材料损伤演化的细观机制

材料的力学性能试验可以得到试样加载过程中宏观破坏模式及力学参数的演化规律，声发射技术可以对试样加载过程中裂纹演化及结构损伤实现实时表征，但上述技术无法充分了解充填体承载过程中结构演变、细观损伤及内在破坏机制。众多研究表明，胶结充填材料具有非均匀性、脆性及准脆性的特点，此类材料宏观破坏大多是由细观尺度上损伤破坏逐渐累积造成的[135-138]。室内试验及传统的分析方法难以揭示材料内在破坏机制，因此急需采用细观力学等方面的知识及理论分析方法建立相应的数值计算模型，揭示材料细观破坏与宏观力学行为之间的内在联系。目前国内外学者大多通过模拟软件分析材料受载期间的结构演变，揭示其细观机理，但多数细观研究均集中于岩石材料，涉及胶结充填材料的细观结构模拟研究则相对较少。部分学者关于胶结充填材料细观模拟的研究结果总结如下。

(1) PFC 数值模拟软件

PFC 数值模拟软件可以从细观角度研究材料的力学特性及行为，因而被广泛应用于材料的细观模拟研究。王云鹏[139]以胶结充填材料试验结果为基础对数值模型进行参数赋值，并采用 PFC2D 数值模拟软件分析充填体胶结材料刚度、抗拉强度、内聚力以及摩擦系数对试样力学性能及细观结构破坏模式的影响规律。唐亚男等[140]针对胶结充填材料的分层结构，开展了不同灰砂比条件下分层胶结充填材料单轴压缩试验，并采用 PFC2D 数值模拟软件进行分层胶结充填材料内部裂纹分布规律的研究，深入分析分层结构对充填体力学性能及裂纹演化规律的影响，得出分层胶结充填材料的破坏主要集中于中间软弱面的结论。辛杰[141]以尾砂胶结充填材料为研究对象，采用 PFC2D 数值模拟软件，利用扫描电子显微镜(SEM)扫描充填体的物理尺寸，建立相应的数值计算模型，研究不同养护龄期下尾砂胶结充填材料细观结构特征，探究材料细观结构与宏观力学行为之间的关联性，给出养护龄期对试样细观结构演化的影响规律。吴疆宇等[142-143]为探究不同骨料粒径胶结充填材料宏细观力学特性，基于室内试验结果，结合 PFC2D 数值模拟软件，建立多种考虑骨料粒径分布的胶结充填材料数值计算模型，研究胶结充填材料承载过程中裂纹、能量、颗粒破坏以及力链的演化规律，从细观角度揭示胶结充填材料骨料粒径对试样力学性能的影响规律。

(2) ANSYS 和 PFPA2D 数值模拟软件

部分学者采用 ANSYS 和 PFPA2D 数值模拟软件开展胶结充填材料细观模拟研究。

范鹏凯[144]以废石混凝土胶结充填材料为研究对象，在细观层面将其视为粗骨料、水泥砂浆以及二者的过渡区等三相材料组成的复合材料，并采用ANSYS数值模拟软件对废石混凝土大小、形状及力学性能参数进行分析建模，计算出废石混凝土理论抗压强度，并与试验数据进行对比分析。许长新等[145]以胶结充填材料室内试验结果为基础，基于PFPA2D数值模拟软件，分析胶结充填材料细观破坏演化模式和声发射特征，认为充填体的破坏出现在力学性质最为薄弱的部位。孙光华等[146]采用PFPA2D数值模拟软件进行了尾砂胶结充填材料非均质细观损伤研究，揭示了单轴条件下尾砂胶结充填材料细观损伤破坏机制，得出了充填体的破坏主要由细观单元损伤破坏导致的结论。

综上所述，尽管国内外不少学者开展了胶结充填材料的细观模拟研究，但多数局限于二维状态下充填体的细观结构演化，不能揭示三维状态下胶结充填材料细观结构与宏观力学行为的关联性。部分学者采用PFC3D数值模拟软件开展了岩石材料细观结构演化特征的模拟研究[147-151]，而涉及胶结充填材料的三维模拟则鲜有报道。此外，考虑骨料真实三维形状和粒径分布的胶结充填材料的细观模型构建仍属空白，而这正是开展胶结充填材料细观模拟的关键。本书采用CT扫描技术重构骨料三维轮廓并将其导入数值模拟软件，揭示不同围压、养护温度及龄期下碱激发矿渣-黄土基胶结充填材料裂隙演化的细观机制。

1.2.4 胶结充填材料的蠕变本构模型

胶结充填材料在井下起到支撑围岩、阻止岩层移动以及提供侧向支撑力的作用。井下应力环境较为复杂，充填体在长期应力作用下极有可能发生蠕变变形，进而造成充填体的蠕变破坏，诱发充填体失稳，导致地表沉降及充填区域岩层剧烈运动，威胁井下的安全生产，引发一系列次生灾害。因此，开展胶结充填材料蠕变特性研究十分必要且意义重大。

程爱平等[152]基于不同灰砂比下胶结充填材料单轴压缩及分级蠕变试验，获取了不同应力水平下胶结充填材料蠕变变形及损伤演化规律，考虑胶结充填材料蠕变硬化和损伤特征，构建了胶结充填材料非线性蠕变本构模型。孙琦等[153-154]以膏体胶结充填材料三轴蠕变试验为基础，引入了时间与应力等变量，推导了膏体胶结充填材料蠕变损伤演化方程，通过引入损伤变量改进西原模型，构建了膏体胶结充填材料蠕变本构方程，并将试验曲线与理论计算曲线进行拟合。刘鼎等[155]为探明地下水对矸石胶结充填材料蠕变特性的影响规律，基于充填体三轴蠕变试验结果，建立了水影响下矸石胶结充填材料分数阶蠕变本构方程，并通过反演辨识法获得蠕变模型相关参数。沈圳等[156]鉴于胶结充填材料的稳定性与长期载荷密切相关，开展了胶结充填材料单轴分级加载蠕变试验，研究了充填体各材料成分含量对蠕变变形特性的影响规律，建立了能够表征胶结充填材料含量的蠕变损伤本构模型，推导了相关的蠕变本构方程。赵树果等[157-158]、任贺旭等[159]以不同灰砂比下全尾砂胶结充填材料单轴压缩蠕变试验为基础，探讨了充填材料配比对胶结充填材料蠕变变形的影响规律，基于蠕变试验数据构建了全尾砂胶结充填材料蠕变本构模型，并拟合出本构方程。周茜等[160-161]开展了不同应力水平下富水充填材料蠕变特性试验，基于试验数据引入相关损伤变量，构建了符合富水充填体特征的蠕变模型，并构建了时间、损伤因子、应力及应变等力学参量之间的函数关系。

如上所述，关于胶结充填材料蠕变特性及蠕变模型的研究相对较少，尤其涉及不同养护温度和围压的胶结充填材料蠕变特性研究鲜有报道，相关的室内试验与理论分析不足以满足工程需要。目前，有关岩石蠕变特性的研究成果丰硕，多数学者借鉴岩石材料领域蠕变模型表征胶结充填材料蠕变变形，部分岩石材料非线性蠕变模型如表 1-2 所示。

表 1-2 岩石材料非线性蠕变模型

研究时间	研究人员	试验材料	试验条件	蠕变模型	非线性方程种类
1991	宋德彰等[162]	砂岩	单轴蠕变	一元件弹性	蠕变方程
1996	郑榕明等[163]	黏土	常规三轴蠕变	五元件黏弹性	蠕变方程
2005	宋飞等[164]	石膏角砾岩	常规三轴蠕变	四元件黏弹塑性	本构方程
2006	张贵科等[165]	花岗岩	单轴蠕变	三元件黏弹性	本构方程
2008	蒋昱州等[166]	大理岩	常规三轴蠕变	五元件黏弹塑性	本构方程
2008	尹光志等[167]	煤	常规三轴蠕变	三元件黏弹性	本构方程
2012	李亚丽等[168]	泥岩	常规三轴蠕变	四元件黏弹性	蠕变方程
2014	王新刚等[169]	花岗岩	剪切流变	六元件黏弹塑性	蠕变方程
2017	刘东燕等[170]	砂岩	常规三轴蠕变	四元件黏弹性	蠕变方程

综上所述，有关胶结充填材料蠕变本构模型以及相关特性的研究相对较少，现有的研究不足以体现不同应力水平下胶结充填材料的长期变形以及不同因素（围压、养护温度等）对胶结充填材料蠕变变形的影响，现阶段工程应用中多数仍借鉴岩石材料领域蠕变特性的研究成果，能否利用这些现有成果揭示应力环境和温度等对胶结充填材料蠕变特性的影响仍需要进一步验证。本书开展的胶结充填材料蠕变试验，旨在丰富相关领域研究成果并对已有研究结论进行验证。

1.3 主要研究内容与方法

1.3.1 主要研究内容

本书以露天矿土石剥离物（黄土和岩石）高效处置和端帮滞留煤安全高效开采为背景，系统研究了矿渣-黄土基胶结充填材料的变形与强度演化的宏观、微观机制及蠕变规律，主要开展以下 5 个方面研究内容。

（1）碱激发矿渣-黄土基胶结充填材料变形与强度的组分效应

测定矿渣、黄土、骨料等原材料的物理性质和化学成分等；采用单因素轮换试验研究水玻璃模数、骨料级配指数、黄土与粉体比以及激发剂固含量占比等四个主控因素对胶结充填材料变形与强度特性的影响规律，并力图揭示其变形及强度演化的微观机制；借助正交试验方法对胶结充填材料变形与强度影响因素的敏感性进行剖析；构建多因素耦合影响下胶结充填材料变形与强度的预测模型，实现复杂条件下胶结充填材料强度的拟智能调控，结合胶结充填材料与围岩的匹配特性研究，最终给出胶结充填材料配比方案优选流程。

(2) 碱激发矿渣-黄土基胶结充填材料变形与强度的养护条件效应

借助 TATW-2000 岩石伺服三轴试验系统，研究围压、养护温度和养护龄期对胶结充填材料应力-应变曲线特征、强度和弹性模量等演化规律的影响；基于声发射试验，研究围压、养护温度和养护龄期对胶结充填材料起裂阈值、损伤阈值和破坏模式的影响规律。

(3) 碱激发矿渣-黄土基胶结充填材料强度演化的孔隙结构效应

利用 SEM 和能量色散 X 射线光谱仪(EDS)获得不同试验条件下胶结充填材料微观结构特征及所含物质元素质量占比，分析得出胶结充填材料中胶凝产物的种类；结合胶结充填材料的制备反应过程探究其内部孔隙结构形成机制；基于 SEM 图像，采用改进的模拟退火算法和数字图像重构技术建立胶结充填材料的三维孔隙模型，提取表征孔隙结构的 3 个特征参数(孔隙直径、孔隙率和连通度)，建立胶结充填材料强度演化规律与其孔隙结构特征的内在联系。

(4) 碱激发矿渣-黄土基胶结充填材料的蠕变特性

开展不同围压、养护温度和养护龄期下胶结充填材料分级蠕变试验，研究围压、养护温度和养护龄期对胶结充填材料蠕变变形、变形速率、破坏强度和长期强度特征的影响规律。

(5) 碱激发矿渣-黄土基胶结充填材料的非线性蠕变模型

基于基本的整数阶和分数阶流变元件，建立胶结充填材料的非线性整数阶和分数阶黏弹塑性三维蠕变模型；确定蠕变模型中的应力阈值，并对蠕变模型参数进行辨识，分析在加速蠕变阶段整数阶模型和分数阶模型的优劣。

1.3.2 研究方法与技术路线

本书采用单轴压缩试验、三轴压缩试验和声发射试验分析了不同试验条件下矿渣-黄土基胶结充填材料的变形与强度演化机制；利用 SEM 和 EDS 获得了胶结充填材料的微观结构特征与胶凝产物类型；在此基础上，构建了胶结充填材料三维孔隙结构模型，揭示了胶结充填材料强度变化的孔隙结构效应；基于 CT 扫描，建立了考虑骨料真实三维形状和粒径级配的颗粒流数值计算模型，获得了胶结充填材料裂隙演化的细观机制；在蠕变试验的基础上，构建了非线性整数阶和分数阶黏弹塑性蠕变本构模型。具体研究路线如图 1-2 所示。

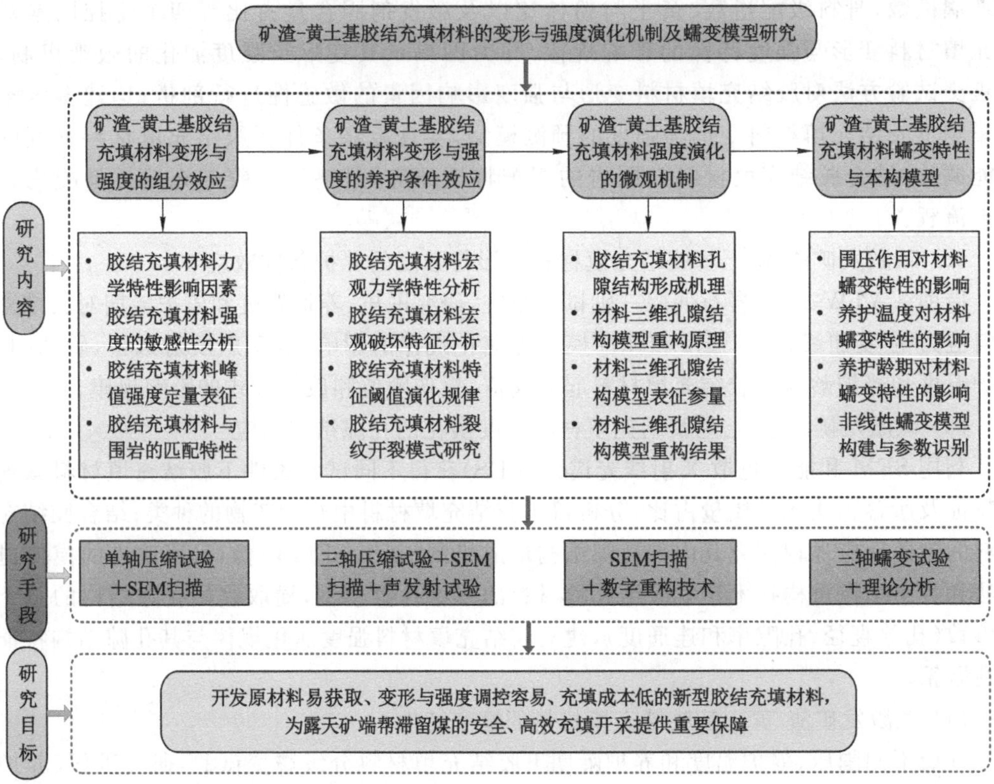
矿渣-黄土基胶结充填材料的变形与强度演化机制及蠕变模型研究
矿渣-黄土基胶结充填材料变形与强度的组分效应
矿渣-黄土基胶结充填材料变形与强度的养护条件效应
矿渣-黄土基胶结充填材料强度演化的微观机制
矿渣-黄土基胶结充填材料蠕变特性与本构模型
研究内容
• 胶结充填材料力学特性影响因素
• 胶结充填材料强度的敏感性分析
• 胶结充填材料峰值强度定量表征
• 胶结充填材料与围岩的匹配特性
• 胶结充填材料宏观力学特性分析
• 胶结充填材料宏观破坏特征分析
• 胶结充填材料特征阈值演化规律
• 胶结充填材料裂纹开裂模式研究
• 胶结充填材料孔隙结构形成机理
• 材料三维孔隙结构模型重构原理
• 材料三维孔隙结构模型表征参量
• 材料三维孔隙结构模型重构结果
• 围压作用对材料蠕变特性的影响
• 养护温度对材料蠕变特性的影响
• 养护龄期对材料蠕变特性的影响
• 非线性蠕变模型构建与参数识别
研究手段
单轴压缩试验＋SEM扫描
三轴压缩试验＋SEM扫描＋声发射试验
SEM扫描＋数字重构技术
三轴蠕变试验＋理论分析
研究目标
开发原材料易获取、变形与强度调控容易、充填成本低的新型胶结充填材料，为露天矿端帮滞留煤的安全、高效充填开采提供重要保障

图 1-2　技术路线

2 矿渣-黄土基胶结充填材料变形与强度的组分效应

采用矿渣-黄土基胶结充填材料对端帮采硐进行充填时，充填材料将受到覆岩自重影响，其变形与强度特性对保证充填开采作业的安全以及充填采场的稳定具有重要作用。为了研究胶结充填材料的变形与强度特性，本章从胶结充填材料组分的角度开展单因素轮换试验和多因素正交试验，分析了水玻璃模数 m、级配指数 n、黄土与粉体比 r、激发剂固含量占比 M 等 4 个主控因素对胶结充填材料变形与强度特性的影响规律，构建了胶结充填材料多因素耦合条件下强度预测模型；分析了胶结充填材料与围岩的匹配特性，并给出了胶结充填材料配比方案优选流程，为实现矿渣-黄土基胶结充填材料性能的智能按需调控提供研究基础。

2.1 试样制备与试验方案

2.1.1 试验材料

(1) 骨料

露天开采需要剥离大量的岩石。岩石岩性的不同导致其物理力学性质和化学成分等方面存在较大差异。特别是岩石中存在的硫化物，易与胶结充填材料的产物发生反应，导致胶结充填材料内部疏松多孔，严重弱化胶结充填材料力学的性能。因此，本次试验选择不含硫化物的砂岩作为制备矿渣-黄土基胶结充填材料的骨料，其基本物理力学参数如表 2-1 所示。采用 X 射线荧光光谱分析仪(XRF)确定骨料的化学成分及其占比，结果如表 2-2 所示。从表 2-2 可以看出，骨料主要的化学成分为二氧化硅(SiO_2)，占比达到 68.32%，其次为三氧化二铝(Al_2O_3，16.21%)、氧化钙(CaO，5.63%)，还含有少量的氧化镁(MgO)、铁(Fe)和氧化钾(K_2O)等。

表 2-1 骨料的基本物理力学参数

强度/MPa	弹性模量/GPa	泊松比	黏聚力/MPa	内摩擦角/(°)	密度/(g/cm³)	抗拉强度/MPa	纵波波速/(m/s)
34.20	2.90	0.28	5.12	36	2.31	6.22	2 537

表 2-2 骨料的化学成分及其占比

化学成分	CaO	SiO_2	Al_2O_3	MgO	Fe	K_2O
占比/%	5.63	68.32	16.21	3.89	3.59	2.36

骨料的粒径分布对胶结充填材料的力学特性具有显著影响[171-173]，通过试验寻求最优的骨料粒径分布已经成为重要的研究内容[174-175]。文献[176]建议圆柱形试样最大的骨料颗粒粒径应小于试样最小直径的 1/5。因此，将砂岩进行破碎，制备 5 种不同粒径的骨料，粒径范围分别为 0～1.5 mm，1.5～3.0 mm，3.0～5.0 mm，5.0～8.0 mm，8.0～10.0 mm，如图 2-1 所示。引入 Talbot 级配理论来量化骨料颗粒粒径分布特征[144]。假定制备一个标准试样所需要的骨料总质量为 M_t，则所需粒径区间在(d_1，d_2)的骨料质量 $M_{d_1}^{d_2}$ 满足式(2-1)：

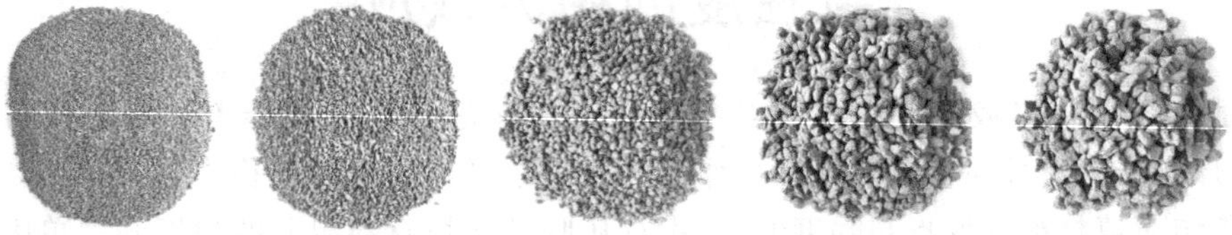

(a) 0～1.5 mm　(b) 1.5～3.0 mm　(c) 3.0～5.0 mm　(d) 5.0～8.0 mm　(e) 8.0～10.0 mm

图 2-1　骨料

$$M_{d_1}^{d_2} = \left[\left(\frac{d_2}{d_{\max}}\right)^n - \left(\frac{d_1}{d_{\max}}\right)^n\right]M_t \tag{2-1}$$

式中　$d_{\max}$——最大粒径，取 10 mm；

n——Talbot 级配指数，取 0.2、0.4、0.6 和 0.8。

表 2-3 给出了不同级配指数 n 和不同粒径区间下骨料质量占比。

表 2-3　不同 Talbot 级配指数 n 和不同粒径区间下骨料质量占比

n	不同粒径区间骨料质量占比/%				
	0～1.5 mm	1.5～3.0 mm	3.0～5.0 mm	5.0～8.0 mm	8.0～10.0 mm
0.2	68.44	10.17	8.45	8.58	4.36
0.4	46.81	14.96	14.01	15.68	8.54
0.6	32.04	16.52	17.42	21.49	12.53
0.8	21.92	16.25	19.27	26.21	16.35

(2) 胶凝材料

试验采用的胶凝材料为矿渣和黄土，如图 2-2 所示。

矿渣是高炉炼铁产生的工业废渣，活性较高。试验矿渣选用河南铂润铸造材料有限公司生产的 S95 矿渣。矿渣基本性质见表 2-4，化学成分及其占比见表 2-5。由表 2-5 可知，矿渣中含量最高的是 CaO 和 SiO_2，其含量分别为 39.49%和 33.12%，其次为 Al_2O_3(13.46%)、MgO(11.02%)，还有少量的二氧化钛(TiO_2)、氧化铁(Fe_2O_3)、氧化亚锰(MnO)、K_2O 和三氧化硫(SO_3)等。

为了评价矿渣的特性，《用于水泥中的粒化高炉炉渣》(GB/T 203—2008)将矿渣的质量系数定义为矿渣中的 CaO、MgO、Al_2O_3 质量分数之和与 SiO_2、TiO_2、MnO 质量分数之和的比值。矿渣的质量系数可由化学成分的质量分数按式(2-2)计算。

(a) 矿渣 (b) 黄土

图 2-2 矿渣和黄土

表 2-4 矿渣的基本性质

密度/(g/cm³)	比表面积/(m²/kg)	含水量/%	烧失量/%	活性指数(7 d)/%	活性指数(28 d)/%
2.9	412	0.1	0.8	86	95.5

表 2-5 矿渣的化学成分及其占比

化学成分	CaO	SiO_2	Al_2O_3	MgO	TiO_2	Fe_2O_3	MnO	K_2O	SO_3	其他/%
占比/%	39.49	33.12	13.46	11.02	1.25	0.57	0.50	0.03	0.01	0.55

$$M_k = \frac{\omega(CaO)+\omega(MgO)+\omega(Al_2O_3)}{\omega(SiO_2)+\omega(TiO_2)+\omega(MnO)} \tag{2-2}$$

式中，$\omega(CaO)$，$\omega(MgO)$，$\omega(Al_2O_3)$，$\omega(SiO_2)$，$\omega(TiO_2)$，$\omega(MnO)$分别为矿渣中 CaO、MgO、Al_2O_3、SiO_2、TiO_2和 MnO 的质量分数。

炉渣中碱性氧化物和酸性氧化物含量的比值称为渣碱度。碱度系数 M_m常用式(2-3)计算。

$$M_m = \frac{\omega(CaO)+\omega(MgO)}{\omega(SiO_2)+\omega(Al_2O_3)} \tag{2-3}$$

将表 2-5 中对应数据代入式(2-2)和式(2-3)中，获得矿渣的质量系数 M_k为 1.83，大于 1.2；碱度系数 M_m为 1.08，大于 1.0。因此试验所用矿渣为活性较高的碱性矿渣[177]。

矿渣的粒径分布如图 2-3 所示。从图 2-3 可以看出，矿渣粒径小于 1.18 μm 的占比为 10.56%，矿渣粒径小于 11.68 μm 的占比为 49.69%，矿渣粒径小于 31.84 μm 的占比为 92.11%。该结果表明矿渣的粒径较小，与水泥粒径基本一致[178]。粒径是材料活性的一个重要指标，小粒径矿渣有利于提高材料强度。

试验所用的黄土取自哈尔乌素露天煤矿南端帮最上部黄土台阶。将黄土用烘干箱烘干，并过 2 mm 筛。黄土基本性质如表 2-6 所示。表 2-7 给出了黄土的化学成分及其占比。从表 2-7 可以看出，黄土中 SiO_2和 Al_2O_3的总含量占比达到 83.48%，硅铝元素含量较高。

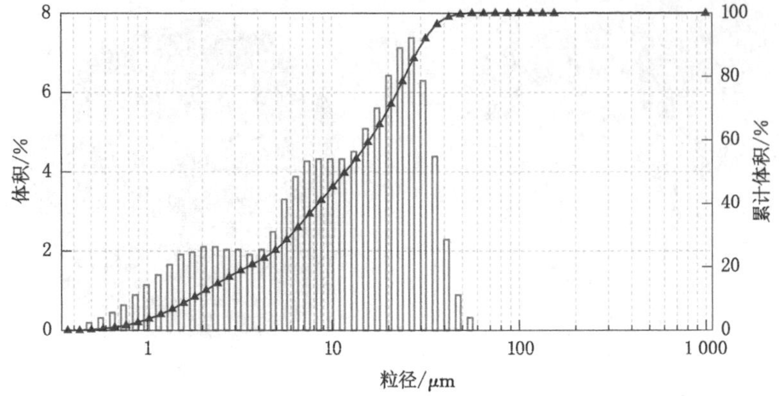

图 2-3　矿渣粒径分布

表 2-6　黄土的基本性质

密度/(g/cm³)	天然含水率/%	孔隙比	液限/%	塑限/%	土粒相对密度	最大干密度/(g/cm³)
1.57	11.06	0.87	28.23	16.53	2.01	1.64

表 2-7　黄土的化学成分及其占比

化学成分	SiO_2	Al_2O_3	CaO	Fe_2O_3	MgO	K_2O	Na_2O
占比/%	56.72	26.76	5.32	4.28	2.45	3.55	0.90

黄土的粒径分布特征如图 2-4 所示。从图 2-4 可以看出，黄土粒径小于 3.71 μm 的占比为 10.49%，黄土粒径小于 27.57 μm 的占比为 52.56%，黄土粒径小于 65.21 μm 的占比为 93.32%。综合矿渣和黄土粒径分布特征可以发现，黄土的粒径比矿渣的略大。

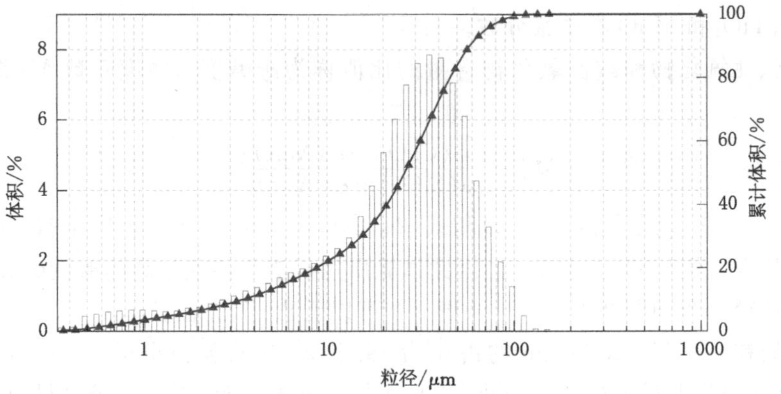

图 2-4　黄土粒径分布特征

(3) 激发剂

与水泥基胶结材料制备不同，矿渣-黄土基胶结充填材料的制备需要激发剂参与。激发剂采用宜兴市南新合成化工二厂有限公司生产的模数 $m=3.3$ 的水玻璃。水玻璃的化学式为 $NaO_2 \cdot mSiO_2 \cdot xH_2O$。其中，$m$ 为水玻璃的模数，x 为水玻璃含有的结晶水数量。模数

m 越大，水玻璃黏性越高，凝固时间越短。需要根据具体的工程确定合理的水玻璃模数 m。考虑露天矿端帮充填开采时，泵送距离较长，需要相对较长的凝固时间，因此，需要配制模数 m 较低的水玻璃。试验过程中将模数 m 设置为 0.5、1.0、1.5 和 2.0。氢氧化钠（NaOH）是调节水玻璃模数 m 最常用的材料之一[179-180]。试验采用滨化集团股份有限公司生产的纯度为 99%的 NaOH。

将水玻璃进行烘干处理，利用 XRF 测得水玻璃的化学成分，如表 2-8 所示。从表 2-8 可知，氧化钠（Na_2O）和 SiO_2 共占 99.09%，此外，水玻璃还含有少量的 S 和金属氧化物。

表 2-8 水玻璃的化学成分

化学成分	Na_2O	SiO_2	S	Al_2O_3	Fe_2O_3	K_2O	CaO	TiO_2	MnO
含量/%	23.62	75.47	0.40	0.20	0.11	0.08	0.06	0.04	0.02

购置的水玻璃模数 m 为 3.3，其中 100 g 水玻璃中含有 8.23 g Na_2O 和 26.30 g SiO_2。虽然水玻璃含少许杂质，但是配制过程中按纯度为 100%计算，即认为 100 g 水玻璃中只含有8.23 g Na_2O、26.30 g SiO_2 和 65.47 g 水。

以模数 $m=y$ 为例，水玻璃具体配制方法如下。

① 确定 Na_2O 和 SiO_2 质量百分数：

由于 100 g 水玻璃中含有 8.23 g Na_2O 和 26.30 g SiO_2，则 Na_2O 和 SiO_2 的质量百分数分别为 8.23%和 26.30%。

② 确定 Na_2O 和 SiO_2 物质的量：

100 g 水玻璃中，$n_0(Na_2O)=m_0(Na_2O)/M_0(Na_2O)=8.23/62=0.133$ (mol)；同理 $n_0(SiO_2)=26.30/60=0.438$ (mol)。

③ 确定加入 NaOH 的质量：

设加入 NaOH 的质量为 x_0 g，新加入的 NaOH 提供的 Na_2O 物质的量 $n_1(Na_2O)=(0.99x_0/80)$ mol，其中 SiO_2 全部来源于工业级水玻璃，则 y 满足式(2-4)。

$$y=0.438/(0.133+0.99x_0/80) \tag{2-4}$$

经化简后得 $x_0=(35.39/y)-10.75$

配置的水玻璃模数 m 设定为 0.5、1.0、1.5 和 2.0 时，每 100 g 水玻璃溶液需要加入的氢氧化钠的质量见表 2-9。

表 2-9 不同模数 m 下每 100 g 水玻璃溶液需要加入的氢氧化钠的质量 m_0(NaOH)

模数 m	0.5	1.0	1.5	2.0
m_0(NaOH)/g	60.03	24.64	12.84	6.95

(4) 外加剂和拌和水

外加剂选用浙江三度化学有限公司生产的木质素磺酸钠，其添加剂量为 0.2%。木质素磺酸钠是一种表面活性剂。添加木质素磺酸钠不仅能减少水的用量，而且能改善浆体的流动性和可塑性，还能减少胶结充填材料内部有害孔隙，明显提高充填体的抗压强度。

拌和水采用自来水。

2.1.2 试样制备

矿渣-黄土基胶结充填材料制备流程如图 2-5 所示，其主要包括称量质量、混合搅拌、振动成型、脱模养护和截割磨平等五个步骤。

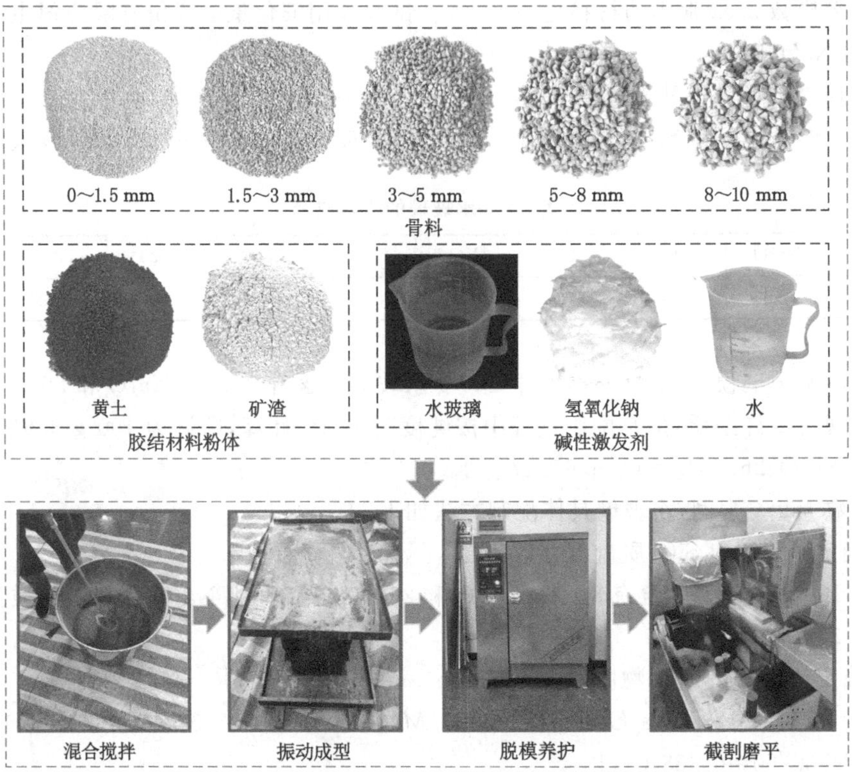

图 2-5 试样制备流程

(1) 称量质量：根据试验方案和配比，称量所需要的骨料、胶结材料粉体（矿渣和黄土，下同）、碱性激发剂（水玻璃和氢氧化钠）以及水的质量。

(2) 混合搅拌：首先，将矿渣和黄土混合均匀，备用；然后，将氢氧化钠溶解于水中，待溶液冷却至室温后，将其与水玻璃溶液混合均匀制成激发剂，将制备好的激发剂倒入搅拌锅；最后，将混合均匀的矿渣、黄土和骨料倒入搅拌锅，搅拌 5 min，制备成碱激发矿渣-黄土基胶结充填材料浆体。

(3) 振动成型：取直径 50 mm、高 110 mm 的圆柱形模具若干，将制备好的胶结充填材料浆体分两次加入，第一次加入模具高度的 2/3，放置在振动台振动 2 min，第二次将模具装满，振动至表面无气泡为止，振动结束后取下装满胶结充填材料浆体的模具。

(4) 脱模养护：将成型后的胶结充填材料浆体养护 24 h 后脱模，脱模后将其放置在温度为 20 ℃、湿度为 95%的养护箱中养护。养护龄期 T_a 分别为 1 d、3 d、7 d、14 d 和 28 d。注意，严禁将试样浸水养护，这主要是因为激发剂溶于水，浸水养护会导致试样强度降低。

(5) 截割磨平：为了确保试样端面平行度和平整度满足要求（平行度≤0.05 mm，平整度≤0.02 mm），将达到养护龄期 T_a 的试样进行截割。本书将浇筑试样的高度修改为 110 mm。利用自动切割机和磨平机制备直径 50 mm、高度 100 mm 的标准圆柱体试样，如

图 2-6 和图 2-7 所示。

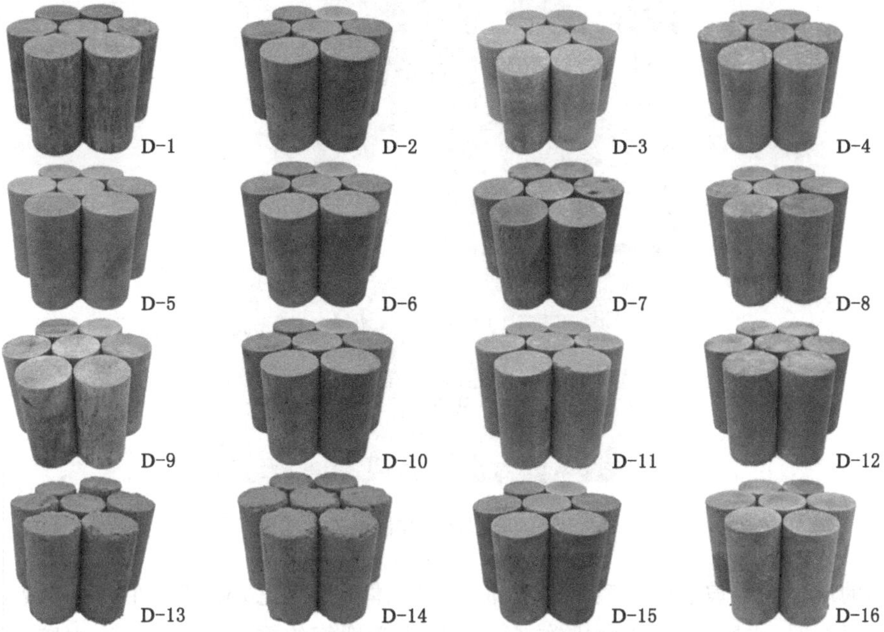

图 2-6 单因素轮换试验的部分试样

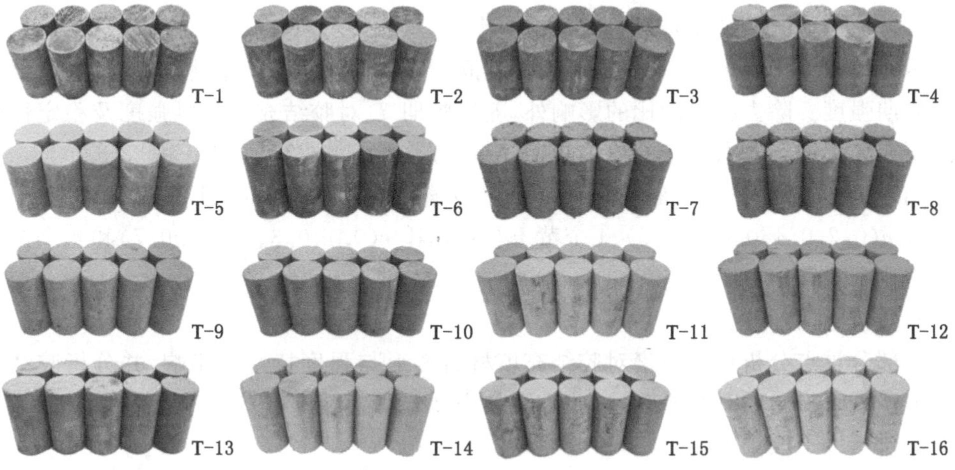

图 2-7 正交试验的部分试样

2.1.3 试验设备

本书采用 WDW-300 型微机控制电子万能试验机(图 2-8)开展胶结材料的单轴压缩试验。该试验机能提供的最大轴向力为 300 kN,精度为±0.5%,采样间隔为 0.1 s。

2.1.4 试验方案

根据试验所选用的材料,首先研究不同配比条件下矿渣-黄土基胶结充填材料的变形与强度特性,确定胶结充填材料的最优配比。主要考虑以下影响因素:水胶比 l、水玻璃模数 m、骨料级配指数 n、黄土与粉体质量(矿渣和黄土质量总和)比 r、激发剂固含量占比(加入

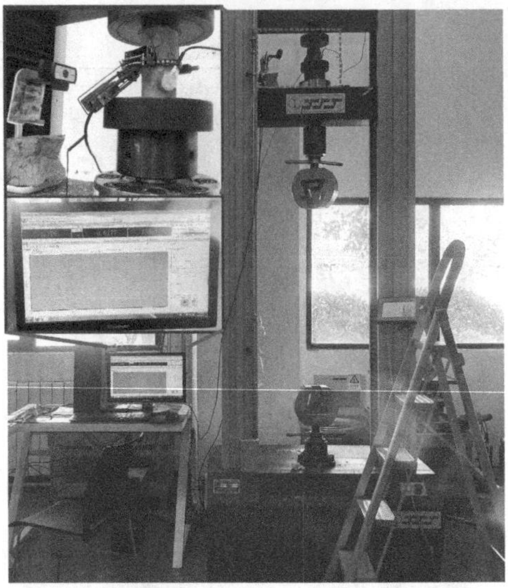

图 2-8 WDW-300 型微机控制电子万能试验机

氢氧化钠的质量与水玻璃中硅酸钠的质量和与粉体质量之比)M 等。在制备矿渣-黄土基胶结充填材料时，水胶比 l 是影响胶结充填材料力学性能的重要指标之一。水胶比 l 过大，会延长材料初凝和终凝时间，导致强度较低；水胶比 l 较小，材料的塌落度较小，无法满足流动性要求。根据前期塌落度预试验结果，将水胶比设定为 1.1，此时材料的塌落度为 191～232 mm，大于 180 mm，满足流动性要求。

端帮充填开采过程中，要求胶结充填材料既能及时支护顶板，提供早期强度，又要具有稳定的后期强度。除去材料配比的影响外，养护龄期 T_a 对胶结充填材料强度及稳定性的影响也是研究的关键。本书确定的养护龄期 T_a 分别为 1 d、3 d、7 d 、14 d 和 28 d。

在确定了上述因素后，试验共设计 4 个水玻璃模数 m(0.5、1.0、1.5 和 2.0)、4 个骨料级配指数 n(0.2、0.4、0.6 和 0.8)、4 个黄土与粉体比 r(0.1、0.3、0.5 和 0.7)和 4 个激发剂固含量占比 M(0.3、0.4、0.5 和 0.6)。

试验共包括两部分。

第一部分重点分析单个因素对胶结充填材料变形与强度特性的影响，并分析胶结充填材料峰值强度 σ_c 变化的微观机理，试验方案如表 2-10 所示。

具体包括以下四个方面：

(1) 当级配指数 $n=0.4$、黄土与粉体比 $r=0.3$ 和激发剂固含量占比 $M=0.5$ 时，分析水玻璃模数 m(0.5、1.0、1.5 和 2.0)对胶结充填材料变形与强度特性的影响规律，对应表 2-10 试验编号 D-1～D-4。

(2) 当水玻璃模数 $m=1.0$、黄土与粉体比 $r=0.3$ 和激发剂固含量占比 $M=0.5$ 时，分析级配指数 n(0.2、0.4、0.6 和 0.8)对胶结充填材料变形与强度特性的影响规律，对应表 2-10 试验编号 D-5～D-8。

(3) 当水玻璃模数 $m=1.0$、级配指数 $n=0.4$ 和激发剂固含量占比 $M=0.5$ 时，分析黄土与粉体比 r(0.1、0.3、0.5 和 0.7)对胶结充填材料变形与强度特性的影响规律，对应表 2-10 试验编号 D-9～D-12。

(4) 当水玻璃模数 $m=1.0$、级配指数 $n=0.4$ 和黄土与粉体比 $r=0.3$ 时，分析激发剂固含量占比 M(0.3、0.4、0.5 和 0.6)对胶结充填材料变形与强度特性的影响规律，对应表 2-10 试验编号 D-13～D-16。

表 2-10 单因素轮换试验方案

试验编号	水玻璃模数 m	级配指数 n	黄土与粉体比 r	激发剂固含量占比 M
D-1	0.5	0.4	0.3	0.5
D-2	1.0			
D-3	1.5			
D-4	2.0			
D-5	1.0	0.2	0.3	0.5
D-6		0.4		
D-7		0.6		
D-8		0.8		
D-9	1.0	0.4	0.1	0.5
D-10			0.3	
D-11			0.5	
D-12			0.7	
D-13	1.0	0.4	0.3	0.3
D-14				0.4
D-15				0.5
D-16				0.6

第二部分主要开展多因素正交试验。通过单因素轮换试验无法获得各个因素对胶结充填材料强度 σ_c 影响的敏感性排序及最佳配比组合。因此，需要开展多因素正交试验，为将来矿渣-黄土基胶结充填材料的强度设计与优化提供理论依据。多因素正交试验因素水平及正交试验方案分别如表 2-11 和表 2-12 所示。试验指标为各养护龄期 T_a 下胶结充填材料的强度 σ_c。

单因素轮换试验和多因素正交试验胶结充填材料具体配置方案如表 2-13 和表 2-14 所示。开展单因素轮换试验，重点探究单个因素对胶结充填材料力学特性的影响规律，揭示胶结充填材料强度变化机理；开展多因素正交试验的目的是探究胶结充填材料强度 σ_c 影响因素的敏感性排序。

表 2-11 正交试验因素水平

水平	因素				
	A(水玻璃模数)	B(级配指数)	C(黄土与粉体比)	D(激发剂固含量占比)	E(空)
1	0.5	0.2	0.1	0.3	1
2	1.0	0.4	0.3	0.4	2
3	1.5	0.6	0.5	0.5	3
4	2.0	0.8	0.7	0.6	4

表 2-12　正交试验方案

试验编号	A	B	C	D	E(空)
T-1	1	1	1	1	1
T-2	1	2	2	2	2
T-3	1	3	3	3	3
T-4	1	4	4	4	4
T-5	2	1	2	3	4
T-6	2	2	1	4	3
T-7	2	3	4	1	2
T-8	2	4	3	2	1
T-9	3	1	3	4	2
T-10	3	2	4	3	1
T-11	3	3	1	2	4
T-12	3	4	2	1	3
T-13	4	1	4	2	3
T-14	4	2	3	1	4
T-15	4	3	2	4	1
T-16	4	4	1	3	2

表 2-13　单因素轮换试验胶结充填材料具体配置方案(10 个试样)

编号	胶凝材料粉体/g		激发剂/g		骨料粒径/mm					水/g	木质素磺酸钠/g
	黄土	矿渣	水玻璃	NaOH	0～1.5	1.5～3.0	3.0～5.0	5.0～8.0	8.0～10.0		
D-1	171	401	303	181	1 639	524	490	549	299	746	10
D-2	171	401	484	119	1 639	524	490	549	299	628	10
D-3	171	401	604	78	1 639	524	490	549	299	549	10
D-4	171	401	690	48	1 639	524	490	549	299	493	10
D-5	171	401	484	119	2 395	356	296	300	153	628	10
D-6	171	401	484	119	1 639	524	490	549	299	628	10
D-7	171	401	484	119	1 121	579	610	753	439	628	10
D-8	171	401	484	119	768	569	674	918	573	628	10
D-9	58	515	484	119	1 639	524	490	549	299	628	10
D-10	171	401	484	119	1 639	524	490	549	299	628	10
D-11	286	286	484	119	1 639	524	490	549	299	628	10
D-12	401	171	484	119	1 639	524	490	549	299	628	10
D-13	198	463	335	83	1 639	524	490	549	299	725	10
D-14	184	429	415	103	1 639	524	490	549	299	673	10
D-15	171	401	484	119	1 639	524	490	549	299	628	10
D-16	161	375	544	134	1 639	524	490	549	299	589	10

表 2-14 正交试验胶结充填材料具体配置方案(10 个试样)

编号	胶凝材料粉体/g		激发剂/g		骨料粒径/mm					水/g	木质素磺酸钠/g
	黄土	矿渣	水玻璃	NaOH	0～1.5	1.5～3.0	3.0～5.0	5.0～8.0	8.0～10.0		
T-1	61	555	195	117	2 236	333	276	281	143	753	10
T-2	172	401	242	145	1 530	489	457	512	279	723	10
T-3	267	267	283	169	1 047	540	569	702	409	697	10
T-4	351	150	318	191	716	531	629	857	534	673	10
T-5	160	374	451	111	2 236	333	276	281	143	586	10
T-6	50	451	508	125	1 530	489	457	512	279	549	10
T-7	431	185	313	77	1 047	540	569	702	409	677	10
T-8	286	286	387	95	716	531	629	857	534	628	10
T-9	251	251	635	81	2 236	333	276	281	143	466	10
T-10	374	160	564	73	1 530	489	457	512	279	513	10
T-11	57	515	483	62	1 047	540	569	702	409	565	10
T-12	185	431	391	50	716	531	629	857	534	626	10
T-13	401	172	552	39	2 236	333	276	281	143	520	10
T-14	308	308	446	31	1 530	489	457	512	279	589	10
T-15	150	351	725	51	1 047	540	569	702	409	407	10
T-16	53	481	644	45	716	531	629	857	534	460	10

2.2 胶结充填材料变形与强度特性的影响因素

2.2.1 水玻璃模数的影响

(1) 应力-应变曲线特征

当级配指数 $n=0.4$、黄土与粉体比 $r=0.3$ 和激发剂固含量占比 $M=0.5$ 时,不同水玻璃模数($m=0.5$、1.0、1.5 和 2.0)下胶结充填材料应力-应变曲线如图 2-9 所示。

由图 2-9 可知,不同水玻璃模数 m 和养护龄期 T_a 下,胶结充填材料的应力-应变曲线变化规律类似,都经历了五个阶段。

① 压密阶段:该阶段曲线呈上凹形非线性增大,说明材料抗变形能力逐渐增强,试样内部原始微裂纹和微孔隙逐渐闭合。

② 近似线弹性阶段:该阶段应力随应变的增加近似呈线性增大,集聚的弹性能不足以促使试样内部原始微裂纹扩展,也无新裂纹产生。该阶段曲线斜率被称为胶结充填材料的弹性模量 E。

③ 裂纹稳定扩展阶段:该阶段随应力的增加,曲线斜率减小,试样内部裂纹开始扩展并伴生多条新裂纹,试样逐渐进入塑性变形阶段。

④ 裂纹非稳定扩展阶段:该阶段曲线斜率进一步减小,试样内部开始产生大量微裂纹,原有微裂纹继续扩展并相互贯通,具有向宏观裂纹发展的趋势,该阶段的终点对应的应力

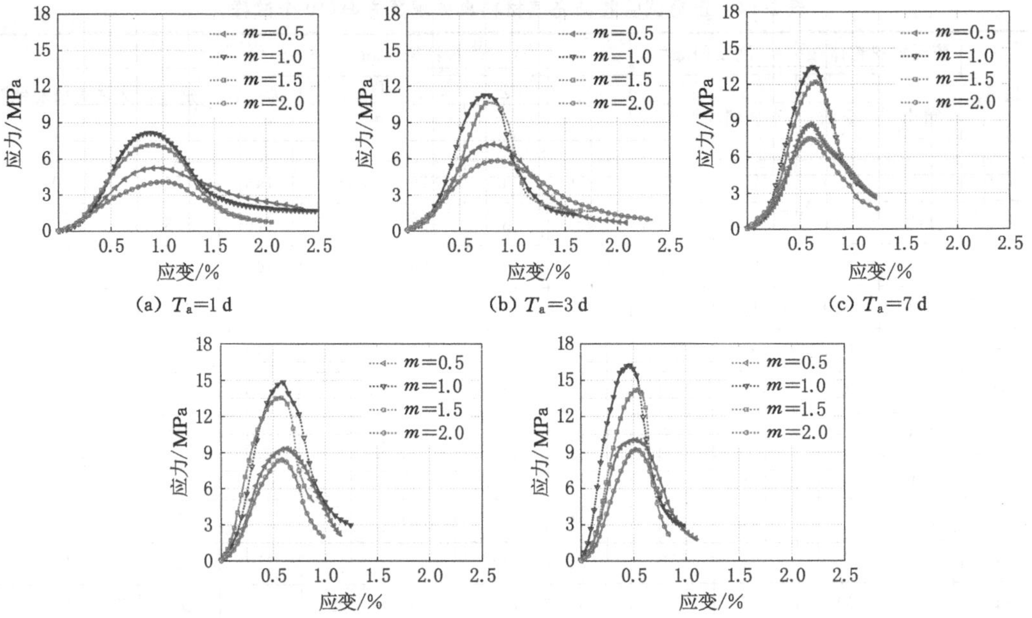

(a) T_a=1 d (b) T_a=3 d (c) T_a=7 d

(d) T_a=14 d (e) T_a=28 d

图 2-9 不同水玻璃模数下试样的应力-应变曲线特征

(峰值应力)即为胶结充填材料的强度 σ_c。

⑤ 峰后软化阶段：当应力达到试样的强度 σ_c 时，试样内部微裂纹的扩展和贯通导致试样表面开始出现宏观裂纹，但试样并没有完全失去承载能力，应力以某一斜率缓慢下降，但该斜率在不同水玻璃模数 m 和养护龄期 T_a 下差异较大，主要体现在两个方面，其一，对于低养护龄期(T_a=1 d 和 T_a=3 d)的胶结充填材料，不同水玻璃模数 m 下，其应力-应变曲线峰后阶段呈现明显的塑性流动特性；其二，对于高养护龄期($T_a \geqslant 7$ d)的胶结充填材料，其应力-应变曲线的峰后阶段呈现瞬时跌落特征，试样表现为典型的脆性破坏。需要说明的是，水玻璃模数 m 不影响应力-应变曲线的基本特征，仅改变了胶结充填材料的强度 σ_c 和弹性模量 E。

不同水玻璃模数下试样的渐进破坏过程如图 2-10 所示。通过揭示不同养护龄期 T_a 和水玻璃模数 m 下胶结充填材料渐进破坏过程，可以获得养护龄期 T_a 和水玻璃模数 m 对胶结充填材料动态失稳过程的影响规律。

以养护龄期 T_a=1 d、水玻璃模数 m=2.0 的试样为例，其应力-应变曲线及其对应的裂纹发育过程如图 2-10(a)所示。当应力小于 3.5 MPa 时，试样保持初始状态，表面并未出现裂纹；当应力超过 3.5 MPa 时，试样中部开始出现竖向的张拉裂纹，并有向上下端面扩展的趋势；在峰值应力 σ_c 点，试样表面的裂纹继续扩展，并伴有新裂纹产生，裂纹宽度进一步增大；峰值点后，试样呈现延性破坏特征，随着应变的持续增大，裂纹继续扩展至上下端面，彼此交汇，相互贯通，并在应力卸载至 1 MPa 时出现了剥落现象，此时试样完全失稳。

以养护龄期 T_a=28 d、水玻璃模数 m=1.0 的试样为例，其应力-应变曲线及其对应的裂纹发育过程如图 2-10(b)所示。当应力小于强度 σ_c 时，试样表面并未出现新的裂纹，当应力达到试样的强度 σ_c 时，试样中部出现了一个月牙形裂纹；在峰值点后，随着应变的继续增

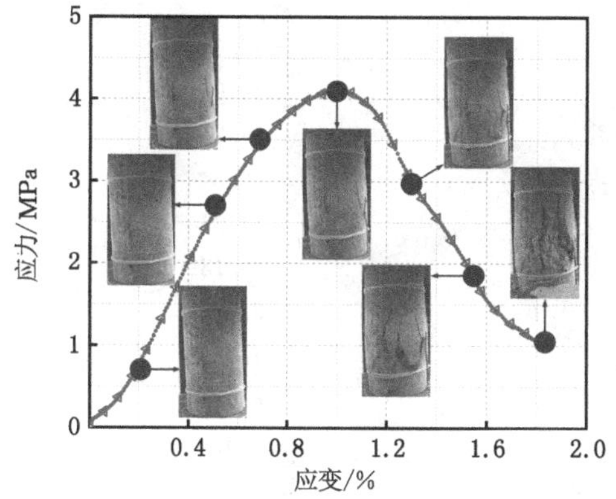

(a) $T_a=1$ d, $m=2.0$

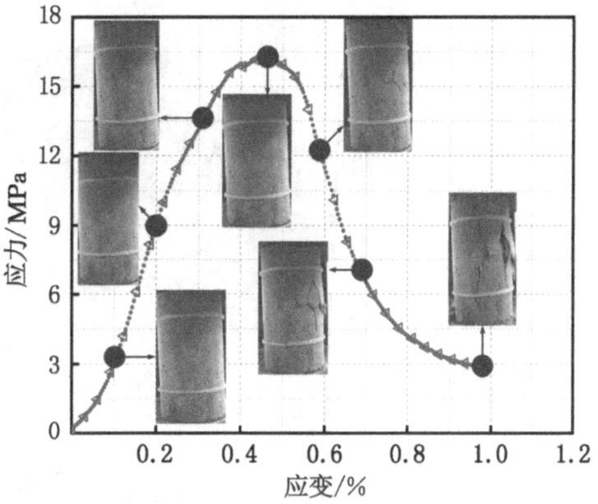

(b) $T_a=28$ d, $m=1.0$

图 2-10 不同水玻璃模数下试样的渐进破坏过程

大,月牙形裂纹逐步向试样上端面延伸,并伴生一条向下端面延伸的新裂纹;当应变继续增至0.7%左右时,裂纹彼此交汇,逐步贯通至试样上下端面,裂纹宽度增大;当应变接近1.0%时,试样表面并未出现新的裂纹,而是原有裂纹的尺寸继续增加。

(2) 强度 σ_c 的演化规律

试验中的强度 σ_c 是剔除每组数据的最大值和最小值,保留三个测试结果并求其平均值获得的(下同)。不同养护龄期 T_a 和水玻璃模数 m 下试样的强度如图 2-11 所示(扫图中二维码可看彩图,下同)。从图 2-11 可以看出,不同养护龄期 T_a 条件下,随着水玻璃模数 m 的增加,胶结充填材料的强度 σ_c 呈现先增大后减小的变化规律,并在水玻璃模数 m 为 1.0 时达到最大。以养护龄期 $T_a=7$ d 为例,水玻璃模数 m 由 0.5 增至 1.0 时,强度 σ_c 由 8.65 MPa 增至 13.27 MPa,增幅为 53.41%;水玻璃模数 m 由 1.0 增至 2.0 时,强度 σ_c 由 13.27 MPa 降至 7.52 MPa,降幅为 43.33%。以上结果表明,水玻璃模数 m 对胶结充填材料的强度 σ_c 具有显著影响。

针对胶结充填材料的强度 σ_c 随水玻璃模数 m 增加呈现先增大后减小的变化规律,现给出如下解释:水玻璃胶团由胶核。吸附层和扩散层三部分组成[181],如图 2-12 所示。SiO_2 在胶团中心聚集形成胶核,胶核具有极强的吸附力,吸附大量的 SiO_3^{2-} 和部分 Na^+ 构成吸附层。吸附层外围分布的部分 Na^+ 构成扩散层。整个胶团呈电中性[182]。SiO_2 溶于 NaOH 溶液中形成真溶液,在真溶液中,SiO_2 和 Na_2O 以一定比例共存[181]。水玻璃模数 m 反映了溶液中 SiO_2 和 Na_2O 的比例。当水玻璃模数 $m\geqslant1.5$ 时,如图 2-12(a)所示,胶核的直径较大,大多数 SiO_2 主要集中在胶核内,但是真溶液中 SiO_2 的相对含量仍大于 Na_2O 的,随着 Na_2O 的消耗,真溶液中多余的 SiO_2 逐渐析出;当水玻璃模数 $m=1.0$ 时,如图 2-12(b)所示,真溶液中 Na_2O 含量增加,为了维持真溶液中 SiO_2 和 Na_2O 的比例,胶核中的部分 SiO_2 逐渐从胶核进入真溶液中,胶核直径减小;当水玻璃模数 $m=0.5$ 时,如图 2-12(c)所示,真溶液中 Na_2O 含量继续增加,胶核内大部分 SiO_2 进入真溶液,胶核直径进一步减小。

以水玻璃和 NaOH 配置的碱激发剂在与矿渣和黄土的反应过程中具有双重作用,其一,提供碱性环境,促使 Ca—O 键、Al—O 键和 Si—O 键断裂,形成 Ca^{2+}、Al^{3+} 和 Si^{4+};其二,作为反应物直接参与反应,Ca^{2+}、Al^{3+} 和 Si^{4+} 进入水玻璃溶液中,与 SiO_3^{2-} 进行反应,其

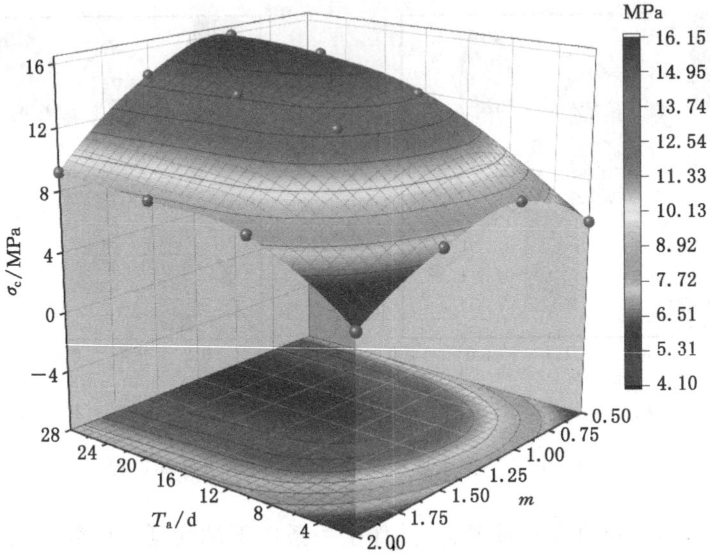

图 2-11　不同养护龄期和水玻璃模数下试样的强度

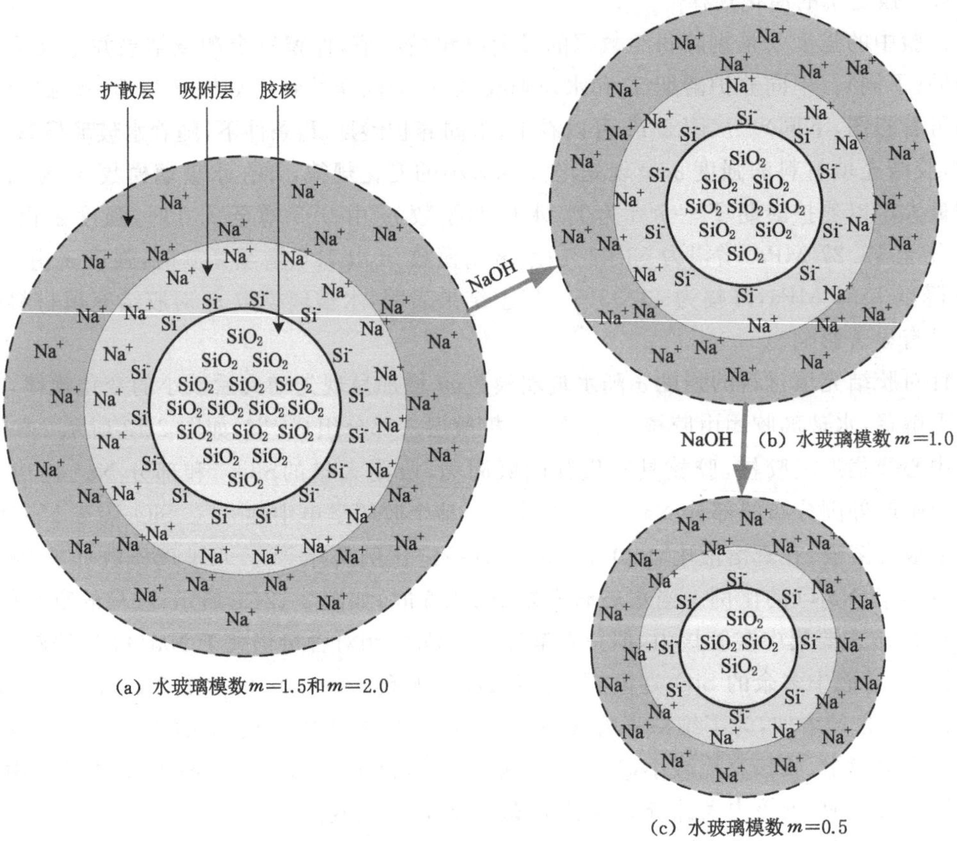

(a) 水玻璃模数 $m=1.5$ 和 $m=2.0$

(b) 水玻璃模数 $m=1.0$

(c) 水玻璃模数 $m=0.5$

图 2-12　水玻璃的微胶团特征[181]

中，矿渣所形成的凝胶主要为水化硅酸钙(C—S—H)凝胶和水化硅铝酸钙(C—A—S—H)凝胶，黄土所形成的凝胶主要为硅铝酸钠(N—A—S—H)凝胶和少量的C—S—H凝胶[7]。这些凝胶在胶团、矿渣颗粒和黄土颗粒表面形成。随着反应时间的延长，凝胶产物越来越多，彼此相互搭接，最终形成整体。

综上所述，当水玻璃模数 $m \geqslant 1.5$ 时，溶液中的 Na_2O 较少，所提供的碱性环境较弱，对矿渣和黄土的激发作用较差，Ca—O键、Al—O键和Si—O键不易断裂，因此溶液中的 Ca^{2+}、Al^{3+} 和 Si^{4+} 较少；此外，大多数 SiO_2 集中分布在胶核，真溶液中的 SiO_2 的数量极少。当水玻璃模数 m 较大($m \geqslant 1.5$)时，C—S—H凝胶和C—A—S—H凝胶等胶凝产物生成较少，无法形成完整的网络结构，致使胶结充填材料强度较小。水玻璃模数越高，胶结充填材料强度越小。当水玻璃模数 m 为1.0时，溶液中的 Na_2O 和 SiO_2 数量均增加，良好的碱性环境大大改善了水玻璃对矿渣的激发作用，大量的 Ca^{2+}、Al^{3+}、Si^{4+} 与 SiO_2 充分反应，胶凝产物的数量大幅度增加，并相互搭接，形成完整的网络结构，胶结充填材料的强度明显增大。但当水玻璃模数 m 降至0.5时，大多数 Na_2O 和 SiO_2 分布在溶液中，水玻璃胶团的直径极小，胶凝产物主要在矿渣和黄土表面形成，短期内胶凝产物的增多阻碍了矿渣和黄土内部Ca—O键、Al—O键和Si—O键的进一步断裂，从而导致后续反应进展缓慢甚至不再发生反应，反应产物减少，无法形成完整的网络结构，其宏观表现为胶结材料的强度减小。因此，存在一个临界的水玻璃模数 m 可使矿渣和黄土内部的Ca—O键、Al—O键和Si—O键完全断裂并与 SiO_2 充分反应，从而使胶结充填材料获得最优强度。

2.2.2　骨料级配指数的影响

(1) 应力-应变曲线特征

当水玻璃模数 $m=1.0$、黄土与粉体比 $r=0.3$ 和激发剂固含量占比 $M=0.5$ 时，不同级配指数($n=0.2$、0.4、0.6和0.8)下胶结充填材料应力-应变曲线如图2-13所示。由图2-13可知，不同骨料级配指数 n 下，胶结充填材料的应力-应变曲线均经历2.2.1章节所述的五个阶段，在此不再赘述。

不同级配指数 n 下应力-应变曲线的区别主要体现在裂纹非稳定扩展阶段。当级配指数 $n=0.2$、0.4和0.6时，裂纹非稳定扩展阶段经历的时长较短；当级配指数 $n=0.8$ 时，试样表现出明显的塑性流动特性，其非稳定扩展阶段经历的时间较长。

不同级配指数下试样的渐进破坏过程如图2-14所示。通过揭示不同级配指数 n 下胶结充填材料渐进破坏过程，可以获得级配指数 n 对胶结充填材料动态失稳过程的影响规律。

以养护龄期 $T_a=7$ d、级配指数 $n=0.4$ 的试样为例，其应力-应变曲线及其对应的裂纹发育过程如图2-14(a)所示。在应力达到试样强度 σ_c 点之前，试样表面均未出现明显的裂纹；当应力达到试样的强度 σ_c 时，试样的下端面出现了平行于试样轴向的张拉裂纹；随着应力进一步增大，试样下端面的裂纹向试样中部扩展，试样中部伴生多条新裂纹；当应变达到0.87%时，原扩展裂纹的宽度增大，新裂纹数量增多；当应变增至1.08%时，试样中部出现了部分块体的剥离现象，裂纹相互贯通，试样完全破坏。

以养护龄期 $T_a=7$ d、级配指数 $n=0.8$ 的试样为例，其应力-应变曲线及其对应的裂纹发育过程如图2-14(b)所示。在裂纹非稳定扩展阶段之前，试样表面无新裂纹产生；当应力达到5.1 MPa时，试样中部出现了平行于加载方向的新裂纹；随着应力进一步增大至试样强度 σ_c，试样中下部位置出现了新的张拉裂纹；峰值点后，随着应力的继续增大，裂纹发育和

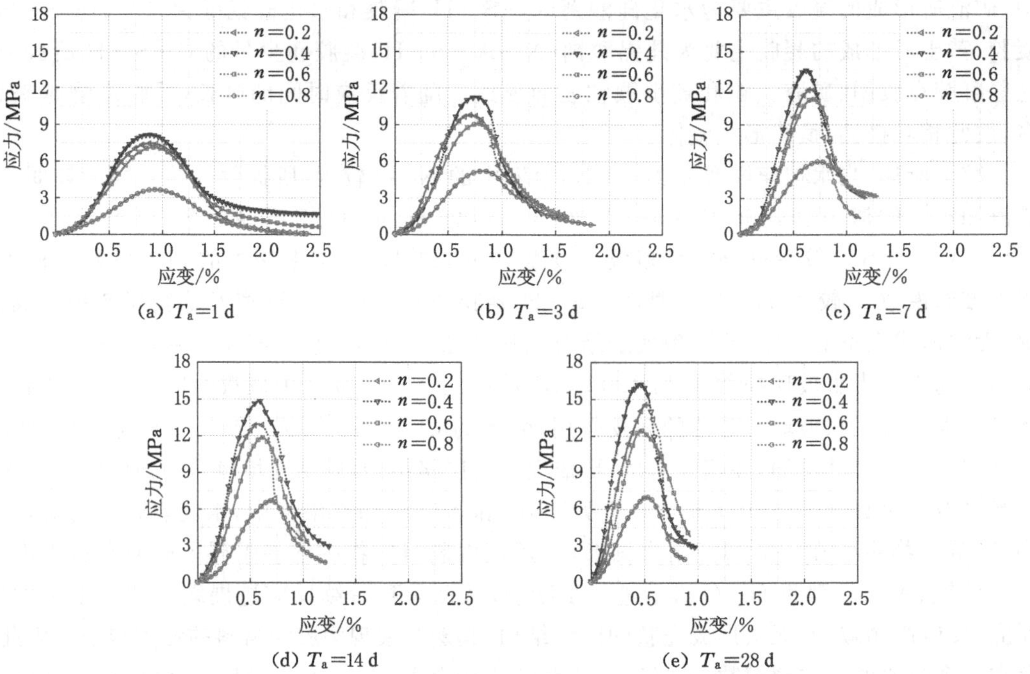

(a) T_a=1 d　(b) T_a=3 d　(c) T_a=7 d

(d) T_a=14 d　(e) T_a=28 d

图 2-13　不同级配指数下试样的应力-应变曲线

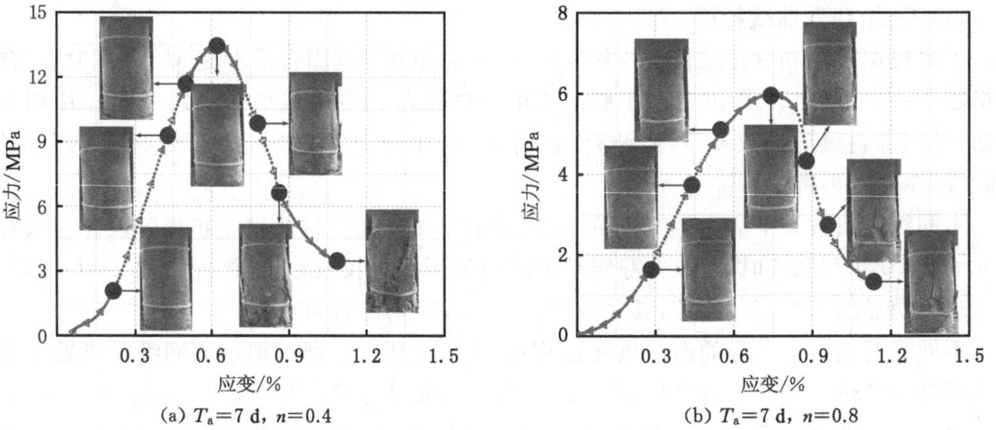

(a) T_a=7 d，n=0.4　(b) T_a=7 d，n=0.8

图 2-14　不同级配指数下试样的渐进破坏过程

扩展速率逐渐加快，当应变达到 0.95%时，裂纹已贯通试样上下端面，试样中下部出现了小范围剥离现象；当应变增至 1.13%时，试样表面并未出现新的裂纹，而是原有裂纹的尺寸继续扩展，试样承载能力进一步下降，试样破坏。

(2) 强度 σ_c的演化规律

不同养护龄期和级配指数下试样的强度如图 2-15 所示。从图 2-15 可以看出，不同养护龄期 T_a下，随着级配指数 n 的增大，胶结充填材料的强度 σ_c呈现先增大后减小的变化规律，并在级配指数 n 为 0.4 时达到最大。以养护龄期 T_a=7 d 为例，级配指数 n 由 0.2 增至

0.4 时，强度 σ_c 由 11.77 MPa 增至 13.27 MPa，增幅为 12.74%；级配指数 n 由 0.4 增至 0.8 时，强度 σ_c 由 13.27 MPa 降至 5.93 MPa，降幅为 55.31%。以上结果表明，级配指数 n 对胶结充填材料的强度 σ_c 具有显著影响。

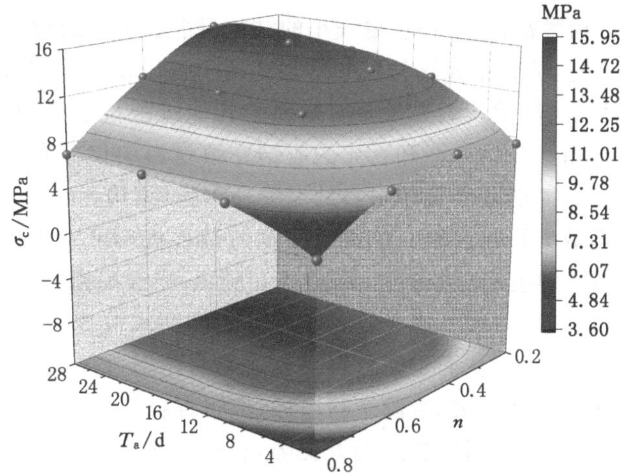

图 2-15　不同养护龄期和级配指数下试样的强度

本书中当骨料级配指数 n 在 0.4～0.6 之间时，胶结充填材料的强度 σ_c 达到最大，与以往研究结论基本一致[144,184]。为揭示级配指数 n 对胶结充填材料强度 σ_c 影响的微观机理，利用 SEM 获得了放大 100 倍和 500 倍时胶结充填材料的微观结构，分别如图 2-16 和图 2-17 所示。

(a) n=0.2　(b) n=0.4　(c) n=0.6　(d) n=0.8

图 2-16　放大 100 倍时胶结充填材料的微观结构特征

(a) n=0.2　(b) n=0.4　(c) n=0.6　(d) n=0.8

图 2-17　放大 500 倍时胶结充填材料的微观结构特征

由图 2-16 和图 2-17 可知：

① 当放大 100 倍时，不同级配指数 n 下胶结充填材料微观结构的表面都仅能看到少许微孔洞。值得注意的是，对于级配指数 n 为 0.6 和 0.8 的胶结充填材料，其内部微孔洞的直径大于级配指数 n 为 0.2 和 0.4 的胶结充填材料，其微孔洞数量也更多。级配指数 n 为 0.4 时，骨料被胶凝产物紧密包裹，一些更细小的结构只能在更高的放大倍数下看到。

② 当放大 500 倍时，从胶结充填材料的微观结构中可以发现，级配指数 n 为 0.6 和 0.8 的胶结充填材料的微裂纹和微孔洞数量要明显多于其他级配指数下的，部分微裂纹甚至出现贯通的现象；在级配指数 n 为 0.2 和 0.4 的胶结充填材料中仅分布着少量的微孔洞和微裂纹，但级配指数 n 为 0.4 的胶结充填材料的完整性更强，结构更致密。

综上所述，级配指数 n 影响胶结充填材料强度的微观机理可以概括为两个方面，其一，孔隙结构存在差异，其二，凝胶产物形成。如表 2-3 所示，当级配指数 n 为 0.2 时，细骨料所占的比例较大，比表面积较大，细骨料吸收拌和水导致实际水胶比减小，自由水的减少不利于反应的进行，凝胶产物减少，从而致使骨料颗粒之间的黏聚力降低。当级配指数 n 为 0.6 和 0.8 时，粗骨料所占的比例较大，凝胶产物增加，但粗骨料颗粒间形成了更大的孔隙结构，大量的凝胶产物无法进入粗骨料颗粒间的大孔隙，材料整体的微裂纹和微孔洞较多。当级配指数 n 为 0.4 时，胶结充填材料内部不仅生成了大量的凝胶产物，而且其微观结构中的孔隙及裂纹的数量也最少，该条件下材料具有更大的强度。

2.2.3 黄土与粉体比的影响

(1) 应力-应变曲线特征

当级配指数 $n=0.4$、水玻璃模数 $m=1.0$ 和激发剂固含量占比 $M=0.5$ 时，不同黄土与粉体比($r=0.1$、0.3、0.5 和 0.7)下胶结充填材料应力-应变曲线如图 2-18 所示。由图 2-18 可知，不同黄土与粉体比 r 下，胶结充填材料的应力-应变曲线均经历 2.2.1 章节所述的五个阶段，在此不再赘述。

不同黄土与粉体比 r 下应力-应变曲线的区别主要体现在：

① 压密阶段经历的时长随黄土与粉体比 r 的增大而逐渐增加。② 当黄土与粉体比 r 为 0.7 时，胶结充填材料应力-应变曲线类似土和松砂，弹性阶段较短，很快进入屈服阶段，峰前经历了长时间的非线性应变硬化过程，具有很强的塑性流动性；当黄土与粉体比 r 为 0.5 时，胶结充填材料弹性阶段的曲线斜率明显增大，且峰前非线性流动阶段大幅度缩短，至黄土与粉体比 r 为 0.3 和 0.1 时，线性阶段的割线模量进一步增大，峰前流动特性进一步降低。③ 随着黄土与粉体比 r 的增加，胶结充填材料峰后阶段曲线斜率的绝对值逐渐减小，表明胶结充填材料逐渐由脆性破坏向延性破坏转化。

不同黄土与粉体比下试样的渐进破坏过程如图 2-19 所示。通过揭示不同黄土与粉体比 r 下胶结充填材料渐进破坏过程，可以获得黄土与粉体比 r 对胶结充填材料动态失稳过程的影响规律。

以养护龄期 $T_a=28$ d、黄土与粉体比 $r=0.3$ 的试样为例，其应力-应变曲线及其对应的裂纹发育过程如图 2-19(a)所示。当应力达到试样的强度 σ_c 时，试样表面均未出现明显的裂纹；随着轴向应变的增加，试样上端面出现了错乱分布的新裂纹，试样中部产生了平行于加载方向的两条张拉裂纹；当应变增至 0.74%时，裂纹尺寸进一步扩展，逐渐贯通至试样上下端面；当应变增至 1.14%时，试样表面无新裂纹产生，仅仅表现为裂纹尺寸的增大。

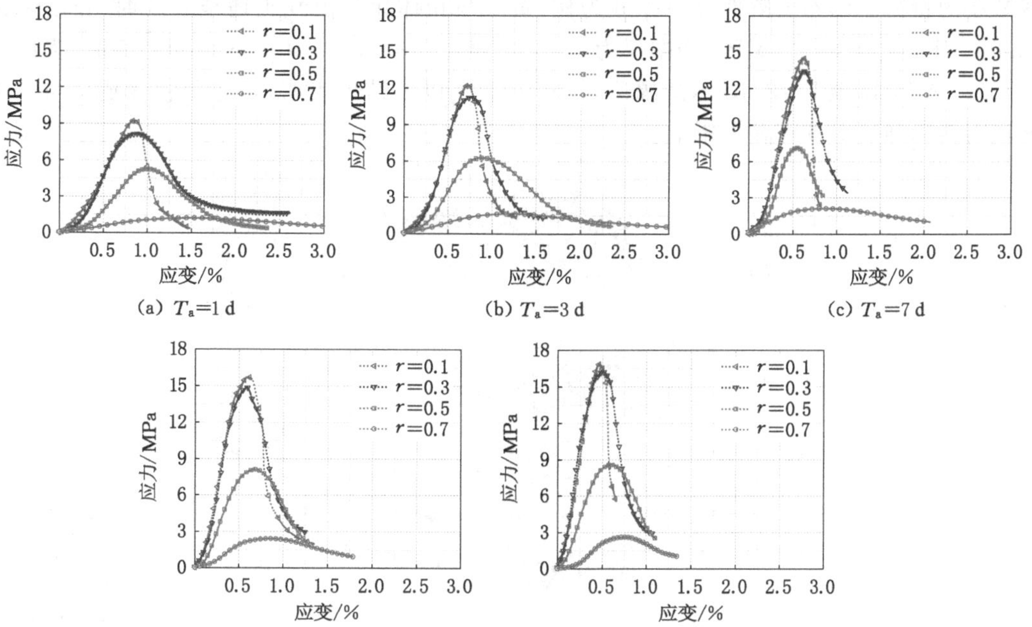

(a) T_a=1 d (b) T_a=3 d (c) T_a=7 d

(d) T_a=14 d (e) T_a=28 d

图 2-18 不同黄土与粉体比下试样的应力-应变曲线

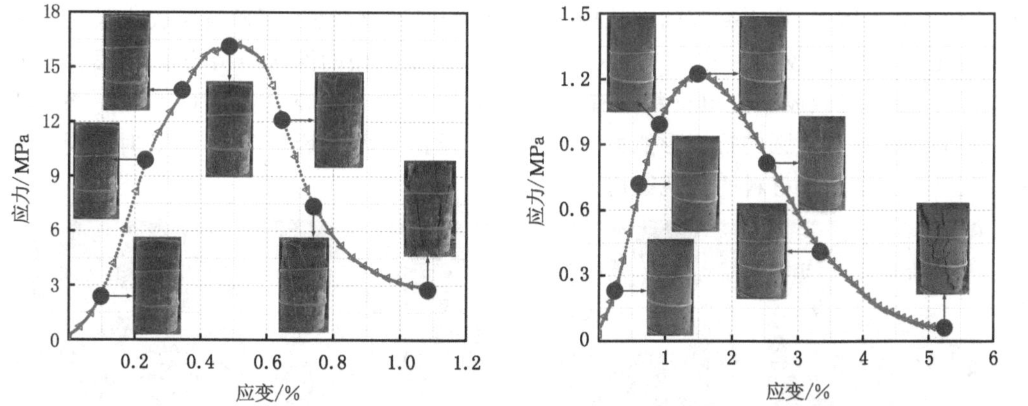

(a) T_a=28 d，r=0.3 (b) T_a=1 d，r=0.7

图 2-19 不同黄土与粉体比下试样的渐进破坏过程

以养护龄期 T_a=1 d、黄土与粉体比 r=0.7 的试样为例，其应力-应变曲线及其对应的裂纹发育过程如图 2-19(b)所示。当应力达到裂纹非稳定扩展阶段的起始点时，试样表面开始出现新裂纹；当轴向应力增至峰值点 σ_c时，原有裂纹进一步扩展，并伴有新裂纹的产生；随着应变的继续增加，大量新裂纹开始发育并逐步贯通，试样的破坏模式主要为张拉-剪切复合破坏。

(2) 强度 σ_c的演化规律

不同养护龄期和黄土与粉体比下试样的强度如图 2-20 所示。从图 2-20 可以看出，不同养护龄期 T_a条件下，随黄土与粉体比 r 增加，胶结充填材料强度 σ_c呈现先缓慢减小后快速减小的特征。以养护龄期 $T_a=7$ d 为例，黄土与粉体比 r 由 0.1 增至 0.3 时，强度 σ_c 由 14.08 MPa 降至 13.27 MPa，降幅仅为 5.75%；黄土与粉体比 r 由 0.3 增至 0.5 时，强度 σ_c 由13.27 MPa 降至 7.12 MPa，降幅达到 46.35%。以上结果表明，黄土与粉体比 r 对胶结充填材料的强度 σ_c 具有显著影响。

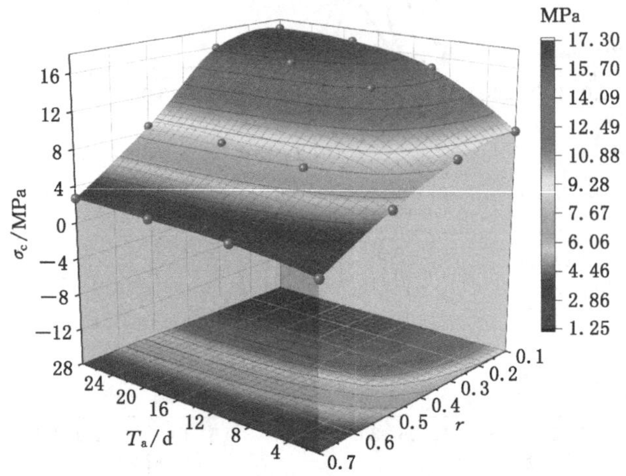

图 2-20　不同养护龄期和黄土与粉体比下试样的强度

针对胶结充填材料强度 σ_c 随黄土与粉体比 r 的增加呈先缓慢减小后快速减小的变化规律，现给出如下解释：黄土凝胶的生长持续时间较长且速度较慢，而矿渣凝胶生长持续时间较短但速度快，黄土胶凝主要是 N—A—S—H 凝胶，呈疏松的网状结构分布，缓慢生长时会填充部分孔隙，导致胶结充填材料具有更强的塑性，而矿渣凝胶主要是 C—(A)—S—H 凝胶，结构致密，具有更强的抗变形能力[7]。图 2-21 给出了养护龄期 $T_a=28$ d 时不同黄土与粉体比 r 下胶结充填材料的微观结构。

(a) $r=0.1$　(b) $r=0.3$　(c) $r=0.5$　(d) $r=0.7$

图 2-21　$T_a=28$ d 时不同黄土与粉体比下胶结充填材料的微观结构

由图 2-21(a)可知，当黄土与粉体比 $r=0.1$ 时，矿渣凝胶结构致密，具有较强的抗压性能，但是由于矿渣凝胶的刚性较强、凝结速度快，微观结构中自然形成的一些原始缺陷闭合情况不良好，仅有少量的黄土凝胶填充。随着黄土与粉体比 r 由 0.1 增至 0.3，如图 2-21(b)所示，黄土凝胶逐渐增多，矿渣凝胶间的微孔洞和微裂纹逐渐被黄土凝胶填充，一些微孔洞和微裂纹的形态逐渐趋于模糊状态，整体变得更加稳定，其宏观表现为强度 σ_c 随黄土的增加有所下降，但下降的幅度较小。当黄土与粉体比 r 增至 0.5 时，如图 2-21(c)所示，此时黄土与矿渣形成的凝胶贴合紧密，此时胶结充填材料内部的缺陷进一步被填充，但由于矿渣凝胶是胶结充填材料的主要强度来源，随着矿渣含量的减少，试样的强度 σ_c 反而下降很大。而当黄土与粉体比 r 为 0.7 时，如图 2-21(d)所示，此时充填材料内部充满了疏松的网状黄土凝胶，充填材料具有较高的延性。但由于此时矿渣凝胶含量过低，充填材料内部的主要强度来源相对缺失，试样的强度 σ_c 受到了较大的削弱，其值小于 3 MPa。综上所述，黄土与粉体比 $r=0.3$ 时，胶结充填材料具有较高的强度 σ_c，且其微观结构也相对致密。

2.2.4 激发剂固含量占比的影响

(1) 应力应变曲线特征

当级配指数 $n=0.4$、水玻璃模数 $m=1.0$ 和黄土与粉体比 $r=0.3$ 时，不同激发剂固含量占比($M=0.3$、0.4、0.5 和 0.6)下胶结充填材料应力-应变曲线如图 2-22 所示。由图 2-22 可知，不同激发剂固含量占比 M 下，胶结充填材料的应力-应变曲线均经历 2.2.1 章节所示的五个阶段，在此不再赘述。

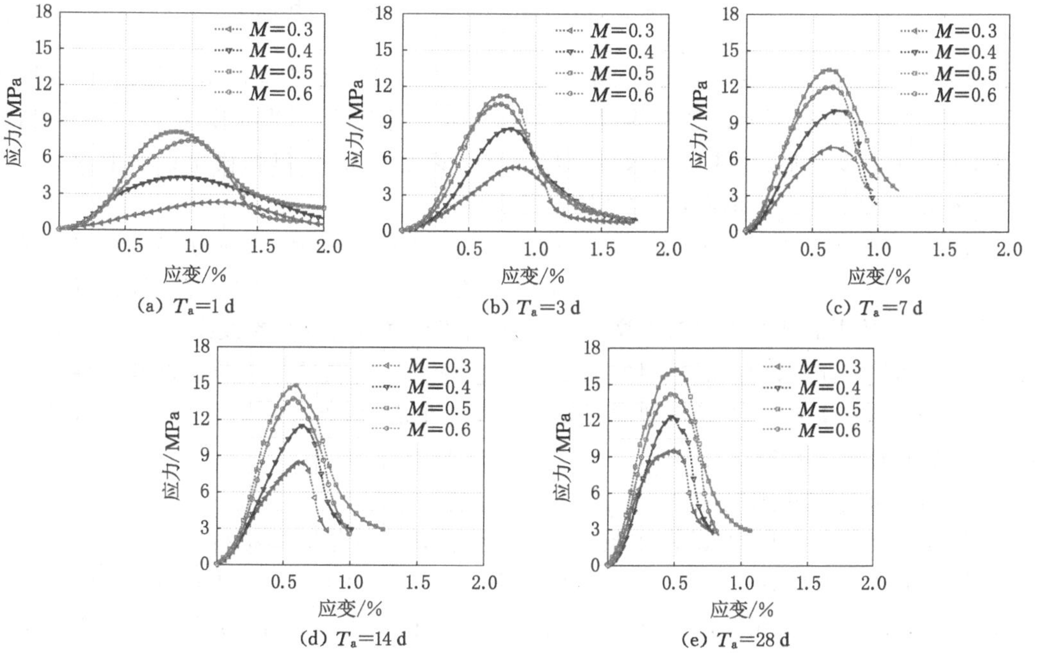

图 2-22 不同激发剂固含量占比下试样的应力-应变曲线

不同激发剂固含量占比 M 下应力-应变曲线主要呈现两类典型的特征，其区别主要体现在裂纹非稳定扩展阶段。当激发剂固含量占比 $M=0.5$ 和 0.6 时，应力-应变曲线表现为第一类特征，即裂纹非稳定扩展阶段经历的时长较短；当激发剂固含量占比 $M=0.3$ 和 0.4 时，应力-应变曲线表现为第二类特征，即当加载至裂纹非稳定扩展阶段时，试样表现出明显的塑性流动特性，其非稳定扩展阶段的时长较长，养护龄期 T_a 越小，该特征越明显。

不同激发剂固含量占比下试样的渐进破坏过程如图 2-23 所示。通过揭示不同激发剂固含量占比 M 下胶结充填材料渐进破坏过程，可以获得激发剂固含量占比 M 对胶结充填材料动态失稳过程的影响规律。

以养护龄期 $T_a=1$ d、激发剂固含量占比 $M=0.5$ 的试样为例，其应力-应变曲线及其对应的裂纹发育过程如图 2-23(a)所示。当应力达到试样的峰值应力 σ_c 时，试样表面均未出现

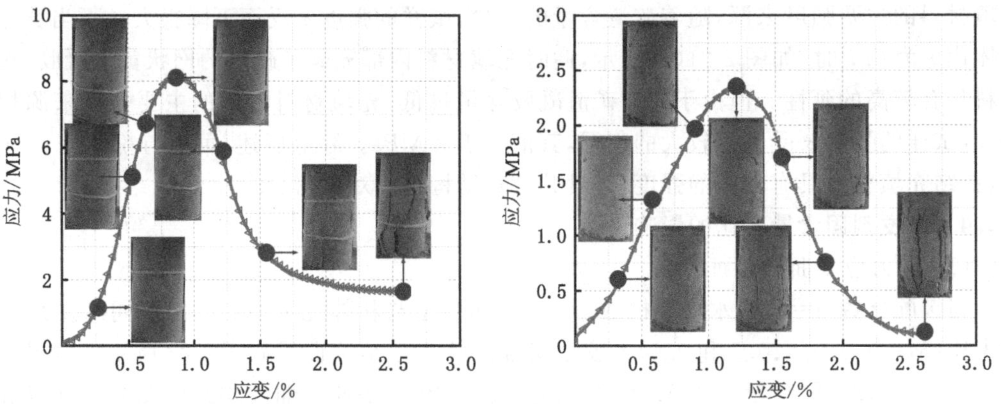

(a) $T_a=1$ d, $M=0.5$　　(b) $T_a=1$ d, $M=0.3$

图 2-23　不同激发剂固含量占比下试样的渐进破坏过程

明显的裂纹；随着轴向应变的增加，试样中部发育有平行于加载方向的新裂纹；当应变增至1.24%时，试样薄弱处开始出现新的裂纹，并向试样下端面延伸；当应变超过1.50%时，裂纹继续延伸并逐步扩展，尺寸增大，数量增多；当应变达到2.50%时，两条近似平行的轴向破裂裂纹已贯通试样上下端面，裂纹宽度也逐步增大。

以养护龄期 $T_a=1$ d、激发剂固含量占比 $M=0.3$ 的试样为例，其应力-应变曲线及其对应的裂纹发育过程如图 2-23(b)所示。当轴向应力达到裂纹非稳定扩展阶段的起始点时，试样下部区域的表面开始出现新裂纹，这主要是由于试样内部原始裂纹发育不均；当轴向应力增至峰值应力 σ_c 时，原有裂纹继续向试样上端面扩展，并在试样下端面伴有新裂纹的产生；随着应变的继续增加，大量新裂纹开始发育并逐步贯通，当应变超过2.50%时，试样遭到破坏，基本失去承载能力。

(2) 强度 σ_c 的演化规律

图 2-24 给出了不同养护龄期和激发剂固含量占比下胶结充填材料的强度。从图 2-24 可以看出，不同养护龄期 T_a 条件下，随激发剂固含量占比 M 增加，胶结充填材料的强度 σ_c 呈现先增加后减小的变化规律，并在激发剂固含量占比 M 为0.5时达到最大。以养护龄期 $T_a=7$ d为例，激发剂固含量占比 M 由0.3增至0.5时，强度 σ_c 由7.04 MPa增至13.27 MPa，增幅为88.49%；激发剂固含量占比 M 由0.5增至0.6时，强度 σ_c 由13.27 MPa降至12.04 MPa，降幅为9.27%。以上结果表明，激发剂固含量占比 M 对胶结充填材料的强度 σ_c 具有显著影响。

针对胶结充填材料的强度 σ_c 随激发剂固含量占比 M 增加呈现先增大后减小的变化规律，现给出如下解释：激发剂固含量占比 M 在一定程度上可表征反应物浓度的大小，而反应物浓度的增加可提高激发速率和反应速率[181]。当激发剂固含量占比 M 较低($M=0.3$ 和0.4)时，水玻璃和 NaOH 的用量相对较少，这可以从表 2-13 中看出，此时，配置的碱激发剂中 SiO_2 和 Na_2O 含量较少，尽管矿渣和黄土的用量相对较多，但现有的碱性环境不足以促使矿渣和黄土颗粒表面有更多的 Ca^{2+}、Al^{3+} 和 Si^{4+} 参与反应，而且，SiO_2 浓度较低进一步限制了反应产物的生成，不利于胶结充填材料强度的增大。当激发剂固含量占比 M 达到0.5时，碱激发剂中 SiO_2 和 Na_2O 的浓度进一步增大，加强了对矿渣和黄土的激发作用，溶液内

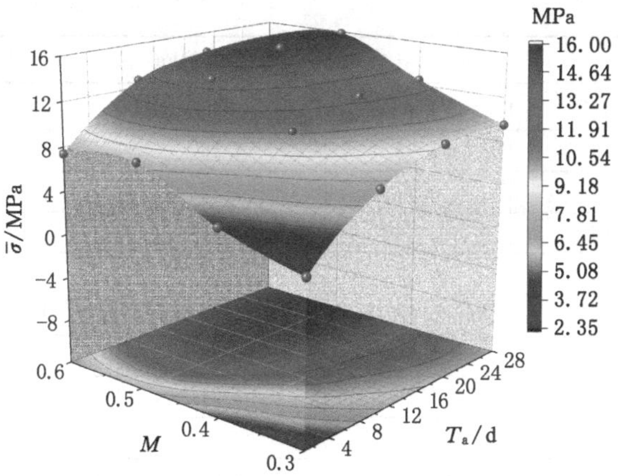

图 2-24　不同养护龄期和激发剂固含量占比下试样的强度

部的反应物 Ca^{2+}、Al^{3+}、Si^{4+} 和 SiO_2 的含量增加，生成的 C—(A)—S—H 凝胶和 N—A—S—H 凝胶增多，因此，胶结充填材料的强度较大。进一步提高激发剂固含量占比 M 至0.6，碱激发剂中 SiO_2 和 Na_2O 的浓度较高，不仅加强了碱激发剂对矿渣和黄土的激发作用，也提高了 C—(A)—S—H 凝胶和 N—A—S—H 凝胶的生成速率，大量的反应产物在短时间内聚集在矿渣、黄土和水玻璃胶团周围，不利于反应的继续进行，阻碍了胶结充填材料强度的增大。综上所述，激发剂固含量占比 M 是反应物浓度的表征，在碱激发矿渣和黄土的反应中，存在一个最优的激发剂固含量占比 M，即存在一个合理的矿渣、黄土、水玻璃和 NaOH 的用量，使得胶结充填材料获得更大的强度 σ_c。

2.3　强度影响因素的敏感性分析

2.3.1　敏感性分析方法

根据 2.1.4 章节所述正交试验方案，获得了不同养护龄期 T_a 和配比下胶结充填材料强度 σ_c 的正交试验结果，如表 2-15 所示。以养护龄期 T_a 为 1 d、3 d、7 d、14 d 和 28 d 的强度 σ_c 作为评价指标，采用极差和方差两种方法进行结果统计。

表 2-15　正交试验结果

试验编号	强度 σ_c/MPa				
	1 d	3 d	7 d	14 d	28 d
T-1	4.91	6.25	7.02	7.82	8.20
T-2	5.43	6.83	8.09	8.92	9.45
T-3	2.34	4.23	6.10	7.07	6.99
T-4	0.60	0.73	0.87	0.96	1.07
T-5	7.22	9.39	11.58	12.66	13.37
T-6	7.40	10.66	12.67	14.16	15.82
T-7	0.29	0.56	0.79	0.90	0.97

表 2-15(续)

试验编号	强度 σ_c/MPa				
	1 d	3 d	7 d	14 d	28 d
T-8	0.86	1.62	2.15	2.43	2.61
T-9	2.26	3.51	4.32	5.02	5.48
T-10	1.85	2.76	3.46	3.97	4.26
T-11	4.25	6.63	8.25	9.02	9.53
T-12	0.48	0.78	1.07	1.25	1.34
T-13	0.43	0.59	0.75	0.85	0.91
T-14	0.66	1.29	1.71	2.04	2.22
T-15	2.26	3.75	5.08	5.93	6.17
T-16	1.43	2.29	3.01	3.60	4.41

正交试验共包括四个因素和四个水平。以该试验为例，简要介绍极差分析和方差分析计算方法[184-185]。

(1) 极差分析

① 计算各因素和各水平下试验结果的总和 K_{ij} 及均值 k_{ij}。

开展正交试验时，共 Z 个因素和 K 个水平，每个水平下重复进行 n 次试验，总的试验次数为 $N=Kn$ 次，设第 j 个因素的第 i 个水平的强度 σ_c 总和为 K_{ij}，则第 j 个因素的第 i 个水平的第 k 个试验结果表示为 x_{ijk}，各因素和各水平下试验结果的总和可以表示为：

$$K_{ij}=\sum_{k=1}^{N}x_{ijk} \tag{2-5}$$

各因素和各水平下试验结果的均值可以表示为：

$$k_{ij}=\frac{K_{ij}}{N} \tag{2-6}$$

② 计算各因素和各水平下试验结果的极差 R_j。

极差 R_j 反映了一组试验数据的离散程度，用一组数据的最大值与最小值之差表示。极差越大，表明该因素对试验结果的影响程度越大，其计算公式为：

$$R_j=\max\{k_{1j},k_{2j},\cdots,k_{nj}\}-\min\{k_{1j},k_{2j},\cdots,k_{nj}\} \tag{2-7}$$

(2) 方差分析

强度 σ_c 的变化可能由两方面原因引起，其一，因素水平变化，其二，试验误差，但通过极差分析无法准确判断，因此，需要对正交试验数据进行方差分析。试验过程中产生的总的偏差平方和 $S_{总}$ 是由因素变化产生的偏差平方和 S_f 及偶然误差产生的误差偏差平方和 $S_{误}$ 共同决定的。以该试验方案为例，其计算公式为：

$$\begin{cases}S_{总}=\sum_{k=1}^{16}(yk)^2-\dfrac{\left(\sum_{k=1}^{16}yk\right)^2}{N}\\ S_f=\dfrac{\sum_{i=1}^{4}(K_{ij})^2}{n}-\dfrac{\left(\sum_{k=1}^{16}yk\right)^2}{N}\\ S_{误}=\sum_{k=1}^{16}(yk)^2-\dfrac{\sum_{i=1}^{4}(K_{ij})^2}{n}\end{cases} \tag{2-8}$$

将因素的偏差平方和与误差偏差平方和除以各自自由度，即可得到因素的平均偏差平方和和误差的平均偏差平方和。总自由度 $f_{总}$、各因素自由度 f_f 以及误差自由度 $f_{误}$ 计算公式为：

$$\begin{cases} f_{总} = N-1 \\ f_f = K-1 \\ f_{误} = f_{总} - \sum f_f \end{cases} \tag{2-9}$$

利用 F 假设检验分析各因素水平变化对试验结果的影响程度，其中，F 的计算公式为：

$$F = \frac{S_j / f_f}{S_{误} / f_{误}} \tag{2-10}$$

给出置信度 α（α 取 0.1、0.05 和 0.01），通过 F 分布表获得 $F_\alpha(f_f, f_{误})$ 具体值，对比分析 F 与 $F_\alpha(f_f, f_{误})$，给出各因素的显著性影响水平。

2.3.2 基于极差分析的影响因素敏感性

利用极差分析方法可对正交试验结果做定性分析，不同养护龄期 T_a 下极差分析的正交试验结果如表 2-16 所示。以水玻璃模数 m、级配指数 n、黄土与粉体比 r 和激发剂固含量占比 M 等因素的取值为横坐标，以不同养护龄期 T_a 下胶结充填材料的强度 σ_c 为纵坐标，获得了强度 σ_c 影响因素敏感性曲线，如图 2-25 所示。

表 2-16 不同养护龄期下极差分析的正交试验结果

养护龄期	指标	因素				
		水玻璃模数	级配指数	黄土与粉体比	激发剂固含量占比	空列
1 d	k_{1j}	3.32	3.70	4.50	1.58	2.47
	k_{2j}	3.94	3.84	3.85	2.74	2.35
	k_{3j}	2.21	2.28	1.53	3.21	2.66
	k_{4j}	1.19	0.84	0.79	3.13	3.18
	R_j	2.75	3.00	3.71	1.62	0.83
	水平主次	2134	2134	1234	3412	
	因素主次	黄土与粉体比＞级配指数＞水玻璃模数＞激发剂固含量占比＞空列				
3 d	k_{1j}	4.51	4.93	6.46	2.22	3.59
	k_{2j}	5.56	5.38	5.19	3.92	3.30
	k_{3j}	3.42	3.79	2.66	4.67	4.06
	k_{4j}	1.98	1.35	1.16	4.66	4.51
	R_j	3.58	4.03	5.30	2.45	1.21
	水平主次	2134	2134	1234	3412	
	因素主次	黄土与粉体比＞级配指数＞水玻璃模数＞激发剂固含量占比＞空列				
7 d	k_{1j}	5.52	5.92	7.74	2.65	4.43
	k_{2j}	6.80	6.48	6.45	4.81	4.05
	k_{3j}	4.27	5.05	3.57	6.04	5.14
	k_{4j}	2.64	1.77	1.47	5.73	5.60
	R_j	4.16	4.71	6.27	3.39	1.55
	水平主次	2134	2134	1234	3412	
	因素主次	黄土与粉体比＞级配指数＞水玻璃模数＞激发剂固含量占比＞空列				

表 2-16(续)

养护龄期	指标	因素				
		水玻璃模数	级配指数	黄土与粉体比	激发剂固含量占比	空列
14 d	k_{1j}	6.19	6.59	8.65	3.00	5.03
	k_{2j}	7.54	7.27	7.19	5.30	4.61
	k_{3j}	4.81	5.73	4.14	6.82	5.83
	k_{4j}	3.10	2.06	1.67	6.52	6.17
	R_j	4.44	5.22	6.98	3.82	1.56
	水平主次	2134	2134	1234	3412	
	因素主次	黄土与粉体比＞级配指数＞水玻璃模数＞激发剂固含量占比＞空列				
28 d	k_{1j}	6.43	6.99	9.49	3.18	5.31
	k_{2j}	8.19	7.94	7.58	5.62	5.08
	k_{3j}	5.15	5.91	4.32	7.26	6.26
	k_{4j}	3.43	2.35	1.80	7.13	6.55
	R_j	4.77	5.58	7.69	4.08	1.47
	水平主次	2134	2134	1234	3412	
	因素主次	黄土与粉体比＞级配指数＞水玻璃模数＞激发剂固含量占比＞空列				

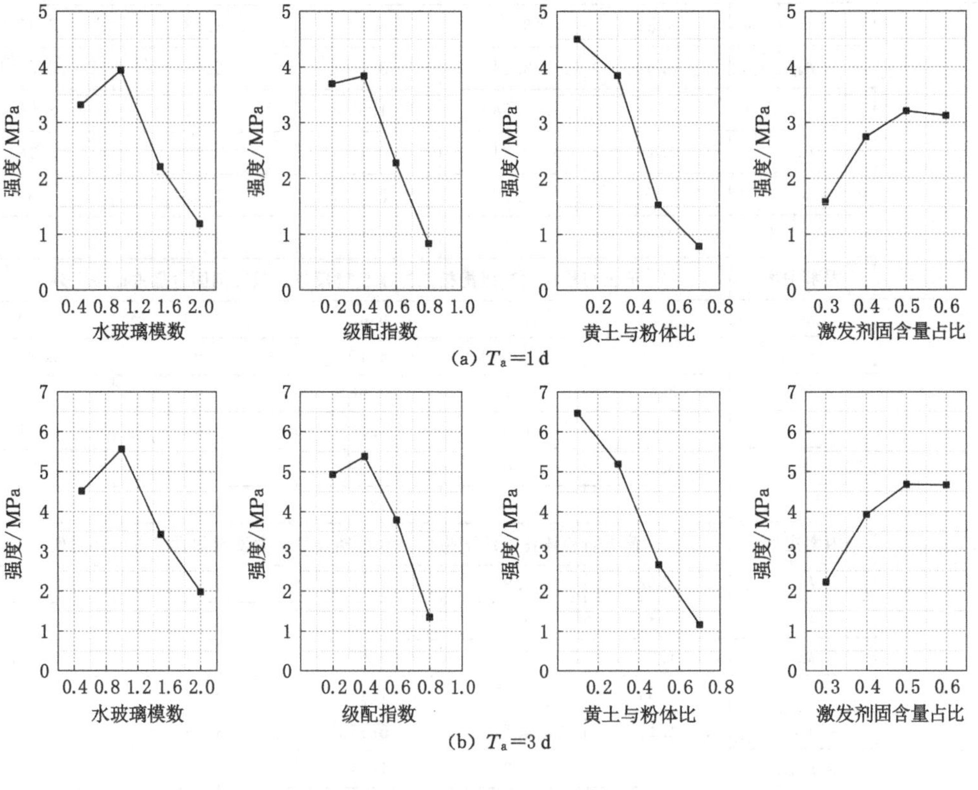

图 2-25　强度的影响因素敏感性特征

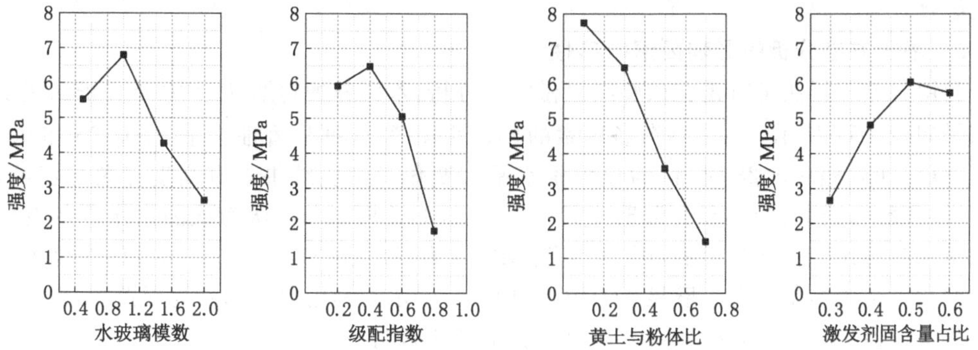

(c) $T_a=7$ d

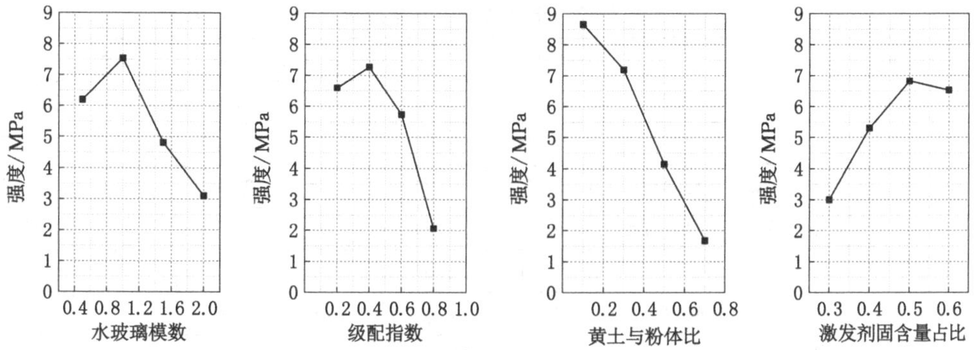

(d) $T_a=14$ d

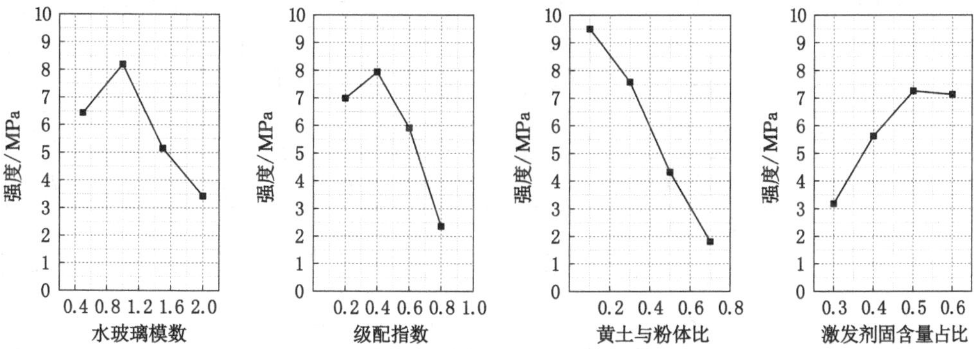

(e) $T_a=28$ d

图 2-25 (续)

(1) 敏感性排序

不同养护龄期 T_a 下胶结充填材料强度 σ_c 影响因素的敏感性主次排序依次为黄土与粉体比 r、级配指数 n、水玻璃模数 m 与激发剂固含量占比 M。因此,在对矿渣-黄土基胶结充填材料的强度进行设计时,首先考虑黄土与粉体比 r 的影响,其次是级配指数 n、水玻璃模数 m 和激发剂固含量占比 M。

(2) 最优组合

分析影响胶结充填材料强度 σ_c 的各水平主次顺序发现,水玻璃模数 m 为 1.0、级配指数 n 为 0.4、黄土与粉体比 r 为 0.1 以及激发剂固含量占比 M 为 0.5 对试样强度 σ_c 的影响最大,不同养护龄期 T_a 下均表现出一致性。暂时将这些水平指标作为胶结充填材料强度 σ_c 的最优组合。

2.3.3 基于方差分析的影响因素敏感性

利用方差分析法可对正交试验结果做定量分析，不同养护龄期 T_a下方差分析的正交试验结果如表 2-17 所示。为了区分各因素的显著性程度，选择显著性水平 $\alpha=0.05$ 和 0.01，当 $F>F_{0.05}(3,3)=9.28$ 时，认为该因素水平的变化对试验结果具有高度显著的影响，用“* * *”表示；当 $F_{0.01}(3,3)=5.39\leqslant F\leqslant F_{0.05}(3,3)=9.28$ 时，认为该因素水平的变化对试验结果具有比较显著的影响，用“* *”表示；当 $F<F_{0.01}(3,3)=5.39$ 时，认为该因素水平的变化对试验结果具有一般显著的影响，用“*”表示。利用空白列作为误差列，以减少试验过程中仪器设备误差和操作误差等对试验结果的影响。

表 2-17 正交试验的方差分析

考察指标	因素	偏差平方和	自由度	平均偏差和	F 值	显著性	程度
$T_a=1$ d强度 σ_c	水玻璃模数	17.71	3.00	5.90	11.01	* *	比较显著
	级配指数	23.68	3.00	7.89	14.72	* * *	高度显著
	黄土与粉体比	38.22	3.00	12.74	23.76	* * *	高度显著
	激发剂固含量占比	6.73	3.00	2.24	4.19	*	一般显著
	误差	1.61	3.00	0.54			
$T_a=3$ d强度 σ_c	水玻璃模数	28.13	3.00	9.38	8.28	* *	比较显著
	级配指数	39.07	3.00	13.02	11.50	* * *	高度显著
	黄土与粉体比	69.02	3.00	23.01	20.31	* * *	高度显著
	激发剂固含量占比	15.95	3.00	5.32	4.69	*	一般显著
	误差	3.40	3.00	1.13			
$T_a=7$ d强度 σ_c	水玻璃模数	37.82	3.00	12.61	6.50	* *	比较显著
	级配指数	53.27	3.00	17.76	9.15	* * *	高度显著
	黄土与粉体比	96.01	3.00	32.00	16.49	* * *	高度显著
	激发剂固含量占比	28.14	3.00	9.38	4.83	*	一般显著
	误差	5.82	3.00	1.94			
$T_a=14$ d强度 σ_c	水玻璃模数	43.27	3.00	14.42	7.05	* *	比较显著
	级配指数	64.81	3.00	21.60	10.56	* * *	高度显著
	黄土与粉体比	117.16	3.00	39.05	19.09	* * *	高度显著
	激发剂固含量占比	36.17	3.00	12.06	5.89	* *	比较显著
	误差	6.14	3.00	2.05			
$T_a=28$ d强度 σ_c	水玻璃模数	48.68	3.00	16.23	7.92	* *	比较显著
	级配指数	71.48	3.00	23.83	11.64	* * *	高度显著
	黄土与粉体比	139.94	3.00	46.65	22.78	* * *	高度显著
	激发剂固含量占比	43.17	3.00	14.39	7.03	* *	比较显著
	误差	6.14	3.00	2.05			

由表 2-17 可知，① 对于不同养护龄期 T_a下的胶结充填材料的强度 σ_c，级配指数和黄土与粉体比均对试验结果具有高度显著的影响，但黄土与粉体比的显著性高于级配指数的，其次为水玻璃模数和激发剂固含量占比；对于低养护龄期（$T_a \leqslant 7$ d）胶结充填材料，激发剂固含量占比对试验结果具有一般显著影响，当养护龄期 T_a为 14 d 和 28 d 时，激发剂固含量占比对试验结果具有比较显著的影响。② 根据各因素对胶结充填材料强度 σ_c影响的显著性大小，通过调整各因素水平值，可提高胶结充填材料的强度 σ_c。对于不同养护龄期 T_a的胶结充填材料，应重点优化黄土与粉体比 r 和级配指数 n。

综合 2.2 章节和 2.3 章节研究成果可知，既要保证胶结充填材料具有较大的强度 σ_c，又要使其微观结构相对致密，同时降低充填成本，建议最优的水平组合为：水玻璃模数 m 为 1.0、级配指数 n 为 0.4、黄土与粉体比 r 为 0.3 以及激发剂固含量占比 M 为 0.5。

2.4 胶结充填材料强度预测模型

2.4.1 强度随主控因素变化规律

2.3 章节采用正交试验分析了水玻璃模数 m、骨料级配指数 n、黄土与粉体比 r 和激发剂固含量占比 M 对矿渣-黄土基胶结充填材料强度 σ_c的影响规律。本节将充分利用正交试验数据探讨 4 个主控因素与试样强度 σ_c之间的关系方程，对正交试验的极差分析结果进行回归分析，获得回归曲线及方程，如图 2-26 所示（图中 σ_1、σ_3、σ_7、σ_{14}、σ_{28}分别表示养护龄期为 1 d、3 d、7 d、14 d、28 d 时试样的强度）。

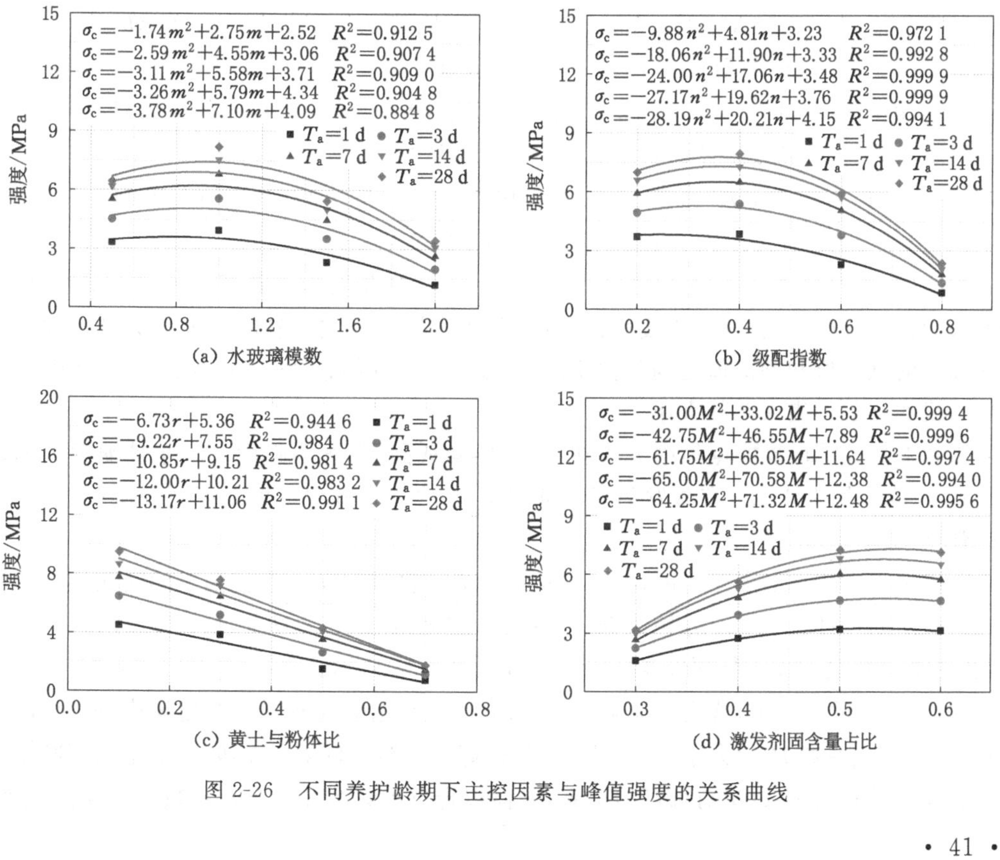

图 2-26 不同养护龄期下主控因素与峰值强度的关系曲线

由图 2-26 可知，① 试样强度 σ_c随各主控因素水平变化呈现不同的变化趋势，但对各因素不同养护龄期 T_a下的强度 σ_c进行拟合后，其相关系数 R^2 基本都在 0.9 以上。② 强度 σ_c随水玻璃模数 m 和级配指数 n 的增加呈先增大后减小变化趋势，二次函数可以较好地表征试样强度 σ_c的变化规律，具体拟合方程见图 2-26(a)和图 2-26(b)；试样强度 σ_c随黄土与粉体比 r 的增加呈近似线性减小的变化特征，具体拟合方程见图 2-26(c)；试样强度 σ_c随激发剂固含量占比 M 的增加呈先增大后缓慢减小的变化特征，具体拟合方程见图 2-26(d)。

2.4.2 强度预测模型与结果分析

4 个主控因素对胶结充填材料强度 σ_c具有显著影响，结合图 2-26 中的回归曲线方程，构建了以强度 σ_c为因变量，以水玻璃模数 m、级配指数 n、黄土与粉体比 r 和激发剂固含量占比 M 为自变量的四元二次方程：

$$\sigma_c = am^2 + bm + cn^2 + dn + er + fM^2 + gM + h \tag{2-11}$$

式中，a、b、c、d、e、f、g 和 h 为待定系数。

根据表 2-15 的正交试验结果，结合式(2-11)，采用回归分析软件得到不同养护龄期 T_a下胶结充填材料强度 σ_c与水玻璃模数 m、级配指数 n、黄土与粉体比 r 和激发剂固含量占比 M 的关系方程：

$$\begin{cases} T_a = 1\ \text{d}: \sigma_c = -1.64m^2 + 2.47m - 9.83n^2 + 4.76n - 6.72r - 30.94M^2 \\ \qquad + 32.95M - 2.27 \quad R^2 = 0.928\,8 \\ T_a = 3\ \text{d}: \sigma_c = -2.49m^2 + 4.27m - 18.05n^2 + 11.88n - 9.21r - 42.56M^2 \\ \qquad + 46.38M - 5.38 \quad R^2 = 0.949\,8 \\ T_a = 7\ \text{d}: \sigma_c = -2.92m^2 + 5.05m - 24.03n^2 + 17.10n - 10.85r - 61.63M^2 \\ \qquad + 65.95M - 9.48 \quad R^2 = 0.945\,1 \\ T_a = 14\ \text{d}: \sigma_c = -3.06m^2 + 5.72m - 27.22n^2 + 19.66n - 11.99r - 64.12M^2 \\ \qquad + 70.79M - 10.10 \quad R^2 = 0.949\,6 \\ T_a = 28\ \text{d}: \sigma_c = -3.49m^2 + 6.32m - 28.16n^2 + 20.20n - 13.16r - 65.25M^2 \\ \qquad + 71.20M - 10.19 \quad R^2 = 0.949\,9 \end{cases} \tag{2-12}$$

由式(2-12)可以看出，相关系数 R^2 均大于 0.9，表明拟合效果较好。为了直观地表征拟合效果的优劣，以试验获得的强度为横坐标，以通过拟合公式预测的强度为纵坐标，绘制了试样强度的试验值和预测值之间的关系曲线，如图 2-27 所示。图中给出了 1∶1 倾斜线，距离倾斜线的远近代表误差的大小。

由图 2-27 可知，数据点集中分布在 1∶1 倾斜线附近，表明强度 σ_c与水玻璃模数 m、级配指数 n、黄土与粉体比 r 和激发剂固含量占比 M 的关系方程可以较好地预测胶结充填材料的强度 σ_c。

由图 2-26 可知，不同养护龄期 T_a下胶结充填材料强度 σ_c随主控因素的变化趋势相似，可进一步对式(2-12)中不同养护龄期 T_a下的待定系数(a、b、c、d、e、f、g 和 h)进行回归分析，获得待定系数与养护龄期 T_a的关系方程，如图 2-28 所示。

由图 2-28 可以看出，待定系数随养护龄期 T_a的变化呈现不同的变化规律，但对数据进行拟合后，相关系数 R^2 均大于 0.9，拟合效果较好。系数 a 随养护龄期 T_a的增加而减小，并且系数 a 与养护龄期 T_a呈对数函数关系，具体拟合方程见图 2-28(a)；系数 b、d 和 g 随养护

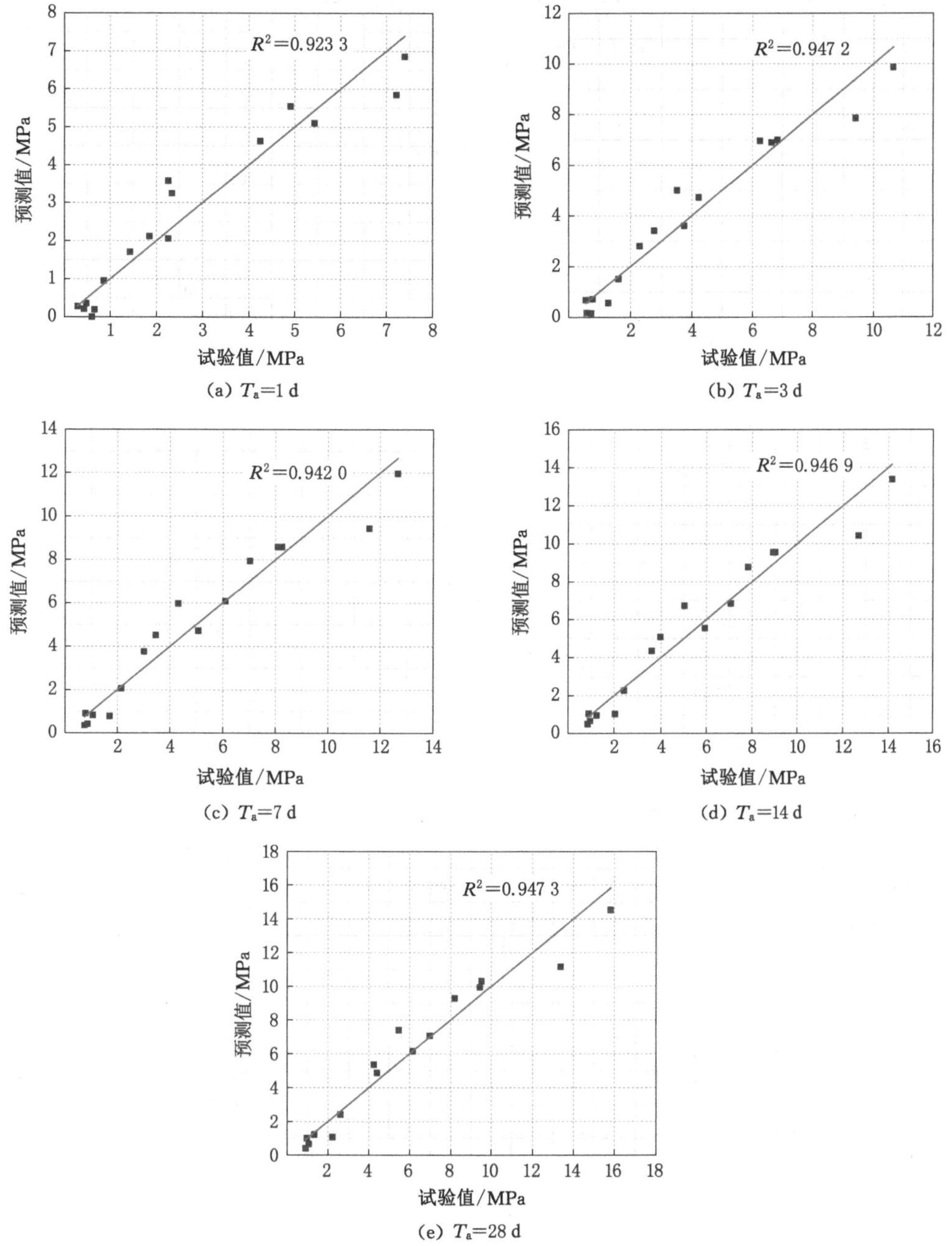

图 2-27　强度试验值与预测值关系曲线

龄期 T_a的增加呈指数型非线性增大的变化趋势，并且其增幅逐渐减小，系数 b、d 和 g 与养护龄期 T_a呈指数函数关系，具体拟合方程见图 2-28(b)、图 2-28(d)和图 2-28(g)；系数 c、e、f 和 h 随养护龄期 T_a的增加呈指数型非线性减小的变化趋势，并且其降幅逐渐减小，系数 c、e、f 和 h 与养护龄期 T_a呈指数函数关系，具体拟合方程见图 2-28(c)、图 2-28(e)、图 2-28(f)和图 2-28(h)。

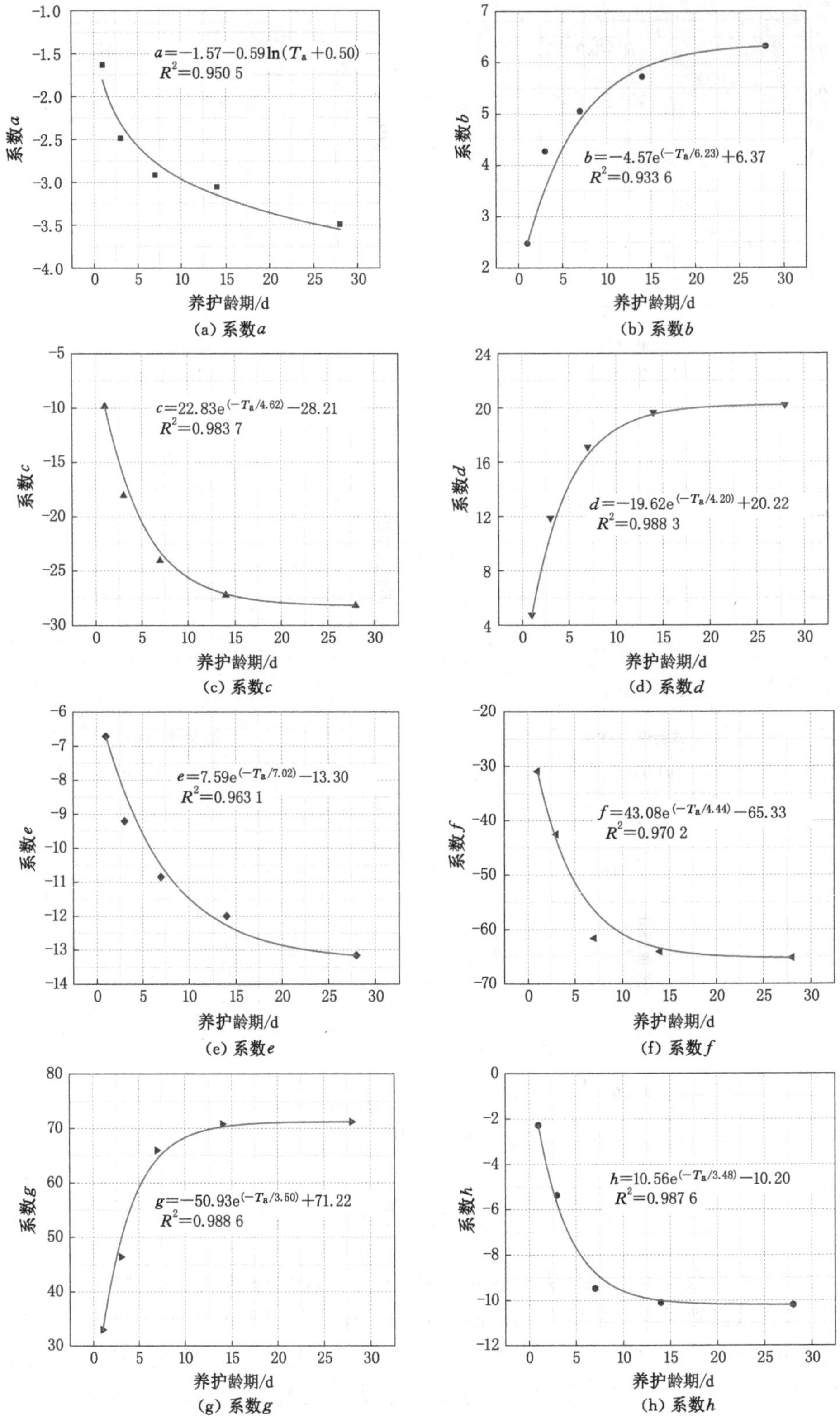

图 2-28　系数与养护龄期的关系曲线

将待定系数 a、b、c、d、e、f、g 和 h 与养护龄期 T_a 的关系方程代入式(2-11)中，可得到 5 因素耦合作用下胶结充填材料强度 σ_c 的预测模型：

$$\begin{aligned}\sigma_c = & [-1.57-0.59\ln(T_a+0.50)]m^2+[6.37-4.57\exp(-T_a/6.23)]m \\ & +[-28.21+22.83\exp(-T_a/4.62)]n^2+[20.22-19.62\exp(-T_a/4.20)]n \\ & +[-13.30+7.59\exp(-T_a/7.02)]r+[-65.33+43.08\exp(-T_a/4.44)]M^2 \\ & +[71.22-50.93\exp(-T_a/3.50)]M+[-10.20+10.56\exp(-T_a/3.48)]\end{aligned} \tag{2-13}$$

为了验证上述强度预测模型的准确性，将正交试验方案中水玻璃模数 m、级配指数 n、黄土与粉体比 r、激发剂固含量占比 M 和养护龄期 T_a 代入强度预测模型，获得了不同配比及养护龄期 T_a 下胶结充填材料强度 σ_c 的预测值。图 2-29 给出了试样强度 σ_c 预测值与试验值关系曲线，对数据进行线性拟合，相关系数 R^2 大于 0.9，拟合效果较好。此外，图中 1∶1 倾斜线基本与拟合曲线重合，数据分布在 1∶1 倾斜线附近，表明式(2-13)可以用于预测胶结充填材料的强度 σ_c。值得注意的是，当胶结充填材料强度小于 1 MPa 时，利用式(2-13)预测的强度 σ_c 值偏小，甚至出现了负值。因此，式(2-13)对于低强度胶结充填材料适用性较差。

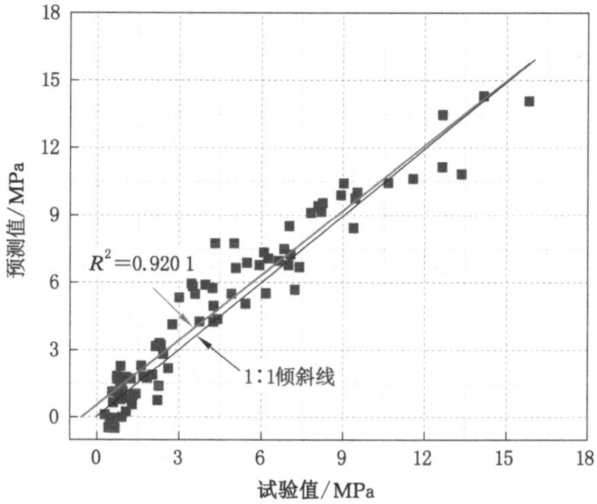

图 2-29 试样强度 σ_c 试验值与预测值关系曲线

2.5 胶结充填材料配比方案优选

基于以上研究，已经掌握制备原材料获取容易、变形与强度调控方便的碱激发矿渣-黄土基胶结充填材料的方法。但是，制备的胶结充填材料能否与充填区域的围岩匹配仍是未知。近年来，一些学者针对充填材料与围岩的匹配特性开展了大量的研究工作，其研究成果有利于矿山企业确定充填材料强度和材料配比。本章节结合碱激发矿渣-黄土基胶结充填材料的强度特性，采用能量耗散理论分析端帮充填开采中胶结充填材料与围岩的匹配特性，并在此基础上给出胶结充填材料配比方案优选流程，为露天矿端帮滞留煤回采提供科学的理论指导。

2.5.1 胶结充填材料与围岩匹配特性

基于胶结充填材料弹性变形能与围岩释放能量相等的原则，分析胶结充填材料与围岩能量匹配特性。假设匹配系数 K 为胶结充填材料单位体积的弹性变形能 U_e 与单位体积围

岩释放能量 U_r 的比值[57]，其表达式为：

$$K = \frac{U_e}{U_r} \tag{2-14}$$

端帮滞留煤在开采之前，煤体处于三维地应力状态，假设煤体的原岩应力 $\sigma_x = \sigma_y = \lambda\sigma_z$，其中，$\lambda$ 为侧向系数，$\lambda = \mu/(1-\mu)$，煤体应力-应变曲线峰前近似呈线性变化。在三维受力状态下，若开采后不充填，则单位体积围岩释放的能量可以表示为：

$$\begin{aligned} U_r &= \int_0^{\varepsilon_v} \sigma_v \mathrm{d}\varepsilon_v = \int_0^{\varepsilon_v} (1+2\lambda)\sigma_z \mathrm{d}\varepsilon_v \\ &= \int_0^{\varepsilon_v} \frac{E_0}{(1-2\mu)}\varepsilon_v \mathrm{d}\varepsilon_v = \frac{(1-2\mu)(1+2\lambda)^2}{2E_m}\sigma_z^2 \end{aligned} \tag{2-15}$$

式中　μ——煤体泊松比；

E_m——煤体弹性模量；

σ_v，ε_v——三维受力下煤体的应力和应变。

假设垂直应力 $\sigma_z = \gamma H$，则式(2-15)可表示为：

$$U_r = \frac{(1-2\mu)(1+2\lambda)^2}{2E_m}(\gamma H)^2 \tag{2-16}$$

式中　γ——煤体容重，kN/m^3；

H——煤体埋深，m。

胶结充填材料进入充填空间后，在上覆载荷作用下逐渐被压缩并产生弹性变形能。假设胶结充填材料为各向同性的连续介质，根据有效应力能量等价原理[186]，从胶结充填材料中取单元体 $\mathrm{d}v = \mathrm{d}x\mathrm{d}y\mathrm{d}z$，当单元体所受应力由 0 增至峰值应力 σ_c 时，其变形为 $\mathrm{d}\varepsilon_c$，单元体的弹性变性能可以表示为：

$$\mathrm{d}\omega = \int_0^{\varepsilon_c} \sigma_c \mathrm{d}\varepsilon_c (\mathrm{d}x\mathrm{d}y\mathrm{d}z) \tag{2-17}$$

则单位体积的弹性变形能近似表示为：

$$U_e = \frac{\mathrm{d}\omega}{\mathrm{d}v} = \frac{\mathrm{d}\omega}{\mathrm{d}x\mathrm{d}y\mathrm{d}z} = \int_0^{\varepsilon_c} \sigma_c \mathrm{d}\varepsilon_c = \frac{\sigma_c^2}{2E} \tag{2-18}$$

将式(2-16)和式(2-18)代入式(2-14)中，可得：

$$K = \frac{U_e}{U_r} = \frac{E_m\sigma_c^2}{E(1-2\mu)(1+2\lambda)^2(\gamma H)^2} \tag{2-19}$$

由式(2-19)可知，当 $K \geqslant 1$ 时，胶结充填材料具有足够支撑力抵抗围岩变形，不会发生能量失稳，此时，认为胶结充填材料与围岩匹配；当 $K < 1$ 时，胶结充填材料在压缩过程中产生的能量小于围岩变形所释放的能量，此时，认为胶结充填材料与围岩不匹配。由式(2-19)还可以看出，匹配系数 K 与围岩弹性模量 E_m 和充填材料强度的平方 σ_c^2 呈正比，与煤体埋深 H 和胶结充填材料的弹性模量 E 呈反比。

2.5.2 胶结充填材料配比方案的优选流程

胶结充填材料配比方案优选流程如图 2-30 所示。其具体优选过程如下：

① 根据具体的工程要求，确定匹配系数 K，一般要求 $K \geqslant 1$。

② 现场采集围岩样本，开展室内试验获取围岩弹性模量 E_m。

③ 根据围岩埋深 H 和围岩弹性模量 E_m，预估需要制备的指定养护龄期 T_a 下的胶结充填材料的强度 σ_c。例如，对于端帮充填开采，煤层顶板方向上的运输平盘始终有大型矿用卡

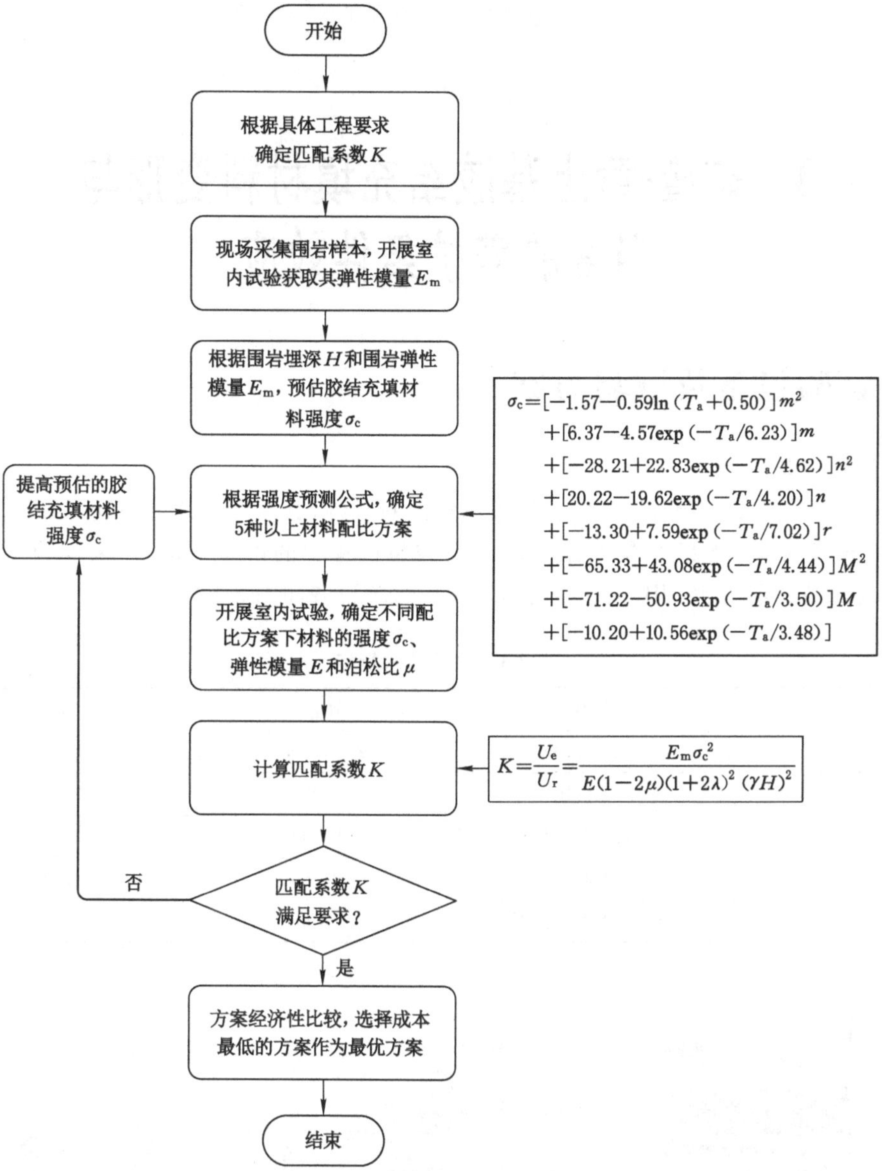

图 2-30　胶结充填材料配比方案优选流程

车循环经过，为保证运输平盘正常使用，制备的胶结充填材料必须在短时间内具有支撑上覆岩层的能力，因此，选择养护龄期 T_a 为 1 d 的胶结充填材料进行匹配特性分析。

④ 根据式(2-13)，确定 5 种以上材料配比方案，根据方案制备胶结充填材料，开展室内试验确定不同配比下材料的强度 σ_c、弹性模量 E 和泊松比 μ。

⑤ 将获取的相关系数代入式(2-23)，计算 K 值；若 K 值满足要求，则对不同配比方案进行经济性比较，选择成本最低的配比方案作为最优方案。

⑥ 若 K 值不满足要求，则将预估的强度 σ_c 增大，每次强度增幅不超过 10%，以防止 K 值过大，造成充填成本增加。重复步骤④⑤⑥，直至选择出最优方案。

3 矿渣-黄土基胶结充填材料变形与强度的养护条件效应

3.1 试验设备及试验方案

3.1.1 试验设备

本次试验采用TATW-2000岩石伺服三轴试验系统，其主要技术指标见表3-1。此外，利用DS5声发射采集系统采集胶结充填材料破裂过程中的声发射信号，采样频率设置为3 MHz，前置放大器为40 dB，门槛值为0.1 V。试验设备如图3-1所示。

表3-1 主要技术指标

序号	名称	数值	精度
1	最大轴向试验力	2 000 kN	±0.1%
2	最大围压	40 MPa	±0.1%
3	轴向活塞行程	0～150 mm	—
4	轴向变形测量范围	0～10 mm	±0.05%
5	径向变形测量范围	0～5 mm	±0.1%

图3-1 试验设备

3.1.2 试验方案

试验方案如表3-2所示。试验共设计4个围压σ_3，分别为0、2 MPa、4 MPa和6 MPa。O. Nasir等[187]通过室内模型试验发现，当充填体固结4 d时，其回填温度可达50 ℃。本次试验设计养护温度T为5 ℃、20 ℃、35 ℃和50 ℃。通过第2章试验结果可知，养护龄期T_a

对胶结充填材料的力学性能具有显著影响，为了探究养护龄期 T_a 与养护温度 T 和围压 σ_3 的耦合影响，试验设计养护龄期 T_a 分别为 1 d、7 d、14 d 和 28 d。对每一养护龄期 T_a 下的 4 个养护温度 T 和 4 个围压 σ_3 的 16 组试样开展单（三）轴压缩试验，共计开展 64 组试验，每组进行 5 次，共需要 320 块试样。图 3-2 所示为加工后的部分胶结充填材料。需要说明的是，所有试样均是按照表 2-10 中 D-2 组材料配比制备。

表 3-2　试验方案

养护龄期 T_a/d	养护温度 T/℃	围压 σ_3/MPa
1	5、20、35、50	0、2、4、6
7	5、20、35、50	0、2、4、6
14	5、20、35、50	0、2、4、6
28	5、20、35、50	0、2、4、6

图 3-2　加工后的部分胶结充填材料

3.1.3　试验步骤

试验严格按照以下步骤开展。

① 前期准备：使用热熔胶将声发射采集系统四个探头粘贴于 TATW-2000 岩石伺服三轴试验系统上压头处并使用绝缘胶带固定。在试样端头与压力机压头之间均匀涂抹凡士林，以减少试样端头与压力机压头之间的摩擦，消除声发射信号传输过程中的空化现象，提高声发射信号接收的准确性。

② 开机准备：插上仪器电源插头，打开三轴试验系统控制器开关，连接电脑软件程序，并启动主油源。

③ 试样安装：将标准圆柱试样使用塑封膜塑封，安装于上下压垫之间，并通过绝缘胶带在试样与压垫外侧完全缠绕固定。轴向位移传感器分别平行置于上下压垫上，并使轴向位移传感器铜杆垂直插入下圆孔。将安装好传感器的试样固定于压力室内，并初步校准轴向位移传感器后合上压力室钢罩。

④ 预加载设置：启动压力机程控系统，设置轴向加载速率为 1 mm/min，预应力为 1 kN，即当轴向力达到 1 kN 时，停止加载。

⑤ 围压设置：将回油管连接于压力室手阀上，送油，排空压力室内空气，待回油管出油

后关闭手阀。以 0.2 MPa/s 的速率加载至预定值(2 MPa,4 MPa,6 MPa),并保持该围压在试验过程中不变。

⑥ 加载设置:设置 TATW-2000 岩石伺服三轴试验系统加载方式为轴向位移控制,加载速率为 0.5 mm/min。加载开始时,同时启动声发射采集系统,保证数据的同步性。

⑦ 数据保存:当试样破坏时,同步停止试验机和声发射采集系统,保存试验数据。

⑧ 试样卸载:数据保存后,以 30 mm/min 的速率卸载轴向应力,再以 30 mm/min 的速率卸载径向应力。待卸载完成后,通过充气泵排出压力室内液压油,打开压力室钢罩取出试样并卸下传感器。

⑨ 重复试验:更换试样,重复步骤③—⑧,直至完成所有试验。

3.2 围压对胶结充填材料变形与强度特性的影响

利用端帮采煤机对端帮滞留煤进行充填开采,当矿渣-黄土基胶结充填材料进入采硐后,两侧煤柱在上覆载荷作用下发生变形,挤压胶结充填材料,使其受到煤柱侧向约束作用,此时,胶结充填材料处于三向受力状态;当对胶结充填材料两侧的煤柱进行逐一回收时,胶结充填材料的受力状态发生改变,仅承受上覆载荷的垂直压力;进一步对新产生的采硐进行充填,胶结充填材料又恢复三向受力状态。因此,在对端帮滞留煤回收时,不同时期胶结充填材料的受力状态不同,仅采用单轴压缩试验分析其变形与强度特性并不能反应胶结充填材料真实受力情况,必须开展围压对胶结充填材料变形与强度特性研究,为矿渣-黄土基胶结充填材料规模化应用提供研究基础。

3.2.1 应力-应变曲线特征

根据试验结果,绘制了不同围压 σ_3、养护温度 T 和养护龄期 T_a 下胶结充填材料应力-应变曲线,如图 3-3 所示。为简化分析过程,图 3-3 仅给出了养护温度 T=20 ℃的应力-应变曲线,其他养护温度下应力-应变曲线特征与此类似。根据图 3-3,可将应力-应变曲线划分为两类典型的特征曲线,如图 3-4 所示。

由图 3-3 和图 3-4 可以看出,两类特征曲线均包括如下 5 个阶段。

① 压密阶段(Ⅰ):人工合成的胶结充填材料内部含有微孔隙和微裂纹,因此,在压密阶段,应力随应变的增加呈上凹型非线性变化,材料抗变形能力逐渐增大,该阶段胶结充填材料内部仅存在微孔隙和微裂纹的压密和闭合现象。但由应力-应变曲线的特点可以发现,围压 σ_3 越大,养护龄期 T_a 越长,养护温度 T 越高,曲线压密阶段越短,甚至出现多组不存在压密阶段或压密阶段极短的应力-应变曲线。

② 近似线弹性阶段(Ⅱ):该阶段应力随应变增加呈近似线性增大,曲线的斜率代表胶结充填材料的弹性模量。该阶段的终点对应的应力称为胶结充填材料的起裂应力 σ_{CI}[116]。

③ 裂纹稳定扩展阶段(Ⅲ):当施加的应力超过胶结充填材料的起裂应力 σ_{CI} 时,胶结充填材料开始进入裂纹稳定扩展阶段,该阶段试样内部的原始微裂纹开始扩展,并伴有新裂纹的产生,应力-应变曲线斜率开始减小,试样逐渐进入塑性变形阶段。该阶段终点对应的应力称为胶结充填材料的损伤应力 σ_{CD}[116]。

④ 裂纹非稳定扩展阶段(Ⅳ):该阶段应力-应变曲线呈上凸型非线性增大的特征,胶结充填材料的刚度逐渐减小,并在峰值点处降至零。随着应力的增加,胶结充填材料内部原始

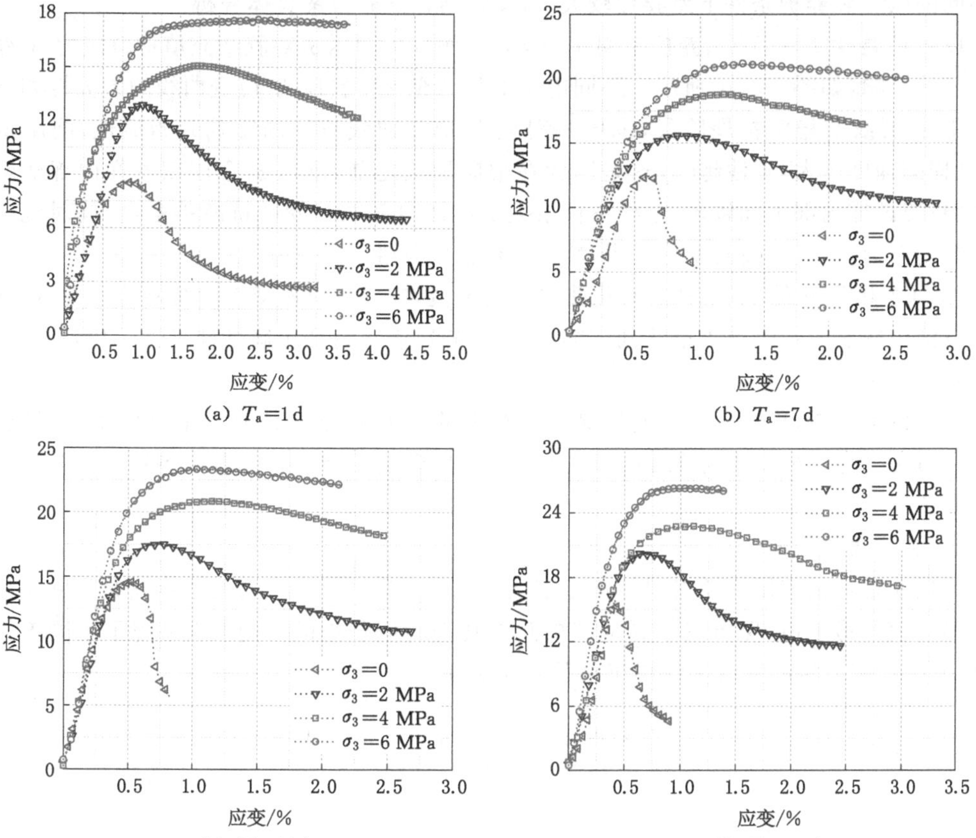

(a) T_a=1 d　(b) T_a=7 d

(c) T_a=14 d　(d) T_a=28 d

图 3-3　养护温度 T=20 ℃时胶结充填材料应力-应变曲线

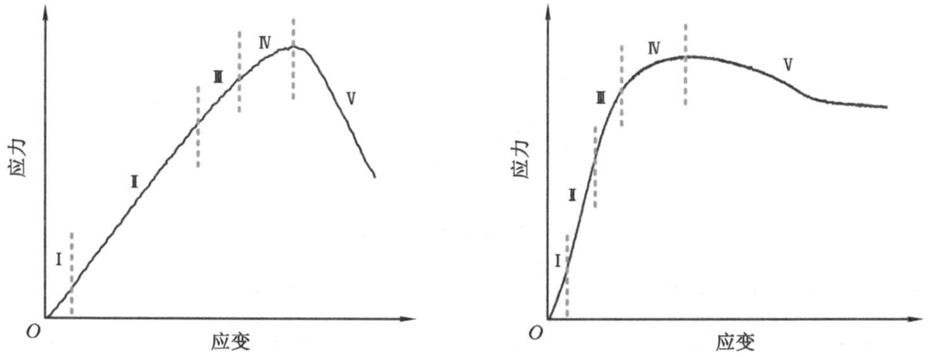

(a) 特征曲线Ⅰ　(b) 特征曲线Ⅱ

图 3-4　典型应力-应变曲线

微裂纹扩展速率加快，大量新产生的微裂纹与原始微裂纹相互贯通，释放大量能量，内部损伤程度加剧。该阶段的终点对应的应力即为胶结充填材料的强度 σ_c。

⑤ 峰后软化阶段（Ⅴ）：当应力达到试样的强度 σ_c时，微裂纹进一步扩展，试样表面开始出现宏观裂纹，但试样并没有完全失去承载能力，应力-应变曲线的斜率缓慢减小，且该斜率

在不同围压 σ_3 和养护条件下差异性较大，后文将结合试验方案具体分析。

以养护温度 $T=20$ ℃、养护龄期 $T_a=7$ d 为例分析围压 σ_3 对胶结充填材料应力-应变曲线特征的影响，如图 3-3(b)所示。不同围压下胶结充填材料应力-应变曲线的差异性如下：

① 在裂纹非稳定扩展阶段，围压 σ_3 对应力-应变曲线特征的影响开始显现，围压 σ_3 越大，试样的强度越大，延性越强，这是因为在轴向加载之前，围压 σ_3 会压缩试样内部的颗粒和孔隙，使试样内部更加致密，这样不仅增大了试样内部颗粒间的抗摩擦强度，同时也改善了颗粒的应力状态，提高其变形能力，增强了试样的延性。

② 随着围压 σ_3 的增加，峰后软化曲线趋向平缓，应力由快速减小向缓慢减小发展，曲线特征逐渐由峰后的瞬时跌落过渡到连续软化，其峰后破坏特征由脆性向延性转化，特征曲线逐渐由第一类过渡到第二类。

通过以上分析可知，围压 σ_3 对胶结充填材料的应力-应变曲线具有显著的影响，结合应力-应变曲线特征，对胶结充填材料的强度 σ_c 和弹性模量 E 等特征参数随围压 σ_3 的演化特征进行系统的分析。

3.2.2 强度演化规律

强度 σ_c 是评估胶结充填材料结构稳定性的重要参数。试验获得的强度 σ_c 是剔除每组数据的最大值和最小值，保留三个测试结果并求其平均值获得的。图 3-5 呈现了不同养护龄期 T_a 下胶结充填材料强度 σ_c 随围压 σ_3 的变化规律。

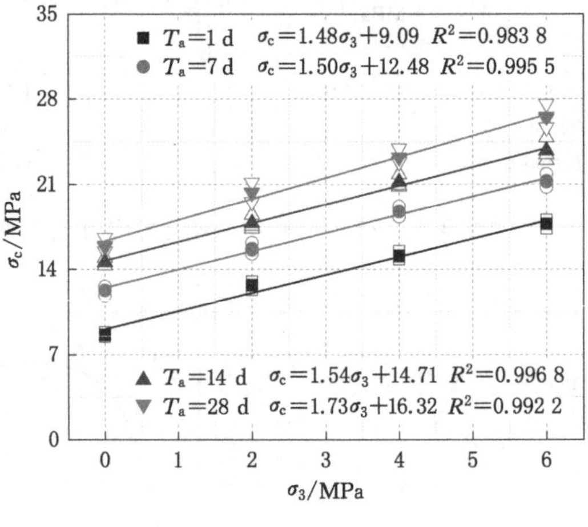

图 3-5 强度随围压变化特征

由图 3-5 可知，胶结充填材料强度 σ_c 与围压 σ_3 呈正相关关系，利用线性函数可以较好地描述强度 σ_c 随围压 σ_3 的变化规律，R^2 都在 0.9 以上。以养护温度 $T=20$ ℃为例，当围压 σ_3 由 0 增至 6 MPa 时，各养护龄期 T_a 下胶结充填材料的强度 σ_c 分别增加 105.21%($T_a=1$ d)、73.27%($T_a=7$ d)、62.56%($T_a=14$ d)和 66.29%($T_a=28$ d)。强度 σ_c 随围压 σ_3 的增加而增大的变化规律，将在第 4 章进行详细分析。

3.2.3 弹性模量演化规律

材料的弹性模量 E 一般包括三种：切线模量、割线模量和平均模量。根据试样应力-应变曲线，选取强度 σ_c 的 40%～60%对应的曲线计算胶结充填材料的弹性模量 E。该段曲线近似认为是应力-应变曲线的线弹性阶段。E 的计算公式为：

$$E=\frac{\sigma(\varepsilon_2)-\sigma(\varepsilon_1)}{\varepsilon_2-\varepsilon_1} \tag{3-1}$$

式中　E——胶结充填材料的弹性模量,MPa;

$\varepsilon_1,\varepsilon_2$——强度 σ_c 的 40%和 60%对应的应变;

$\sigma(\varepsilon_1),\sigma(\varepsilon_2)$——$\varepsilon_1$ 和 ε_2 对应的应力,MPa。

图 3-6 呈现了胶结充填材料弹性模量 E 随围压 σ_3 的变化规律。

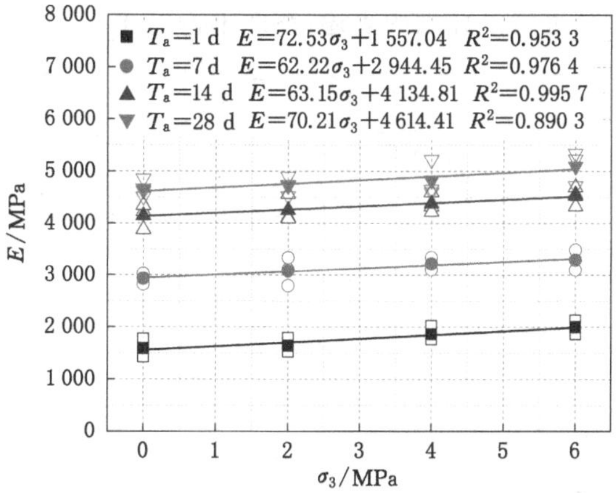

图 3-6　弹性模量随围压变化特征

由图 3-6 可知,胶结充填材料弹性模量 E 随围压 σ_3 的增大近似呈线性增大,利用线性函数可以较好地描述弹性模量 E 随围压 σ_3 的变化规律,除个别组数据外,相关系数 R^2 基本都在 0.9 以上,拟合效果相对较好。以养护温度 T=20 ℃为例,当围压 σ_3 由 0 增至 6 MPa,各养护龄期 T_a 下胶结充填材料的弹性模量 E 分别增加 25.71%(T_a=1 d)、12.54%(T_a=7 d)、9.15%(T_a=14 d)和 9.29%(T_a=28 d)。实际上,弹性模量 E 的大小与胶结充填材料内部颗粒之间或微裂纹之间的摩擦阻力密切相关,围压 σ_3 的增加在一定程度上促使胶结充填材料内部颗粒间摩擦阻力增大,颗粒或微裂纹运动的约束增加,从而导致弹性模量 E 略有增大。

综合强度 σ_c 和弹性模量 E 随围压 σ_3 的变化规律可知,在端帮充填开采中,围压 σ_3 越大,矿渣-黄土基胶结充填材料的强度 σ_c 和抗变形能力越大,越有利于维持上覆岩层与边坡稳定。但当胶结充填材料两侧的煤柱被回收时,在未充填的情况下,原胶结充填材料处于单向受力状态,此时胶结充填材料的强度 σ_c 和抗变形能力最小,该条件下边坡出现滑坡的可能性最大。

3.3　养护温度对胶结充填材料变形与强度特性的影响

养护温度 T 改变胶结充填材料的初期反应速率,进而影响凝胶产物的类型和凝胶产物的微观结构,最终影响胶结充填材料的强度。充填开采在国内外矿山应用范围较广,但由于地理环境的差异性,充填材料进入充填空间后不可避免地要暴露在不同的环境温度中,而不同的环境温度对充填材料的力学特性产生不同程度的影响。充填现场温度因素的来源主要包括三个方面:① 胶结材料反应过程中的放热;② 充填体埋深的环境温度[188];③ 煤等岩石的自热。矿渣-黄土基胶结充填材料进入采硐后，不同温度下的变形与强度特征将决定支撑煤柱的回收时机。因此，研究养护温度 T 对胶结充填材料的力学性能的影响就显得极为迫切。本节设定围压 $\sigma_3=2$ MPa，分析养护温度 T 对胶结充填材料变形特征及力学特性参数的影响。

3.3.1 应力-应变曲线特征

不同养护温度 T 下胶结充填材料的应力-应变曲线如图 3-7 所示。3.2.1 节对胶结充填材料应力-应变曲线特征进行了详细的表述，在此不再赘述。

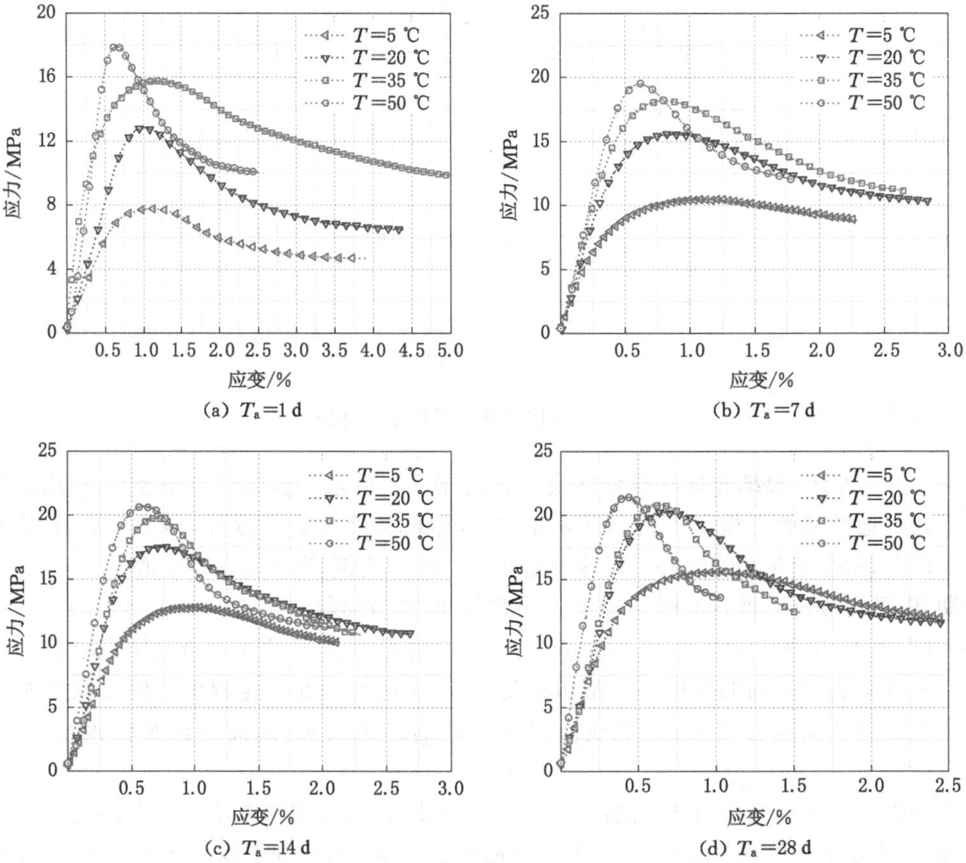

(a) T_a=1 d　(b) T_a=7 d　(c) T_a=14 d　(d) T_a=28 d

图 3-7　围压 $\sigma_3=2$ MPa 时胶结充填材料应力-应变曲线

结合图 3-4 的两类特征曲线，不同养护温度 T 下应力-应变曲线的差异性如下：

① 养护温度 T 越高，曲线的压密阶段越短。养护温度 T 升高，充填材料内部胶凝产物的生成速率加快，相同养护龄期 T_a 下，胶凝产物增多，胶结充填材料内部被胶凝产物所充填的原始孔隙和裂纹体积增大，压密阶段缩短。

② 当养护温度 $T=5$ ℃时，胶结充填材料弹性阶段较短，很快进入塑性阶段，峰前经历了长时间的非线性应变硬化过程，具有很强的塑性流动性；当养护温度 T 由 5 ℃增至 20 ℃时，充填体弹性阶段的曲线斜率明显增大，且峰前非线性流动阶段大幅缩短；当养护温度 T 为 35 ℃和 50 ℃时，线性阶段的割线模量进一步提高，峰前流动特性进一步降低。

③ 随养护温度 T 的升高，峰后软化阶段曲线趋向急陡，胶结充填材料强度快速降低，曲

线逐渐由峰后的连续软化过渡到峰后的瞬时跌落，即特征曲线逐渐由第二类过渡到第一类，峰后呈现脆性破坏特征。

3.3.2　强度演化规律

胶结充填材料强度σ_c随养护温度T的变化规律如图3-8所示。由图3-8可知，不同养护龄期T_a下，养护温度T对胶结充填材料强度σ_c的影响规律基本一致，即胶结充填材料强度σ_c随养护温度T的升高呈指数型非线性增大的趋势，且增幅逐渐减小。对试样的强度σ_c值进行拟合，R^2均大于0.9，拟合效果较好。以养护龄期T_a=7 d为例，当养护温度T由5 ℃升高至20 ℃时，胶结充填材料的强度σ_c由10.32 MPa增至15.68 MPa，增幅为51.94%；当养护温度T由35 ℃升高至50 ℃时，胶结充填材料的强度σ_c由18.10 MPa增至19.85 MPa，增幅仅为9.67%。养护温度T对充填体单轴抗压强度的影响主要归因于温度对胶凝产物生成速率的影响，高温环境有助于提高反应速度和产生高强度胶凝产物，从而使充填材料的抗压强度增大，但随着胶凝材料的消耗，后期强度发育趋于稳定。针对强度σ_c随养护温度T的升高呈现指数型非线性增大的变化规律，将在第4章进行详细的分析。

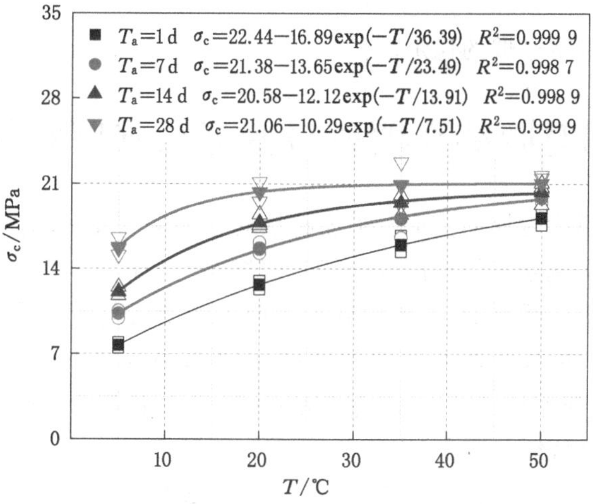

图3-8　峰值强度随养护温度变化特征

3.3.3　弹性模量演化规律

不同养护温度T下胶结充填材料弹性模量的变化规律如图3-9所示。由图3-9可知，胶结充填材料弹性模量E与养护温度T呈正相关关系，利用线性函数可以较好地描述弹性模量E随养护温度T的变化规律，相关系数R^2在0.9以上，拟合效果较好。当养护温度T由5 ℃升高至50 ℃时，各养护龄期T_a下胶结充填材料的弹性模量E分别增加276.14%(T_a=1 d)、143.18%(T_a=7 d)、105.49%(T_a=14 d)和75.75%(T_a=28 d)。实际上，养护温度T越高，充填体内部胶结材料的反应速率越快，反应越充分，加速了凝胶产物的生成和胶结材料的硬化过程，增加了凝胶产物与骨料之间以及凝胶产物与试样内部微裂纹之间的摩擦阻力，从而在一定程度上限制了颗粒的运动。试样的弹性模量E随养护温度T的升高逐渐增大。

矿渣-黄土基胶结充填材料强度和弹性模量随养护温度的升高而增大。在对露天矿端帮滞留煤进行充填开采时，充填环境温度越高，胶结充填材料的强度越大，抗变形能力越强，

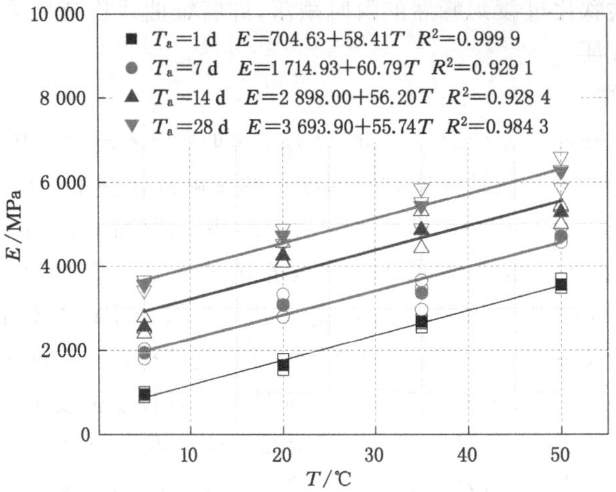

图 3-9　弹性模量随养护温度变化特征

越有利于上覆岩层和端帮边坡的稳定。

3.4　养护龄期对胶结充填材料变形与强度特性的影响

胶结充填材料在不同时期的变形及强度特性对维护采场安全和控制岩层移动及地表沉陷具有重要影响。利用端帮采煤机回收端帮滞留煤，必须留设煤柱支撑上覆岩层。当矿渣-黄土基胶结充填材料进入采硐后，其不同养护龄期下的变形与强度特性决定了煤柱回收时机。因此，研究养护龄期 T_a 对胶结充填材料变形与强度特性的影响极为迫切。本节仍设定围压 $\sigma_3=2$ MPa，分析养护龄期 T_a 对胶结充填材料变形特征及力学特性参数的影响规律。

3.4.1　应力-应变曲线特征

为便于对比养护龄期 T_a 的影响，设定围压 $\sigma_3=2$ MPa，不同养护龄期下胶结充填材料的应力-应变曲线如图 3-10 所示。3.2.1 节对胶结充填材料应力-应变曲线特征进行了详细的表述，在此不再赘述。

结合图 3-4 的两类特征曲线，不同养护龄期 T_a 下应力-应变曲线的差异性如下：

① 养护龄期 T_a 越大，曲线的压密阶段越短：养护龄期 T_a 的延长使胶结充填材料内部生成更多的胶凝产物；胶结充填材料内部的原始孔隙和裂纹被胶凝产物填充后，剩余的孔隙及裂纹体积减小，压密阶段缩短。

② 随养护龄期 T_a 的延长，强度 σ_c 逐渐增大，峰值应变逐渐减小，即胶结充填材料的延性逐渐削弱，这是因为养护龄期 T_a 越长，生成胶凝产物的反应越充分，使得胶结充填材料的黏聚力 c 和胶凝产物的强度不断增大，提高了胶结充填材料的抗变形能力，最终表现为延性随养护龄期 T_a 延长而降低。

③ 随养护龄期 T_a 的延长，峰后软化曲线趋向急陡，胶结充填材料峰后强度快速减小，曲线逐渐由峰后的连续软化过渡到峰后的瞬时跌落，即特征曲线逐渐由第二类过渡到第一类，峰后呈现脆性破坏特征。

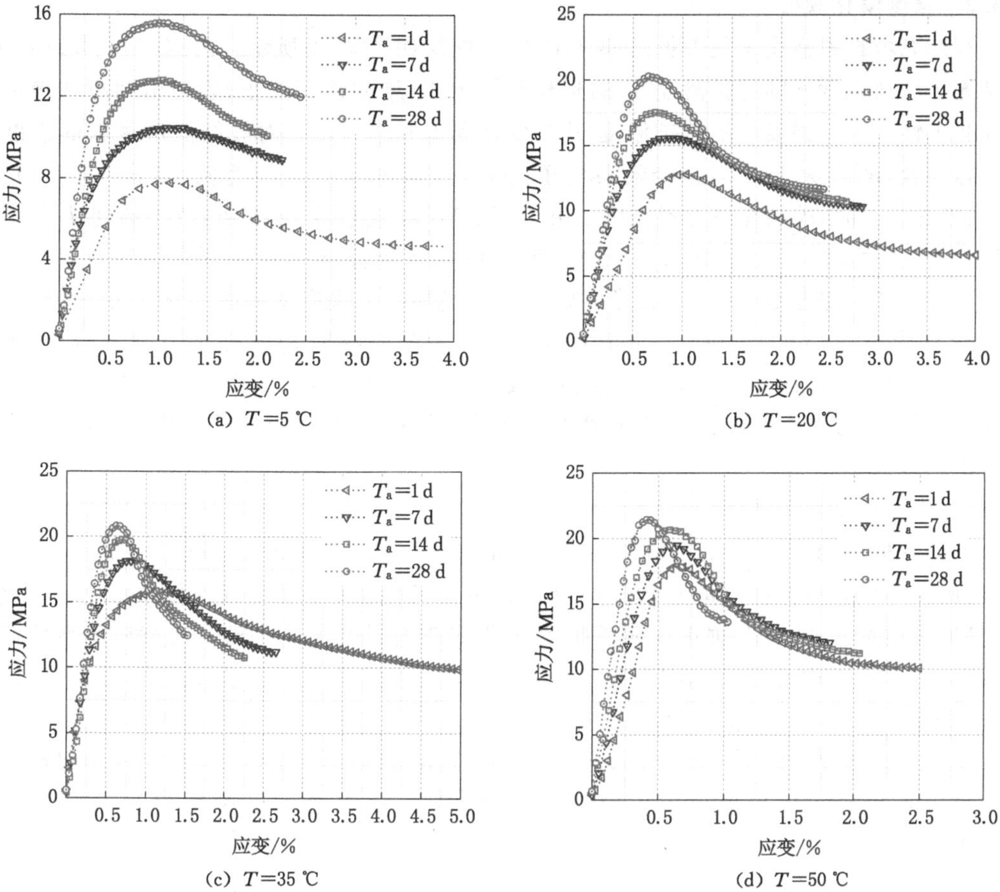

图 3-10 围压 σ_3=2 MPa 时胶结充填材料应力-应变曲线

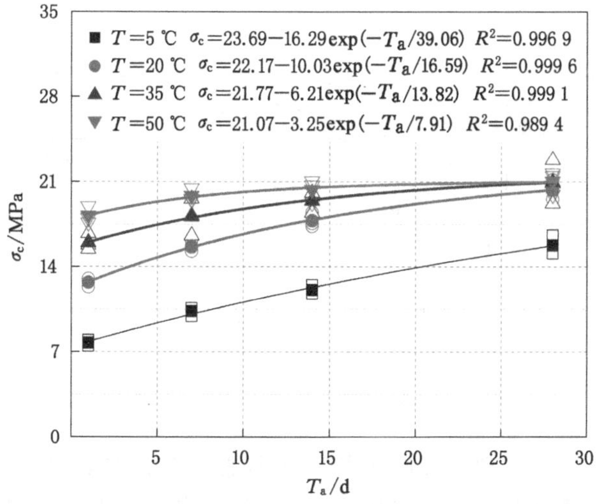

图 3-11 强度随养护龄期变化特征

3.4.2 强度演化规律

胶结充填材料强度 σ_c 随养护龄期 T_a 的变化规律如图 3-11 所示。由图 3-11 可以看出，胶结充填材料强度 σ_c 随养护龄期 T_a 的延长而增大，且增幅逐渐减小，表现出明显和稳定的时间相关性。这与强度 σ_c 随养护温度 T 的变化规律基本一致。对胶结充填材料的强度 σ_c 值进行拟合，R^2 均大于 0.9，拟合效果较好。以养护温度 T=20 ℃为例，当养护龄期 T_a 由 1 d 延长至 7 d 时，胶结充填材料强度 σ_c 由 12.71 MPa 增至 15.68 MPa，养护龄期 T_a 每增加 1 d，强度 σ_c 平均增大 0.50 MPa；当养护龄期 T_a 由 14 d 延长至 28 d 时，胶结充填材料的强度 σ_c 由 17.79 MPa 增至 20.34 MPa，养护龄期 T_a 每增加 1 d，强度 σ_c 平均仅增大 0.18 MPa；养护龄期 T_a 对胶结充填材料强度 σ_c 的影响主要表现为养护龄期 T_a 越长，反应越充分，产生的胶凝产物越多，试样内部骨料颗粒之间相互胶凝黏结，形成整体，试样强度 σ_c 增大，但是，随着养护龄期 T_a 的进一步增加，胶凝产物覆盖在胶结材料的表面，反应速率降低，导致后期强度 σ_c 的增幅减小。

3.4.3 弹性模量演化规律

不同养护龄期 T_a 下胶结充填材料弹性模量的变化规律如图 3-12 所示。由图 3-12 可以看出，胶结充填材料弹性模量 E 随养护龄期 T_a 的延长呈现指数型非线性指数增大的变化趋势，且增幅逐渐减小，这与强度 σ_c 随养护龄期 T_a 的变化趋势基本一致。对试样的弹性模量 E 值进行拟合，R^2 均大于 0.9，拟合效果较好。以养护温度 T=20 ℃为例，当养护龄期 T_a 由 1 d 延长至 7 d 时，胶结充填材料弹性模量由 1 642 MPa 增至 3 080 MPa，养护龄期 T_a 每增加 1 d，弹性模量平均增大 240 MPa；当养护龄期 T_a 由 14 d 增至 28 d 时，胶结充填材料的弹性模量由 4 252 MPa 增至 4 719 MPa，养护龄期 T_a 每增加 1 d，弹性模量平均仅增大 33 MPa。

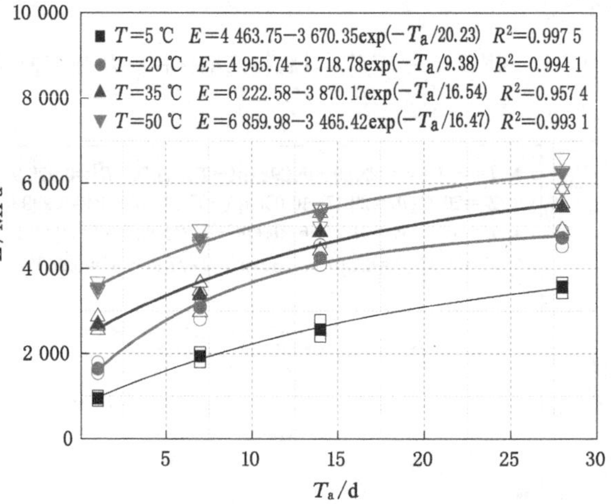

图 3-12 弹性模量随养护龄期变化特征

矿渣-黄土基胶结充填材料的强度 σ_c 和抗变形能力随养护龄期 T_a 的增加而增大，不同养护龄期 T_a 下胶结充填材料的变形与强度特性决定了条带支撑煤柱回收时机。例如，当矿渣-黄土基胶结充填材料进入采硐后，上覆岩层的垂直压力主要由胶结充填材料两侧的条带支撑煤柱承担，若 3 d 后胶结充填材料的变形与强度达到设计要求，具有支撑上覆岩层的能力，此时可对胶结充填材料两侧的煤柱逐一回收。

3.5　耦合效应对胶结充填材料变形与强度特性的影响

影响胶结充填材料力学特性参数（强度 σ_c 和弹性模量 E）的因素较多，主要包括材料配比、养护龄期 T_a、围压 σ_3 和养护温度 T 等。当矿渣-黄土基胶结充填材料进入采硐后，其变形与强度是多因素耦合作用的结果。在本书中，为分析两因素耦合作用下胶结充填材料的强度 σ_c 和弹性模量 E，需要设置其他因素相同以探究剩余两因素对材料强度 σ_c 和弹性模量 E 的影响。为此，基于获取的平均强度和平均弹性模量构建了两因素耦合作用下的三维空间曲面。

3.5.1　围压和养护龄期的耦合效应分析

为探究围压（σ_3＝0、2 MPa、4 MPa 和 6 MPa）和养护龄期（T_a＝1 d、7 d、14 d 和 28 d）对胶结充填材料强度 σ_c 和弹性模量 E 的耦合影响，需要固定养护温度 T。图 3-13 和图 3-14 分别给出了不同围压 σ_3 和养护龄期 T_a 下胶结充填材料的强度 σ_c 和弹性模量 E 的三维空间曲面。

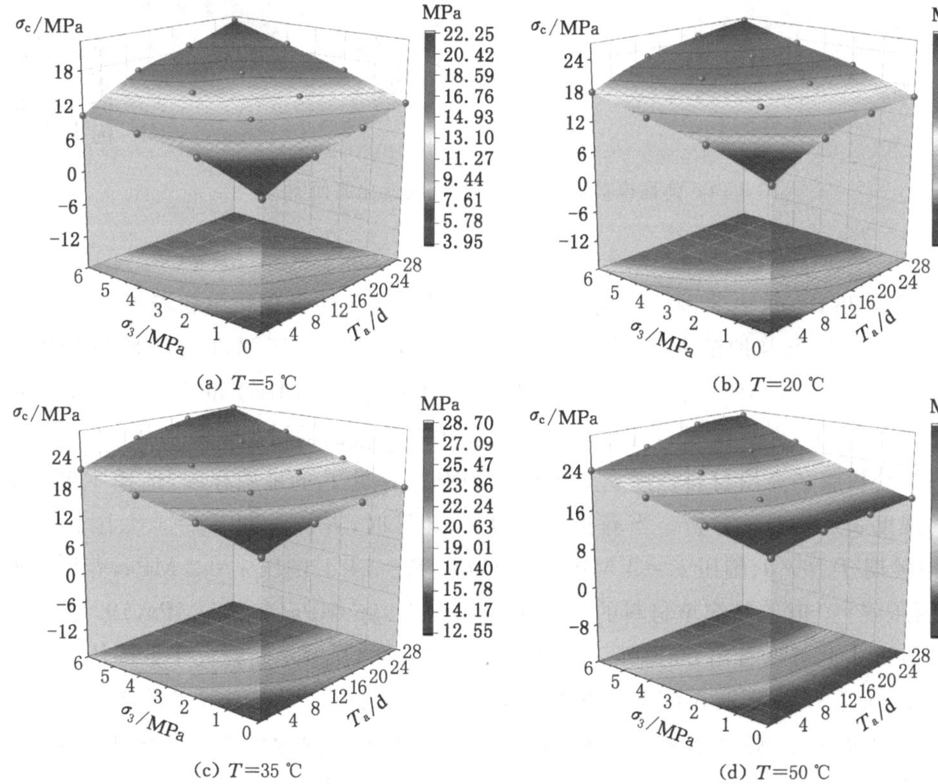

(a) T=5 ℃　(b) T=20 ℃　(c) T=35 ℃　(d) T=50 ℃

图 3-13　强度随围压和养护龄期变化曲面图

由图 3-13 可以看出，不同养护温度 T 下，强度 σ_c 随围压 σ_3 增大和养护龄期 T_a 的延长而增大。以养护温度 T＝35 ℃为例，围压 σ_3 由 0 增至 6 MPa，各养护龄期 T_a 下试样强度 σ_c 的

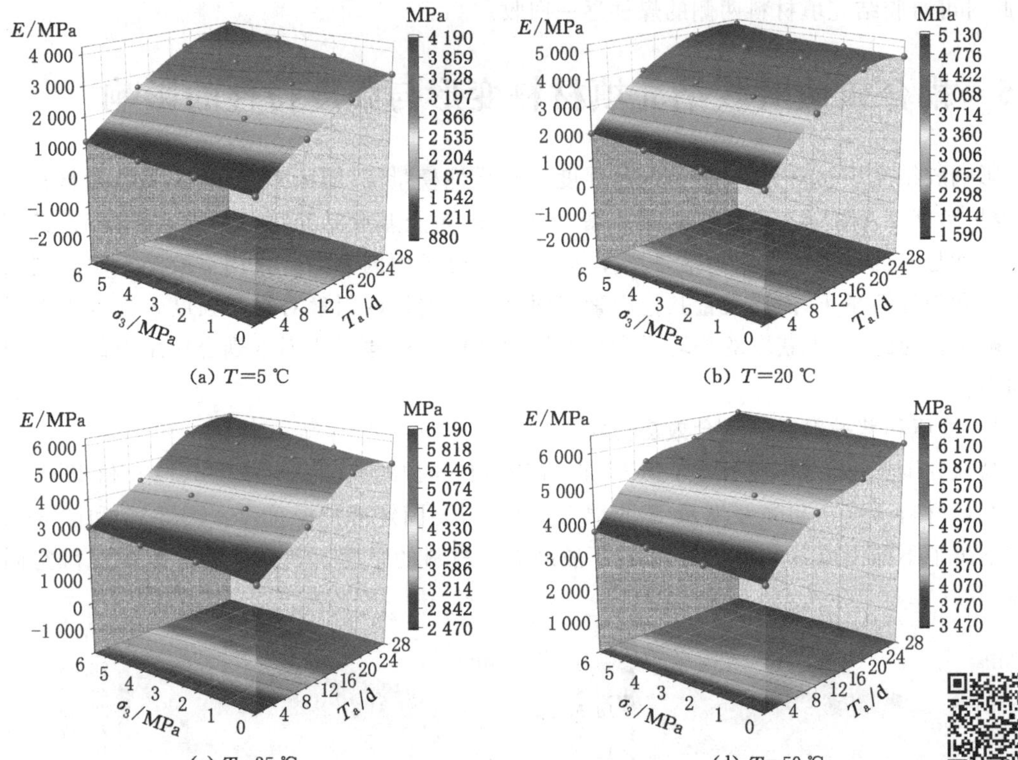

图 3-14　弹性模量随围压和养护龄期变化曲面图

增量分别为 8.77 MPa(T_a=1 d)、9.36 MPa(T_a=7 d)、10.54 MPa(T_a=14 d)和 11.53 MPa(T_a=28 d)，这表明围压 σ_3 对胶结充填材料强度 σ_c 的强化作用随养护龄期 T_a 的延长逐渐加强；同理，当养护龄期 T_a 由 1 d 增至 28 d，各围压 σ_3 下强度 σ_c 的增量分别为 4.54 MPa(σ_c=0)、5.00 MPa(σ_c=2 MPa)、6.30 MPa(σ_c=4 MPa)和 7.30 MPa(σ_c=6 MPa)，这表明养护龄期 T_a 对试样强度 σ_c 的强化作用随围压 σ_3 的增加逐渐加强。

为进一步分析胶结充填材料强度 σ_c 对围压 σ_3 和养护龄期 T_a 的敏感程度，选择 4 组胶结充填材料的强度 σ_c 进行对比分析。当养护温度 T=35 ℃时，养护龄期 T_a=1 d、围压 σ_3=6 MPa，养护龄期 T_a=7 d、围压 σ_3=4 MPa，养护龄期 T_a=14 d、围压 σ_3=2 MPa，养护龄期 T_a=28 d、围压 σ_3=0 时胶结充填材料的强度 σ_c 分别为 21.36 MPa、20.65 MPa、19.44 MPa 和 17.13 MPa。由此可以看出，高围压 σ_3 低养护龄期 T_a 时的强度 σ_c 始终大于低围压 σ_3 高养护龄期 T_a 时的强度 σ_c，这表明在该条件下强度 σ_c 对围压的敏感性大于对养护龄期的。

由图 3-14 可以看出，弹性模量 E 对围压 σ_3 和养护龄期 T_a 的敏感程度与强度 σ_c 相反。当养护温度 T=35 ℃时，养护龄期 T_a=1 d、围压 σ_3=6 MPa，养护龄期 T_a=7 d、围压 σ_3=4 MPa，养护龄期 T_a=14 d、围压 σ_3=2 MPa，养护龄期 T_a=28 d、围压 σ_3=0 时胶结充填材料的弹性模量 E 分别为 2 939 MPa、3 405 MPa、4 860 MPa 和 5 178 MPa。由此可以看出，高围压 σ_3 低养护龄期 T_a 时的弹性模量 E 始终小于低围压 σ_3 高养护龄期 T_a 时的弹性模量 E，表明该条件下弹性模量 E 对养护龄期的敏感性大于对围压的。

3.5.2 养护温度和养护龄期的耦合效应分析

为探究养护温度（T=5 ℃、20 ℃、35 ℃和 50 ℃）和养护龄期（T_a=1 d、7 d、14 d 和 28 d）对胶结充填材料强度 σ_c 和弹性模量 E 的耦合影响，需要固定围压 σ_3。图 3-15 和图 3-16 分别给出了不同养护温度 T 和养护龄期 T_a 下胶结充填材料强度 σ_c 和弹性模量 E 的三维空间曲面。

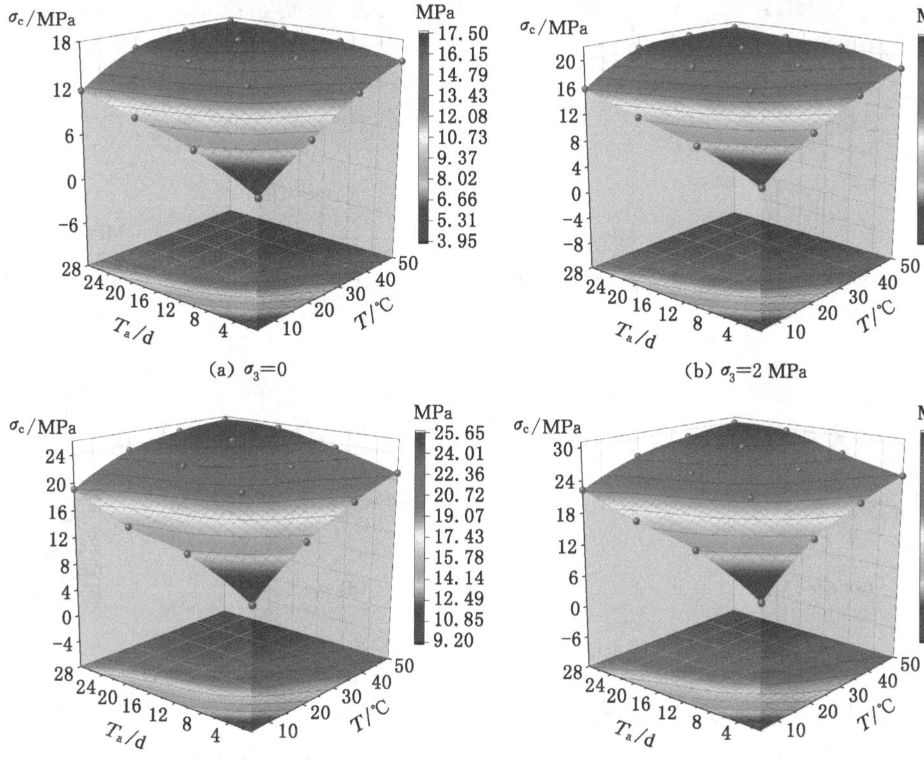

(a) σ_3=0　　(b) σ_3=2 MPa

(c) σ_3=4 MPa　　(d) σ_3=6 MPa

图 3-15　强度随养护温度和养护龄期变化曲面图

由图 3-15 可以看出，不同围压 σ_3 下，强度 σ_c 随养护龄期 T_a 的延长和养护温度 T 的升高而增大。以 σ_3=2 MPa 为例，养护温度 T 由 5 ℃升高至 50 ℃，各养护龄期 T_a 下强度 σ_c 的增量分别为 10.46 MPa（T_a=1 d）、9.53 MPa（T_a=7 d）、8.24 MPa（T_a=14 d）和 5.27 MPa（T_a=28 d），这表明养护龄期 T_a 的延长能显著弱化养护温度 T 对胶结充填材料强度 σ_c 的强化作用；同理，当养护龄期 T_a 由 1 d 增至 28 d 时，各养护温度 T 下强度 σ_c 的增量分别为 8.05 MPa（T=5 ℃）、7.63 MPa（T=20 ℃）、5.00 MPa（T=35 ℃）和 2.86 MPa（T=50 ℃），这表明养护龄期 T_a 对强度 σ_c 的强化作用随养护温度 T 的升高逐渐降低。需要说明的是，养护龄期 T_a 和养护温度 T 强化强度 σ_c 的机制不同，养护龄期 T_a 的延长提高了胶凝产物的数量，而养护温度 T 的升高加速了反应的进程。

为进一步分析胶结充填材料强度 σ_c 对养护龄期 T_a 和养护温度 T 的敏感程度，选择四组胶结充填材料的强度 σ_c 进行对比分析。养护龄期 T_a=1 d、养护温度 T=50 ℃，养护龄期 T_a=7 d、养护温度 T=35 ℃，养护龄期 T_a=14 d、养护温度 T=20 ℃、养护龄期 T_a=28 d、养护温度 T=5 ℃时胶结充填材料的强度 σ_c 分别为 18.18 MPa、18.10 MPa、17.79 MPa 和

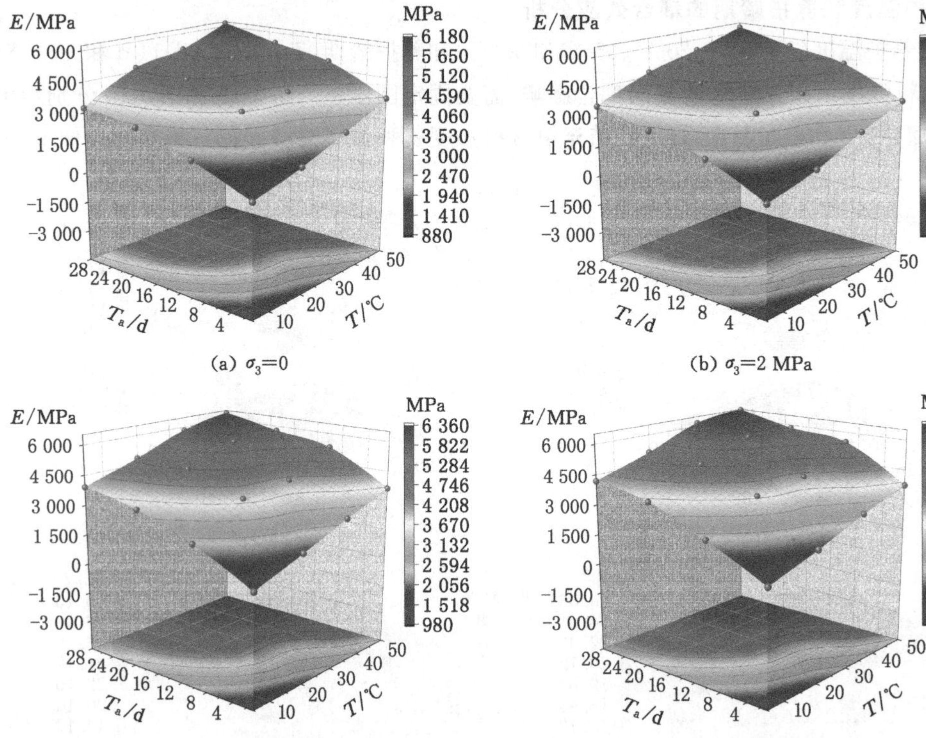

(a) $\sigma_3=0$　(b) $\sigma_3=2$ MPa

(c) $\sigma_3=4$ MPa　(d) $\sigma_3=6$ MPa

图 3-16　弹性模量随养护温度和养护龄期变化曲面图

15.77 MPa。对比前三组强度σ_c可以发现，当养护温度 $T>20$ ℃时，高养护温度 T 低养护龄期 T_a和低养护温度 T 高养护龄期 T_a对胶结充填材料强度σ_c的影响程度基本接近，说明获得相同强度σ_c可以采取不同的养护方式；对比第三组和第四组强度σ_c可以发现，当养护温度 $T<20$ ℃时，高养护温度 T 低养护龄期 T_a时的强度σ_c始终大于低养护温度 T 高养护龄期 T_a时的强度σ_c，表明该条件下强度σ_c对养护温度的敏感性大于对养护龄期的。

综上所述，养护龄期 T_a和养护温度 T 对胶结充填材料的强度σ_c具有显著的影响，在实验室制备相同强度的胶结充填材料时，养护方式众多，可以适当提高养护温度 T 以达到缩短养护龄期的目的。同样地，在矿山进行充填和开采工作时，为了提高开采效率，一般要求胶结充填材料在短期内达到目的强度，即胶结充填材料要具有较高的早期强度。而常用的增加胶凝材料含量的方式会增加充填成本，与矿山企业追求的提高生产效率、降低生产成本和保证回采空间安全目标相违背。因此，可以适当提高胶结充填材料在井下的养护温度 T，使其在较短养护龄期 T_a下拥有较高的强度。

由图 3-16 可以看出，弹性模量 E 随养护温度 T 和养护龄期 T_a的变化趋势与强度σ_c基本一致，在此不再赘述。

3.5.3　养护温度和围压的耦合效应分析

为探究养护温度（$T=5$ ℃、20 ℃、35 ℃和 50 ℃）和围压（$\sigma_3=0$、2 MPa、4 MPa 和 6 MPa）对胶结充填材料强度σ_c和弹性模量 E 的耦合影响，需要固定养护龄期 T_a。图 3-17 和图 3-18 分别给出了不同养护温度 T 和围压σ_3下胶结充填材料的强度σ_c和弹性模量 E 的三维空间曲面。

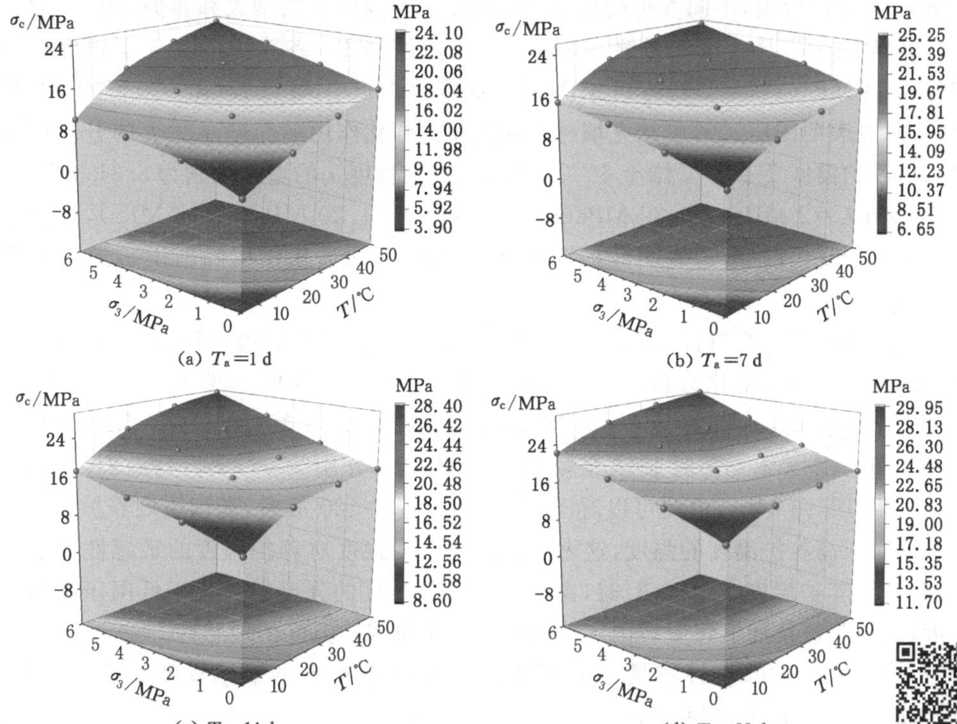

(a) T_a=1 d (b) T_a=7 d

(c) T_a=14 d (d) T_a=28 d

图 3-17 强度随围压和养护温度变化曲面图

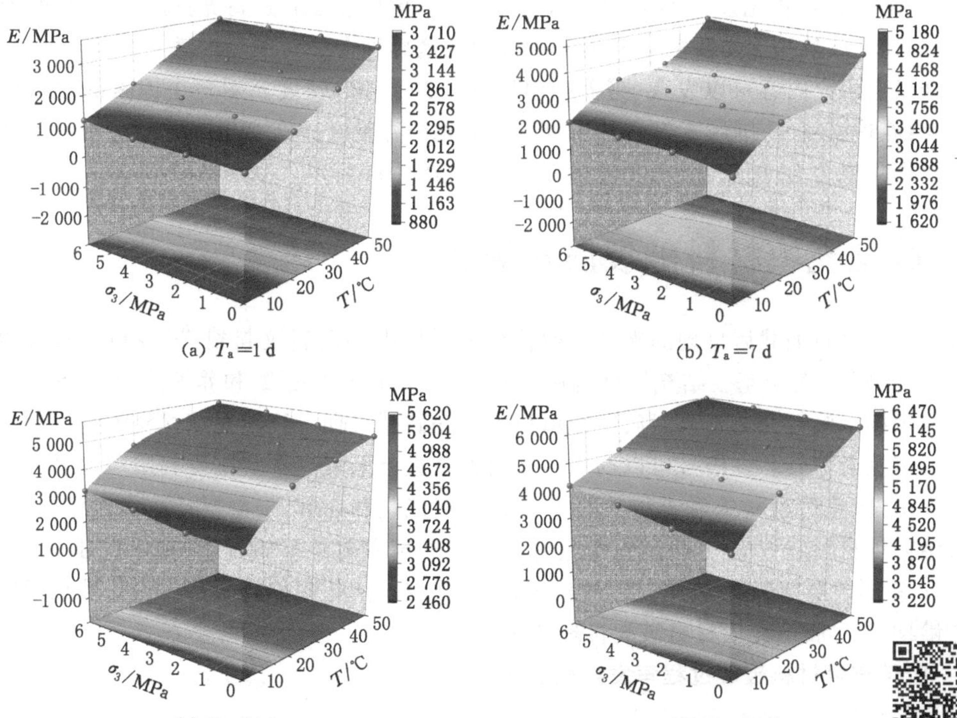

(a) T_a=1 d (b) T_a=7 d

(c) T_a=14 d (d) T_a=28 d

图 3-18 弹性模量随围压和养护温度变化曲面图

由图 3-17 可以看出，不同养护龄期 T_a下，强度 σ_c随围压 σ_3的增大和养护温度 T 的升高而增大。以养护龄期 T_a=14 d 为例，围压 σ_3由 0 增至 6 MPa，各养护温度 T 下强度 σ_c的增量分别为 8.54 MPa(T=5 ℃)、9.14 MPa(T=20 ℃)、10.54 MPa(T=35 ℃)和 11.43 MPa(T=50 ℃)，这表明围压 σ_3对胶结充填材料强度 σ_c的强化作用随养护温度 T 的升高逐渐加强；同理，当养护温度 T 由 5 ℃增至 50 ℃，各围压 σ_3下强度 σ_c的增量分别为 8.31 MPa(σ_3=0)、8.24 MPa(σ_3=2 MPa)、10.39 MPa(σ_3=4 MPa)和 11.20 MPa(σ_3=6 MPa)，强度整体呈现逐渐增大的变化趋势，这表明养护温度 T 对强度 σ_c的强化作用随围压 σ_3的增大逐渐加强。

为进一步分析胶结充填材料强度 σ_c对围压 σ_3和养护温度 T 的敏感程度，选择四组胶结充填材料的强度 σ_c进行对比分析。当养护龄期 T_a=14 d 时，养护温度 T=5 ℃、围压 σ_3=6 MPa，养护温度 T=20 ℃、围压 σ_3=4 MPa，养护温度 T=35 ℃、围压 σ_3=2 MPa 和养护温度 T=50 ℃、围压 σ_3=0 时胶结充填材料的强度 σ_c分别为 17.19 MPa、21.19 MPa、19.44 MPa 和 16.96 MPa，由此可以看出，当养护温度 T<20 ℃时，高围压低养护温度强度始终小于低围压高养护温度的强度，这表明在该条件下强度对养护温度的敏感性大于对围压的敏感性；当养护温度 T>20 ℃时，高围压低养护温度的强度始终大于低围压高养护温度的强度，这表明该条件下强度对围压的敏感性大于对养护温度的敏感性。

由图 3-18 可以看出，弹性模量 E 对围压 σ_3和养护温度 T 的敏感程度与强度 σ_c不同。当养护龄期 T_a=14 d 时，养护温度 T=5 ℃、围压 σ_3=6 MPa，养护温度 T=20 ℃、围压 σ_3=4 MPa，养护温度 T=35 ℃、围压 σ_3=2 MPa 和养护温度 T=50 ℃、围压 σ_3=0 时胶结充填材料的弹性模量 E 分别为 3 177 MPa、4 378 MPa、4 860 MPa 和 5 141 MPa，由此可以看出，高围压 σ_3低养护温度 T 时的弹性模量 E 始终小于低围压 σ_3高养护温度 T 时的弹性模量 E，这表明该条件下弹性模量 E 对养护温度的敏感性大于对围压的敏感性。

综合以上研究内容可以发现，当养护温度 T≤20 ℃时，强度 σ_c对三个因素的敏感性排序依次为：养护温度 T、围压 σ_3和养护龄期 T_a；当养护温度 T>20 ℃时，强度 σ_c对三个因素的敏感性排序依次为：围压 σ_3、养护温度 T 和养护龄期 T_a。

3.6 胶结充填材料破裂演化规律

胶结充填材料加载后呈现的宏观破裂特征是试样内部微裂纹起裂、扩展和贯通后的必然结果，研究矿渣-黄土基胶结充填材料在不同围压 σ_3、养护温度 T 和养护龄期 T_a下的破裂特征有利于揭示端帮充填开采时胶结充填材料损伤破裂机理。胶结充填材料破裂过程中产生大量的声发射信号。该信号可以利用声发射设备进行采集。本节主要利用声发射设备采集不同围压 σ_3、养护温度 T 和养护龄期 T_a下声发射能量和计数，根据累计声发射特征曲线，分析胶结充填材料起裂应力 σ_{CI}和损伤应力 σ_{CD}；根据声发射波形特征，研究不同围压 σ_3、养护温度 T 和养护龄期 T_a下胶结充填材料张拉、剪切裂纹演化规律，揭示围压 σ_3、养护温度 T 和养护龄期 T_a对胶结充填材料破裂机理的影响。

3.6.1 胶结充填材料破裂过程声发射表征方法

(1) 声发射特征参数表征方法

声发射特征参数是指能够通过声发射设备直接采集的时域或频域参数[189]。通过对材料在受载过程中的声发射参数进行分析，可以实时掌握材料内部裂纹的动态变化。常见的声发射特征参数主要包括阈值、幅值、上升时间、持续时间、振铃计数和能量等[190]。声发射波形特征决定声发射参数的大小。图 3-19 给出了典型的声发射参数表征方法示意图。

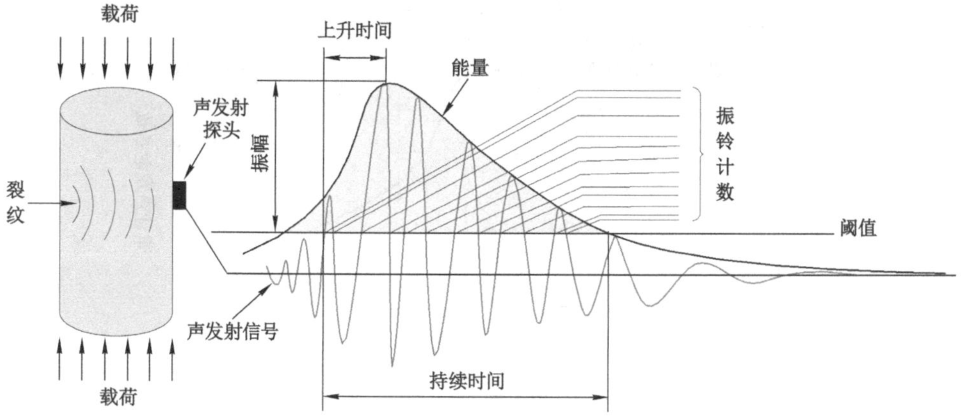

图 3-19　典型的声发射参数表征方法示意图

各特征参数的物理意义如下。

① 阈值：又称门槛电压，是声发射设备能够采集到的信号的最小值。通过调整阈值，可以降低环境及设备噪声对试验结果的影响，减少数据处理量，提高试验的准确度。

② 幅值：是声发射设备能够采集到的信号的最大值，是衡量声发射信号强弱的一个重要指标。

③ 上升时间：是声发射信号首次超过阈值至上升至幅值所需要的时间。

④ 持续时间：是声发射信号首次超过阈值至完全低于阈值所需要的时间。

⑤ 振铃计数：用于表征声发射信号超过阈值的次数，在一定程度上反映声发射信号的频率，通常被用来确定材料裂纹起裂应力 σ_{CI} 和损伤应力 σ_{CD}。

⑥ 能量：用于表征声发射信号的强度，受阈值影响显著，其大小可用波形包络线与阈值围成的面积表示，与振铃计数类似，通常被用来确定材料的特征应力。

(2) 特征阈值的表征方法

胶结充填材料特征阈值主要包括裂纹起裂应力 σ_{CI}、裂纹损伤应力 σ_{CD} 和峰值应力 σ_c。其中起裂应力 σ_{CI} 对应的时间为材料内部开始产生新裂纹的时刻；损伤应力 σ_{CD} 对应的时间为材料内部裂纹开始相互贯通的时刻；峰值应力 σ_c 对应的时间为试样进入峰后阶段的时刻。峰值应力 σ_c 在 3.2～3.5 节进行了系统的分析，本节将重点探讨裂纹起裂应力 σ_{CI} 和裂纹损伤应力 σ_{CD}。

确定材料加载过程中的裂纹起裂应力 σ_{CI} 和裂纹损伤应力 σ_{CD} 对分析材料内部裂纹发育过程至关重要[191]。以往研究多利用声发射特征参数确定起裂应力 σ_{CI} 和损伤应力 σ_{CD}，所用方法有：① 突变点法，即找出“声发射参数-轴向应力”曲线中的突变点[192]；② 斜率法，即根据“累计声发射参数-轴向应力”曲线的斜率变化确定[193-194]；③ 声发射撞击数拟合线法，但该方法的前提是“累计声发射参数-轴向应力”曲线呈 S 形分布[195]。Q. L. Yao 等[196-197]在上述方法的基础上略微改进，采用“累计声发射参数-时间”曲线斜率变化特征确定含水煤样的

起裂应力 σ_{CI} 和损伤应力 σ_{CD}，该方法也得到了较多学者的认可。本节采用该方法确定胶结充填材料破裂过程中的起裂应力 σ_{CI} 和损伤应力 σ_{CD}，如图 3-20 所示。需要指出的是，本书中给出的声发射数据是 4 个声发射探头收集的声发射数据的平均值。

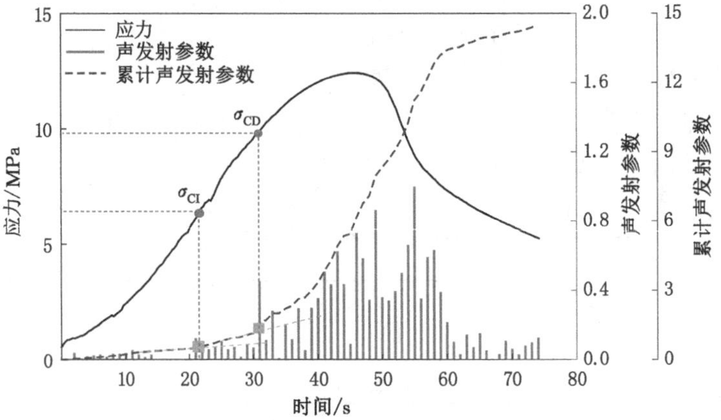

图 3-20　试样加载过程中特征阈值的确定方法示意图

(3) 张拉-剪切裂纹的表征方法

胶结充填材料在受载过程中可能发生张拉破坏、张拉-剪切复合破坏或剪切破坏，其破裂特征与胶结充填材料的内部裂纹分布形式密切相关。因此，针对不同围压 σ_3、养护温度 T 和养护龄期 T_a 下胶结充填材料的裂纹开裂模式进行研究，对确定胶结充填材料的失稳机理至关重要。目前，在土木工程[198]、材料科学[40]和矿业工程[193]等领域，众多学者采用声发射波形分析法研究材料的裂纹开裂模式，并用平均频率(average frequency，AF)和上升角度(rising angle，RA)进行表征，其中，RA 为上升时间与振幅的比值，AF 为声发射振铃计数与持续时间的比值。一般认为高 RA 值、低 AF 值，材料发生剪切破坏，高平均频率、低上升角度，材料发生张拉破坏。本节主要采用归一化的 RA 与 AF 的比值判断裂纹的开裂模式，如图 3-21 所示，当 RA/AF 大于 1 视为剪切破坏，当 RA/AF 小于 1 视为张拉破坏。

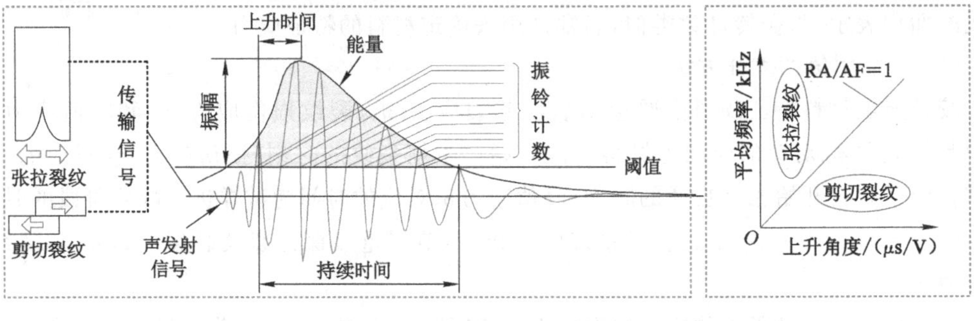

图 3-21　利用声发射参数确定裂纹开裂模式示意图

3.6.2　围压作用对胶结充填材料声发射特征的影响

(1) 声发射特征参数变化特征

根据 3.6.1 章节所述方法确定不同围压 σ_3 下胶结充填材料裂纹起裂应力 σ_{CI} 和损伤应力 σ_{CD}，为简化分析过程，取养护龄期 $T_a=7$ d、养护温度 $T=20$ ℃的胶结充填材料，分析围

压 σ_3 对其声发射特征参数及阈值的影响，其他养护龄期 T_a 和养护温度 T 下声发射特征与此类似。图 3-22 和图 3-23 给出了不同围压 σ_3 下胶结充填材料应力、声发射计数（能量）和累计声发射计数（能量）随时间变化的曲线，图 3-24 给出了裂纹起裂应力 σ_{CI} 和损伤应力 σ_{CD} 及其与强度 σ_c 比值随围压 σ_3 变化曲线，表 3-3 和表 3-4 为图 3-24 对应的数值。

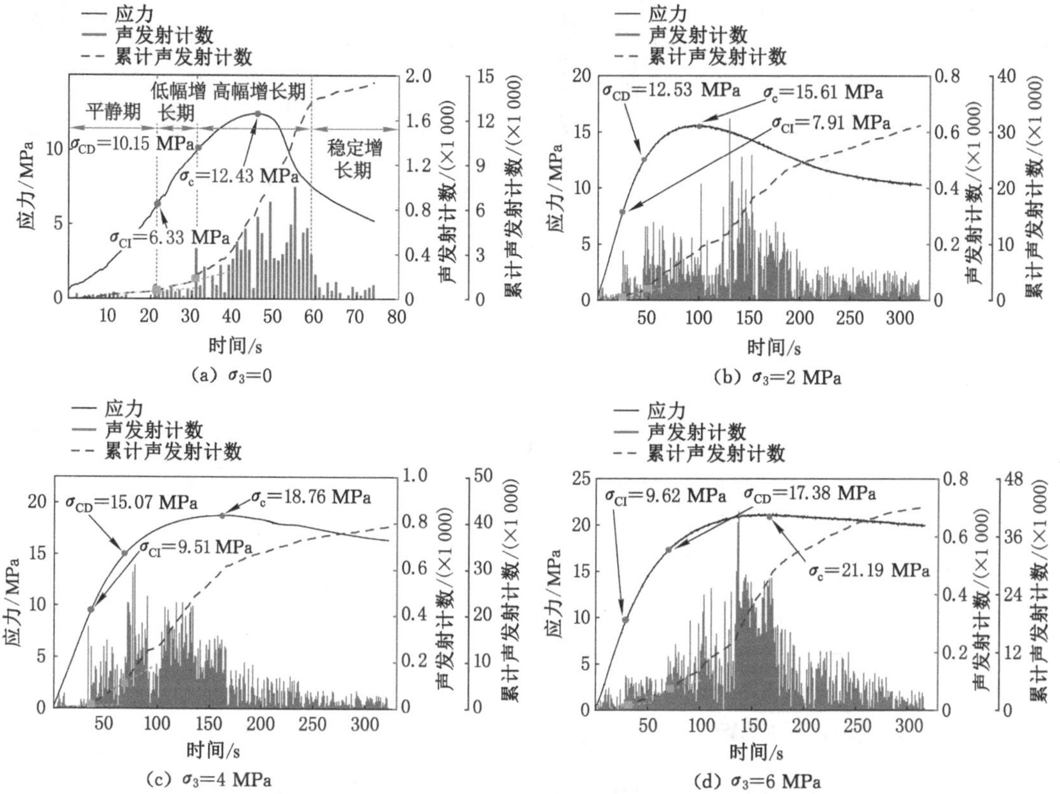

图 3-22 不同围压下应力、声发射计数和累计声发射计数随时间变化曲线

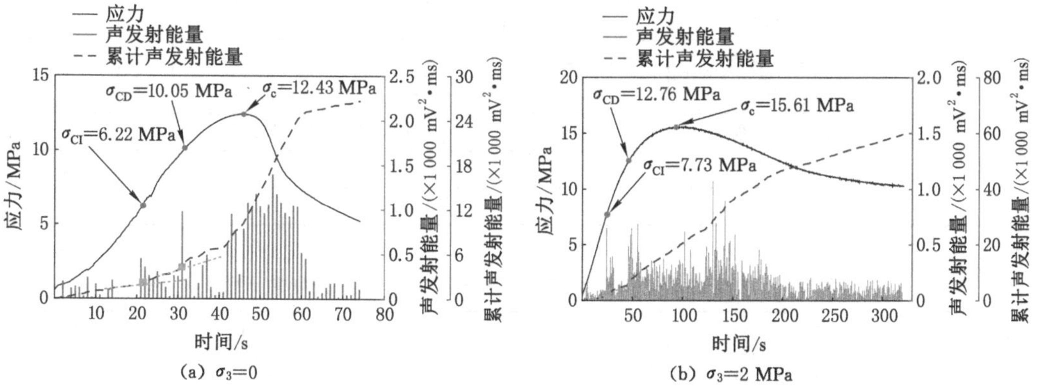

图 3-23 不同围压下应力、声发射能量和累计声发射能量随时间变化曲线

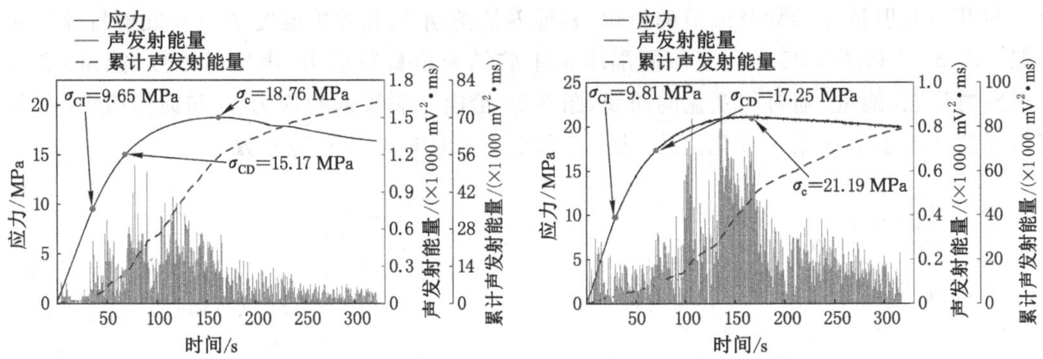

(c) σ_3=4 MPa (d) σ_3=6 MPa

图 3-23 (续)

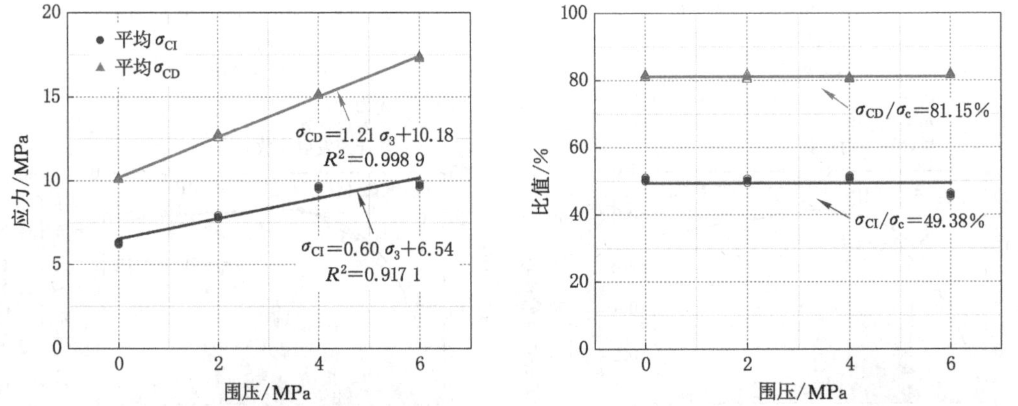

(a) 起裂应力和损伤应力随围压变化曲线 (b) 起裂应力和损伤应力与强度的比值随围压变化曲线

图 3-24 裂纹起裂应力和损伤应力及其与强度的比值随围压变化曲线

表 3-3 胶结充填材料起裂应力和损伤应力 MPa

特征阈值	特征参数	0	2 MPa	4 MPa	6 MPa
σ_{CI}	声发射计数	6.33	7.91	9.51	9.62
	声发射能量	6.22	7.73	9.65	9.81
	平均值	6.28	7.82	9.58	9.72
σ_{CD}	声发射计数	10.15	12.53	15.07	17.38
	声发射能量	10.05	12.76	15.17	17.25
	平均值	10.10	12.65	15.12	17.32

表 3-4 胶结充填材料起裂应力和损伤应力与峰值强度的比值 %

特征阈值占比	特征参数	0	2 MPa	4 MPa	6 MPa
σ_{CI}/σ_c	声发射计数	50.93	50.67	50.69	45.40
	声发射能量	50.04	49.52	51.44	46.30
	平均值	50.48	50.10	51.07	45.85

表 3-4(续)

特征阈值占比	特征参数	0	2 MPa	4 MPa	6 MPa
σ_{CD}/σ_c	声发射计数	81.66	80.27	80.33	82.02
	声发射能量	80.85	81.74	80.86	81.41
	平均值	81.26	81.01	80.60	81.71

由图 3-22 至图 3-24 及表 3-3 和表 3-4 可知：

① 不同加载阶段，声发射参数（能量和计数）和累计声发射参数（能量和计数）呈现显著的差异性，总体可划分为声发射平静期（压密阶段和弹性阶段）、声发射低幅增长期（微裂纹稳定扩展阶段）、声发射高幅增长期（微裂纹非稳定扩展阶段和部分峰后软化段）和声发射稳定增长期（剩余峰后软化段），其中声发射高幅增长期和声发射稳定增长期的分界线位于峰后软化段。在加载初期，声发射参数较小，累计声发射参数与时间的关系曲线的斜率低，胶结充填材料以积累弹性能为主，无明显破裂损伤现象，该阶段可称之为声发射平静期；当应力达到裂纹起裂应力 σ_{CI}时，声发射计数明显增加，累计声发射参数与时间的关系曲线的斜率较声发射平静期略大，试样内部产生新的裂纹并逐渐扩展，该阶段称之为声发射低幅增长期；当应力达到裂纹损伤应力 σ_{CD}时，声发射参数大幅增加，累计声发射参数与时间的关系曲线的斜率显著增大，试样内部的微裂纹开始相互贯通，声发射参数的最大值一般出现在峰值应力点后，该阶段称之为声发射高幅增长期；胶结充填材料在峰后段呈应变软化特征，试样内部仍产生大量的声发射信号，表明试样内部仍存在微裂纹扩展和贯通现象，累计声发射参数与时间的关系曲线以固定斜率稳定增长，该阶段称之为声发射稳定增长期。

② 胶结充填材料裂纹起裂应力 σ_{CI}和损伤应力 σ_{CD}随围压 σ_3增大呈线性增大，对图 3-24(a)中的值进行拟合，$R^2>0.90$。当围压 σ_3为 0 时，裂纹起裂应力 σ_{CI}和损伤应力 σ_{CD}分别为 6.28 MPa 和 10.10 MPa，当围压 σ_3增至 6 MPa 时，σ_{CI}和 σ_{CD}分别为 9.72 MPa 和 17.32 MPa，增幅分别为 54.78%和 71.49%。此外，任意围压 σ_3下，起裂应力 σ_{CI}和损伤应力 σ_{CD}与强度 σ_c的比值分别为 49.38%和 81.15%，基本不随围压 σ_3变化。因此，可以通过三轴压缩试验获得胶结充填材料的抗压强度，进而预测试样在不同围压 σ_3下裂纹的扩展特征。

先前的研究表明，起裂应力 σ_{CI}是岩石的固有属性，不受试样尺寸[199]、形状[200]、粒径大小[201]等的影响，但这些研究均是基于常规单轴压缩试验，试样仅受轴向压应力的影响。也有学者发现，当围压 σ_3或者加载倾角变化时，试样的起裂应力 σ_{CI}将发生改变[116,197,202]。S. H. Chang[194]指出，岩石中微裂纹的起裂是由剪切破坏造成的。在单轴压缩试验中，试样内部的剪应力是由压应力间接引起的。在一定的轴向载荷下试样内部的微裂纹即可发生起裂和扩展。但是，在三轴压缩试验中，围压 σ_3的存在增强了微裂纹尖端抵抗剪切破坏的能力，需要更大的轴向载荷才能促使微裂纹起裂和扩展。随着围压 σ_3的增大，试样的起裂应力 σ_{CI}和损伤应力 σ_{CD}逐渐增大。

(2) 胶结充填材料破坏特征

基于 3.6.1 节所述方法，获得了归一化的 RA-AF 关系云图，结合试样的宏观破坏模式及其示意图，综合分析不同围压 σ_3下胶结充填材料破坏特征。为简化分析过程，以龄期 T_a=7 d、养护温度 T=20 ℃的胶结充填材料为例进行分析。图 3-25 至图 3-28 给出了不同围

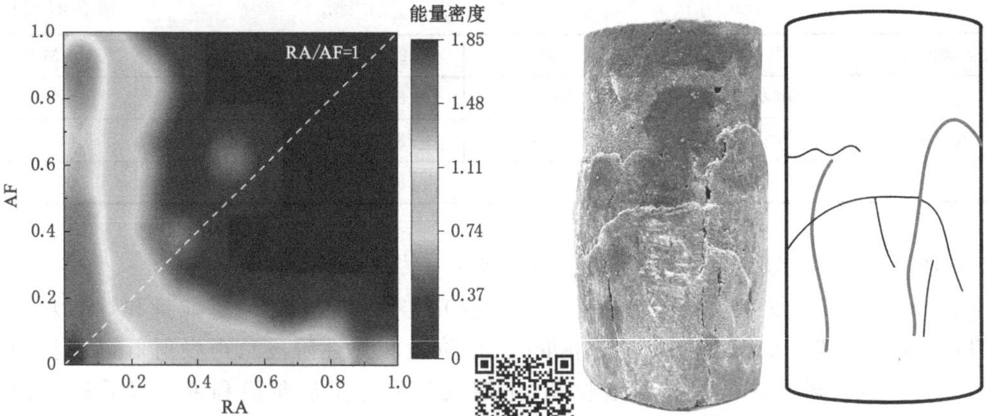

(a) RA-AF关系云图　　(b) 宏观破坏模式及其示意图

图 3-25　围压 $\sigma_3=0$ 时胶结充填材料 RA-AF 关系云图和宏观破坏模式及其示意图

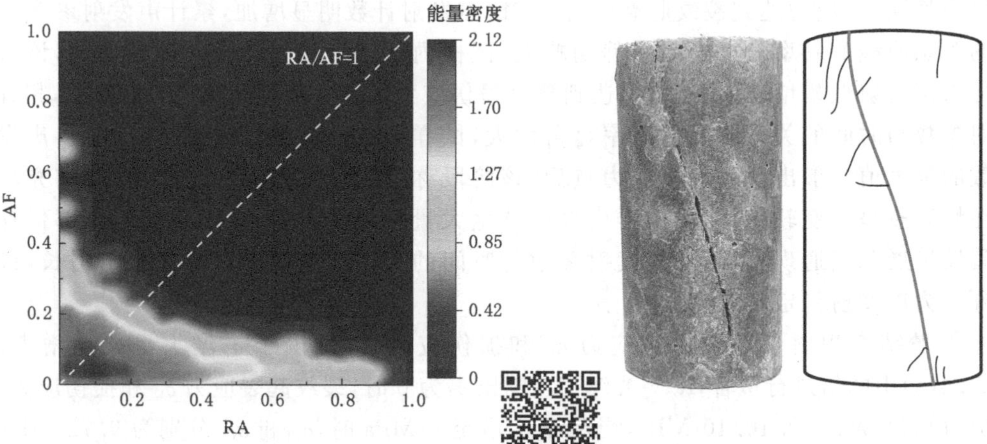

(a) RA-AF关系云图　　(b) 宏观破坏模式及其示意图

图 3-26　围压 $\sigma_3=2$ MPa 时胶结充填材料 RA-AF 关系云图和宏观破坏模式及其示意图

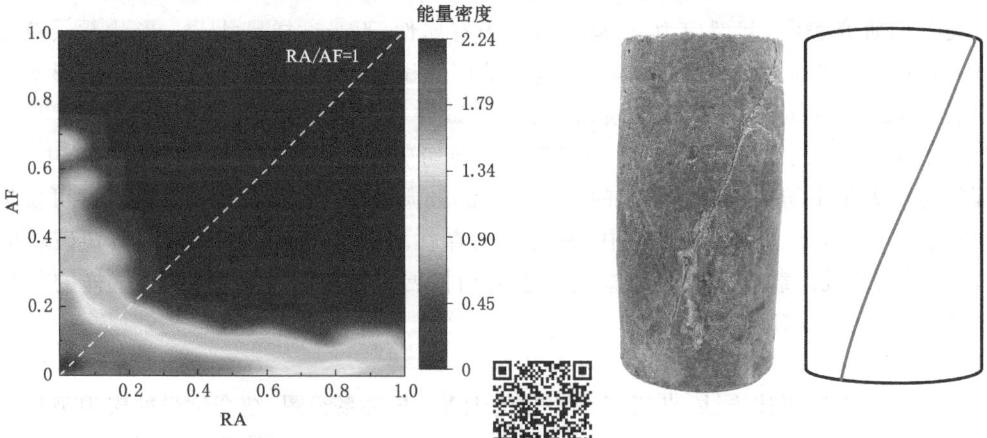

(a) RA-AF关系云图　　(b) 宏观破坏模式及其示意图

图 3-27　围压 $\sigma_3=4$ MPa 时胶结充填材料 RA-AF 关系云图和宏观破坏模式及其示意图

压σ_3条件下胶结充填材料 RA-AF 关系云图和宏观破坏模式及其示意图。需要说明的是，在 RA-AF 关系云图中，红色和蓝色区域分别表示最大和最小能量密度，红色区域颜色越深，代表数据集中程度越大。

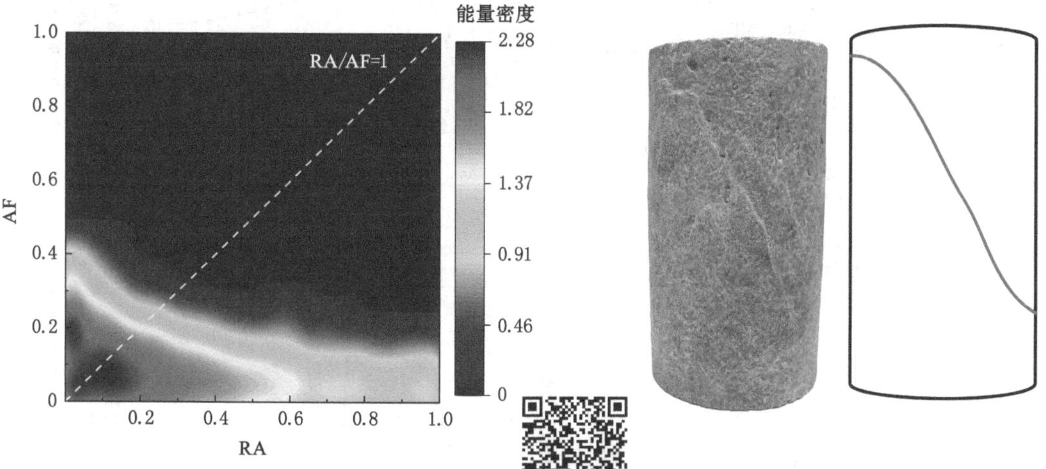

(a) RA-AF关系云图

(b) 宏观破坏模式及其示意图

图 3-28　围压σ_3＝6 MPa 时胶结充填材料 RA-AF 关系云图和宏观破坏模式及其示意图

由图 3-25 至图 3-28 可知，当养护龄期 T_a＝7 d，养护温度 T＝20 ℃时，由于围压σ_3的不同，胶结充填材料的最终破坏模式具有明显的差异。当围压σ_3为 0 时，试样在单轴压缩条件下中部呈现向四周鼓胀的趋势，表面发育有多条平行于加载方向的主裂纹，并在主裂纹周边伴生多条细小裂纹；在 RA-AF 关系云图中，数据集中分布在 RA 轴、AF 轴附近，且靠近 AF 轴附近的裂纹数量明显大于靠近 RA 轴的，这表明在单轴压缩条件下胶结充填材料主要以张拉破坏为主。

当围压$\sigma_3 \geqslant 2$ MPa 时，靠近 RA 轴附近的裂纹数量大于 AF 轴，试样以剪切破坏为主。从试样的宏观破坏示意图中可以发现，当围压σ_3为 2 MPa 时，试样表面可见多条近似平行的剪切裂纹，两端局部伴生多条劈裂裂纹；当围压σ_3为 4 MPa 和 6 MPa 时，试样的破坏模式逐渐变得单一，主要为单斜面剪切破坏，但是试样并未遭到破坏，表面仅有剪切面痕迹出现，外观仍保持完整。

3.6.3　养护温度对胶结充填材料声发射特征的影响

(1) 声发射特征参数变化特征

养护温度改变了胶结充填材料的力学状态，进而影响胶结充填材料在加载过程中的声发射行为，因此，开展不同养护温度下胶结充填材料声发射特征研究，对揭示端帮充填开采中胶结充填材料的微破裂机理至关重要。为了简化分析过程，以养护龄期 T_a＝7 d、围压σ_3＝2 MPa 为例进行分析，其他养护龄期 T_a和围压σ_3下声发射特征与此类似。图 3-29 和图 3-30 给出了不同养护温度 T 下胶结充填材料应力、声发射计数(能量)和累计声发射计数(能量)随时间变化的曲线，图 3-31 给出了裂纹起裂应力σ_{CI}和损伤应力σ_{CD}及其与强度σ_c的比值随养护温度 T 变化的规律。表 3-5 和表 3-6 为图 3-31 对应的数值。

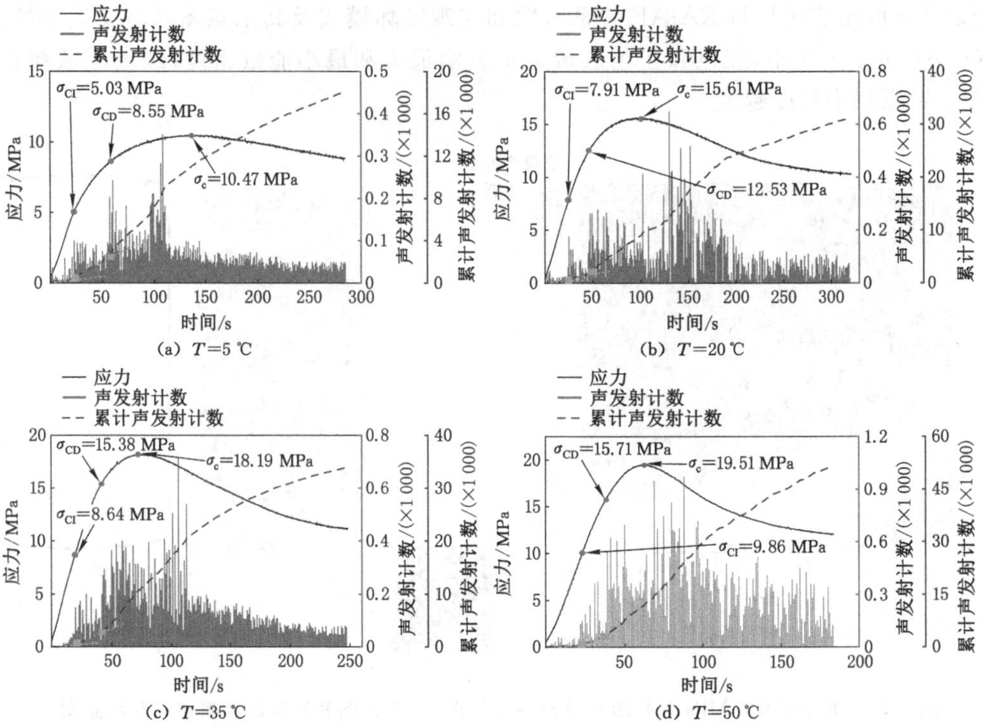

(a) T=5 ℃ (b) T=20 ℃ (c) T=35 ℃ (d) T=50 ℃

图 3-29 不同养护温度下应力、声发射计数和累计声发射计数随时间变化特征

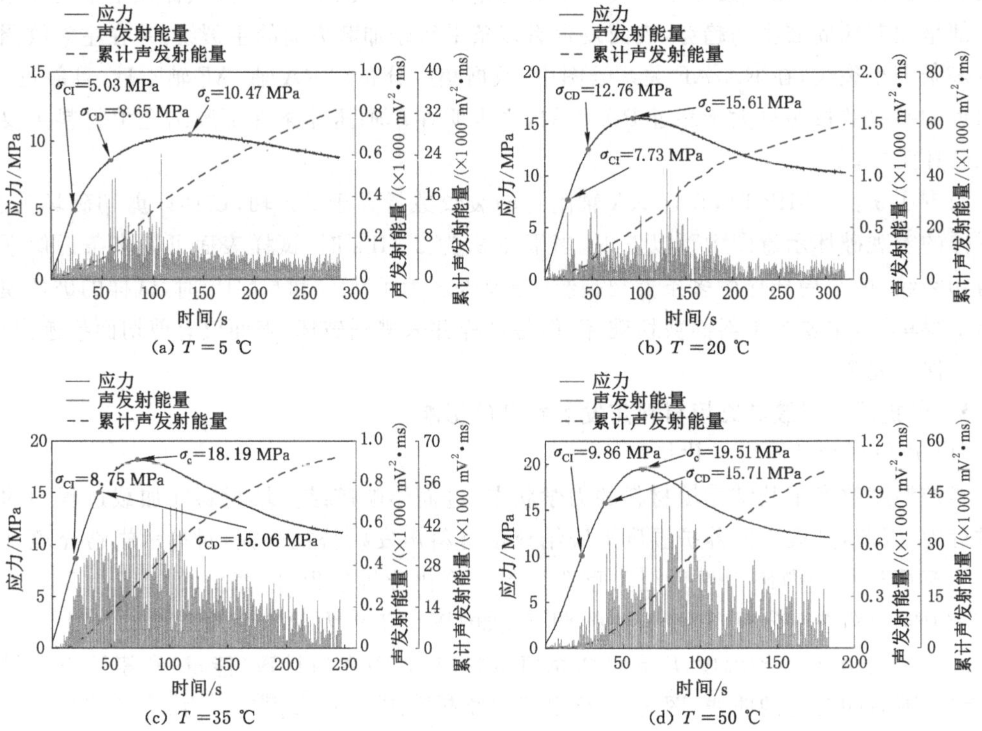

(a) T =5 ℃ (b) T =20 ℃ (c) T =35 ℃ (d) T =50 ℃

图 3-30 不同养护温度下应力、声发射能量和累计声发射能量随时间变化曲线

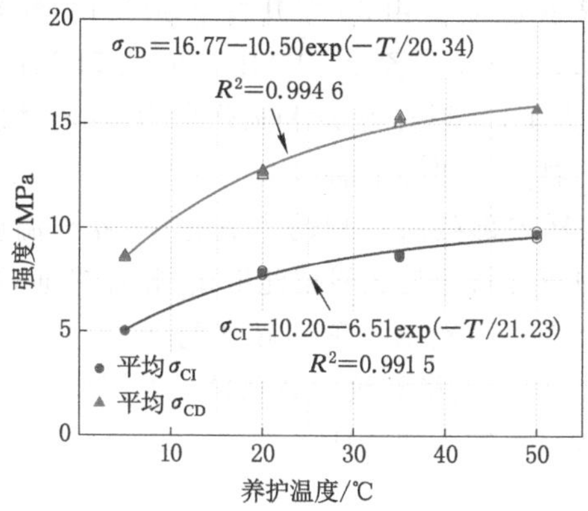

(a) 起裂应力和损伤应力随养护温度变化特征

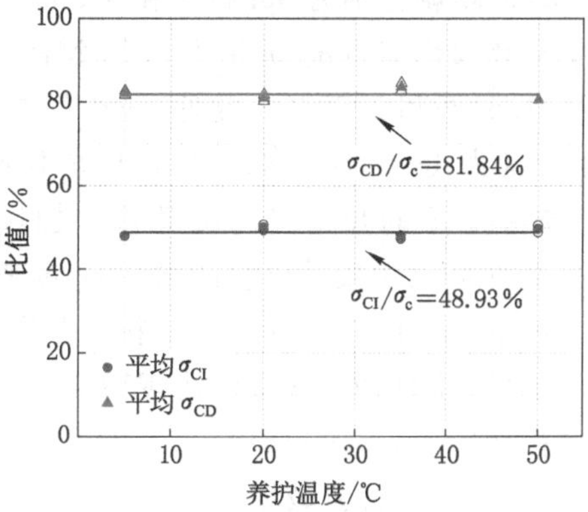

(b) 起裂应力和损伤应力与强度的比值

图 3-31　裂纹起裂应力和损伤应力及其与强度的比值随养护温度变化曲线

表 3-5　胶结充填材料起裂应力和损伤应力　　MPa

特征阈值	特征参数	5 ℃	20 ℃	35 ℃	50 ℃
σ_{CI}	声发射计数	5.03	7.91	8.64	9.56
	声发射能量	5.03	7.73	8.75	9.86
	平均值	5.03	7.82	8.70	9.71
σ_{CD}	声发射计数	8.55	12.53	15.38	15.71
	声发射能量	8.65	12.76	15.06	15.71
	平均值	8.60	12.65	15.22	15.71

表 3-6　胶结充填材料起裂应力和损伤应力与强度的比值　　%

特征阈值占比	特征参数	5 ℃	20 ℃	35 ℃	50 ℃
σ_{CI}/σ_c	声发射计数	48.04	50.67	47.50	49.00
	声发射能量	48.04	49.52	48.10	50.54
	平均值	48.04	50.10	47.80	49.77
σ_{CD}/σ_c	声发射计数	81.66	80.27	84.55	80.52
	声发射能量	82.62	81.74	82.79	80.52
	平均值	82.14	81.01	83.67	80.52

由图 3-29 至图 3-31 和表 3-5 至表 3-6 可知：

① 不同加载阶段，声发射参数（能量和计数）和累计声发射参数（能量和计数）具有显著的差异性，总体可划分为声发射平静期、声发射低幅增长期、声发射高幅增长期和声发射稳定增长期，各阶段特征与不同围压 σ_3 下的特征基本一致，不再赘述。

② 胶结充填材料裂纹起裂应力 σ_{CI} 和损伤应力 σ_{CD} 随养护温度 T 的升高呈指数型非线性增大，但其增幅逐渐减小，这与强度 σ_c 随养护温度 T 变化的趋势基本一致。对图 3-31(a) 中的值进行拟合，$R^2>0.99$，这表明拟合效果较好。当养护温度 T 由 5 ℃升高至 20 ℃时，裂纹起裂应力 σ_{CI} 和损伤应力 σ_{CD} 分别由 5.03 MPa 和 8.60 MPa 增至 7.82 MPa 和

12.65 MPa，增幅分别为 55.47%和 47.09%；当养护温度 T 由 35 ℃升高至 50 ℃时，裂纹起裂应力 σ_{CI}和损伤应力 σ_{CD}分别由 8.70 MPa 和 15.22 MPa 增至 9.71 MPa 和 15.71 MPa，增幅仅为 11.61%和 3.22%。此外，任意养护温度 T 下，起裂应力 σ_{CI}和损伤应力 σ_{CD}与强度 σ_c 的比值分别为 48.93%和 81.84%，基本不随养护温度 T 的变化而变化。

养护温度 T 的升高，在一定程度上加快了试样内部凝胶产物的生成速率，养护温度 T 越高，单位时间内生成的凝胶产物越多，凝胶产物与骨料颗粒之间彼此搭接，相互贯通，形成致密的空间团簇状结构，提高了材料的黏聚力，增强了材料抵抗剪切破坏的能力，必须增加轴向载荷才能促使微裂纹尖端出现剪应力集中，从而导致微裂纹起裂和扩展。因此，起裂应力 σ_{CI}和损伤应力 σ_{CD}随养护温度 T 的升高呈现非线性增大的特征。

(2) 胶结充填材料破坏特征

图 3-32 至图 3-35 给出了养护龄期 T_a=7 d、围压 σ_3=2 MPa 时，不同养护温度 T 下胶结充填材料归一化的 RA-AF 关系云图和破坏模式及其示意图。

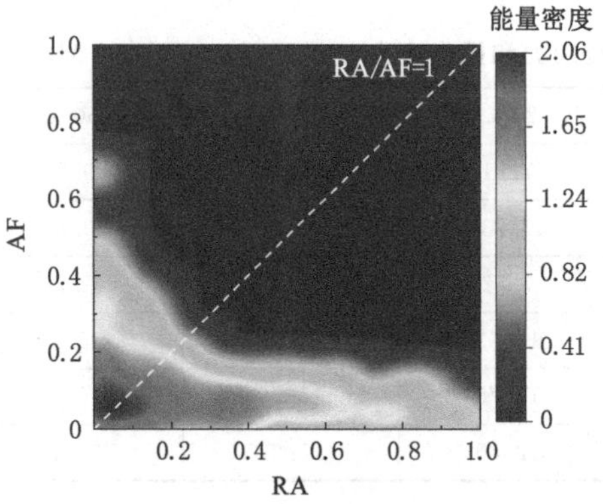

(a) RA-AF关系云图

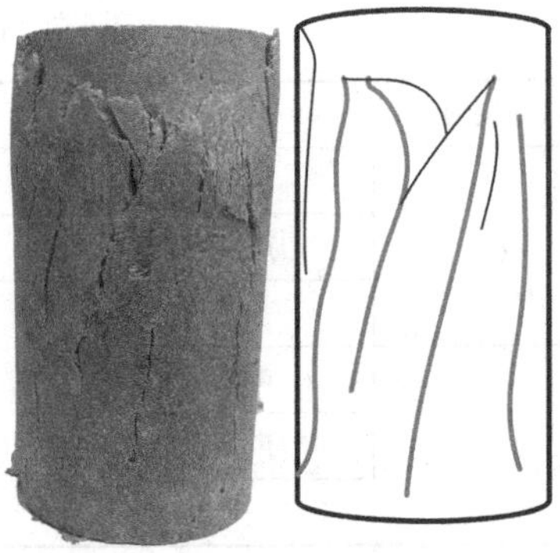

(b) 宏观破坏模式及其示意图

图 3-32 养护温度 T=5 ℃时胶结充填材料 RA-AF 关系云图和宏观破坏模式及其示意图

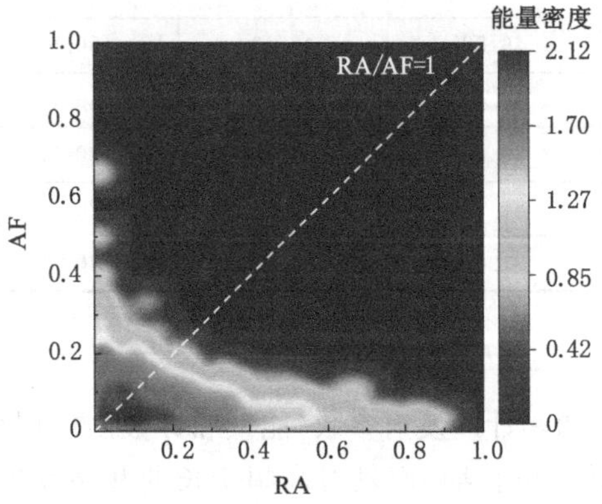

(a) RA-AF关系云图

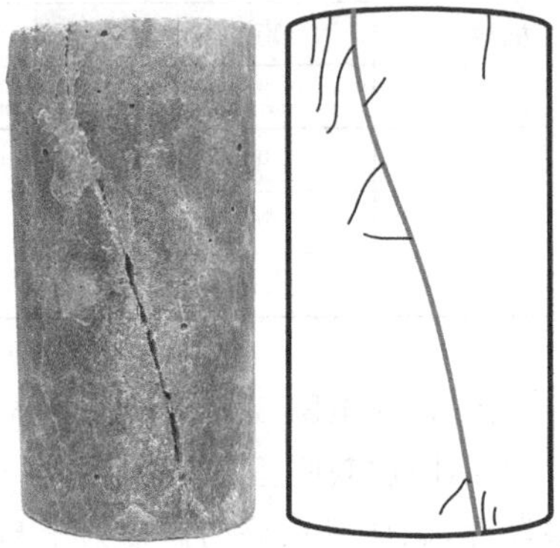

(b) 宏观破坏模式及其示意图

图 3-33 养护温度 T=20 ℃时胶结充填材料 RA-AF 关系云图和宏观破坏模式及其示意图

由图 3-32 至图 3-35 可知，当围压 σ_3=2 MPa，养护龄期 T_a=7 d 时，不同养护温度 T 下，试样的破坏模式具有明显的差异性。当养护温度 T=5 ℃时，试样的宏观破裂模式较为复

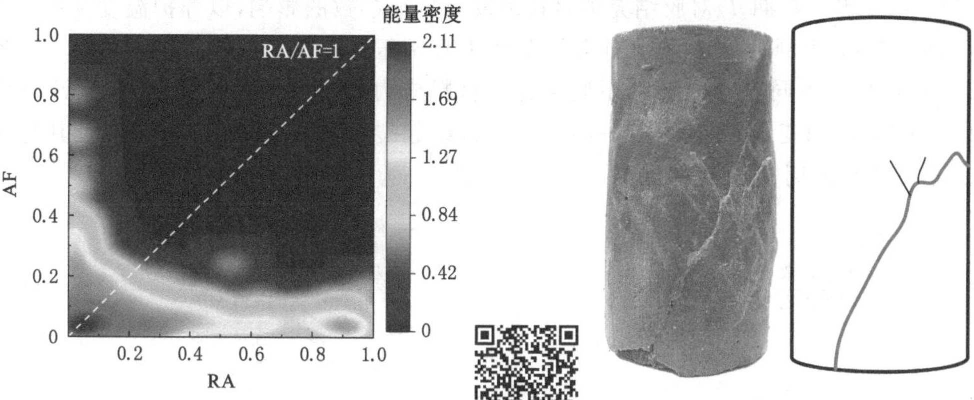

(a) RA-AF关系云图　　(b) 宏观破坏模式及其示意图

图 3-34　养护温度 $T=35$ ℃时胶结充填材料 RA-AF 关系云图和宏观破坏模式及其示意图

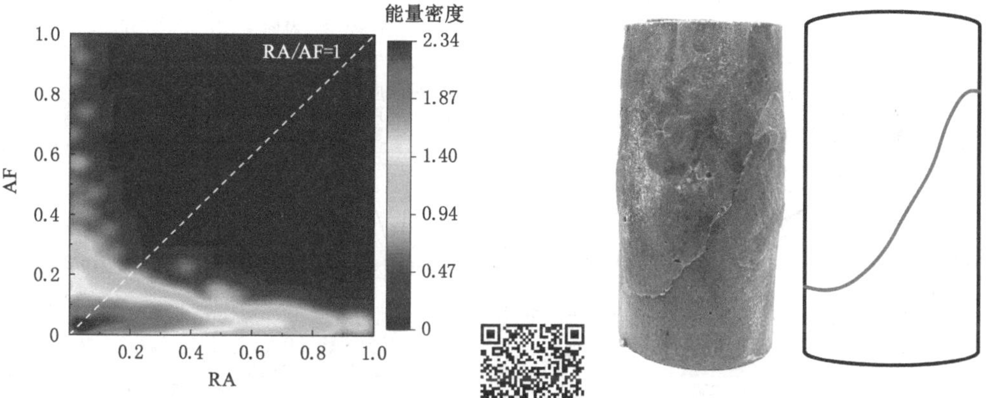

(a) RA-AF关系云图　　(b) 宏观破坏模式及其示意图

图 3-35　养护温度 $T=50$ ℃时胶结充填材料 RA-AF 关系云图和宏观破坏模式及其示意图

杂，试样表面主要发育有贯穿的直立裂纹，裂纹一般自胶结充填材料的一个端面起裂，竖直向另一端面发育，此外，试样表面还发育有一个倾斜的剪切破裂面。整体上，由试样表面裂纹发育特征可知，胶结充填材料主要为张拉和剪切复合形式的破坏；当养护温度 $T \geqslant 20$ ℃时，试样表面发育有一个或多个斜切面，试样主要以剪切破坏为主。从 RA-AF 关系云图中可以发现，任意养护温度 T 下，数据均集中分布在 RA 轴、AF 轴附近，但靠近 RA 轴附近的裂纹数量略大于靠近 AF 轴的，试样呈现以剪切破坏为主、张拉破坏为辅的破坏模式。

综上所述，养护温度 T 越低，试样表面分布的主裂纹数量越多，内部破坏也越严重；养护温度 T 越高，试样主要沿着个别主裂纹发生破坏。造成上述现象的主要原因为：养护温度 T 越低，试样强度越低，在受力加载的过程中，裂纹发育的越早越充分，相应的破坏也就越严重；随着养护温度 T 的升高，凝胶产物数量增多，试样内部结构更加致密，胶结充填材料强度增大，微裂纹发育的集中化和微裂纹贯通形成局部主裂纹的过程滞后，但一旦微裂纹贯通形成主裂纹，破坏就沿着主裂纹持续发展。

3.6.4 养护龄期对胶结充填材料声发射特征的影响

(1) 声发射特征参数变化特征

为了研究养护龄期 T_a 对胶结充填材料声发射特征参数的影响，以养护温度 $T=20$ ℃、围压 $\sigma_3=2$ MPa 为例进行分析，其他养护温度 T 和围压 σ_3 下声发射特征与此类似。图 3-36 和图 3-37 给出了不同养护龄期 T_a 下胶结充填材料应力、声发射计数（能量）和累计声发射计数（能量）随时间变化的曲线，图 3-38 给出了裂纹起裂应力 σ_{CI} 和损伤应力 σ_{CD} 及其与强度 σ_c 的比值随养护龄期 T_a 变化的规律。表 3-7 和表 3-8 为图 3-38 对应的数值。

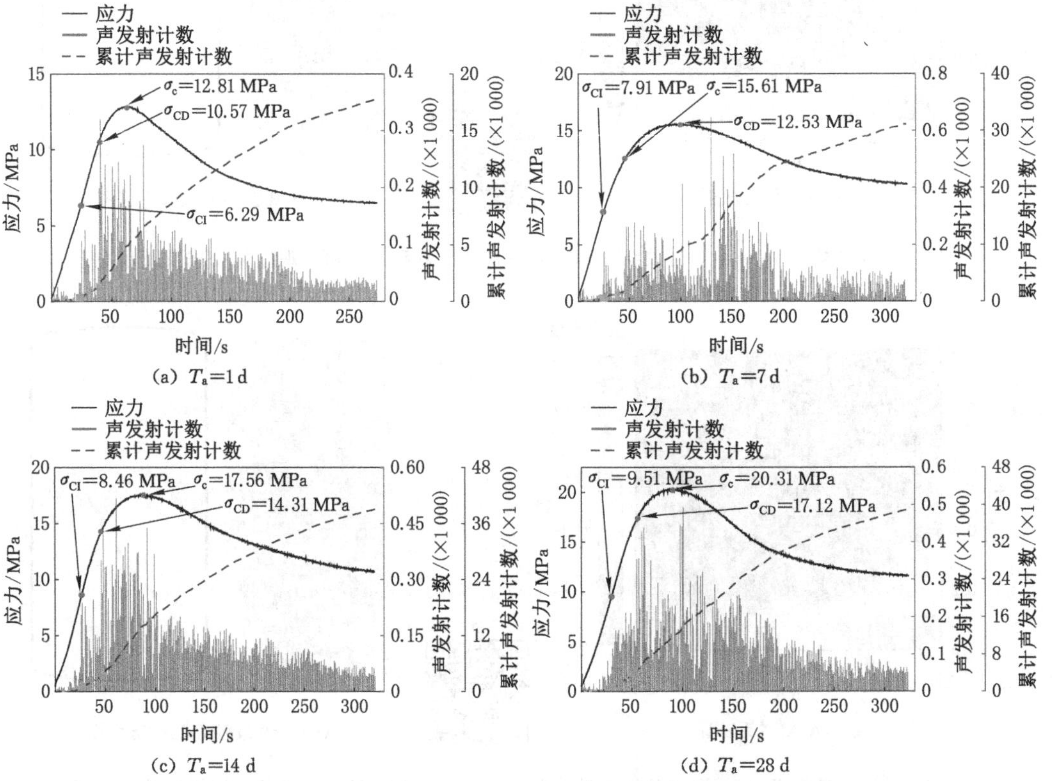

(a) T_a=1 d　(b) T_a=7 d　(c) T_a=14 d　(d) T_a=28 d

图 3-36　不同养护龄期下应力、声发射计数和累计声发射计数随时间变化曲线

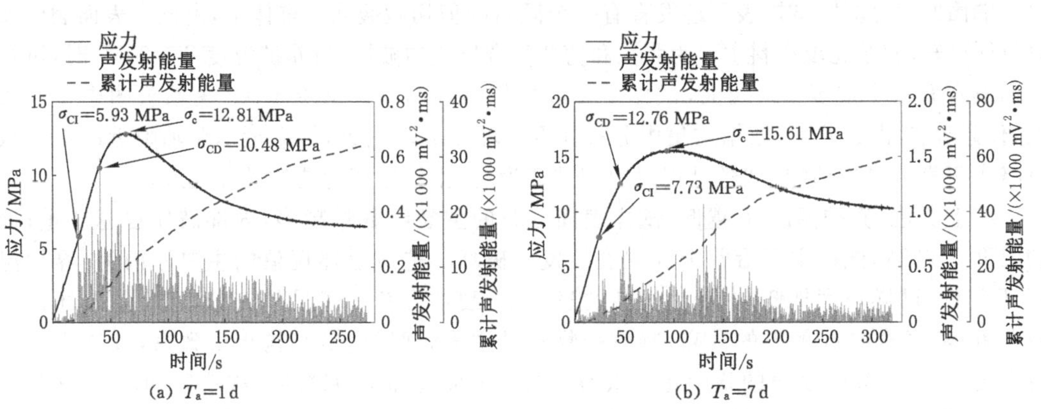

(a) T_a=1 d　(b) T_a=7 d

图 3-37　不同养护龄期下应力、声发射能量和累计声发射能量随时间变化曲线

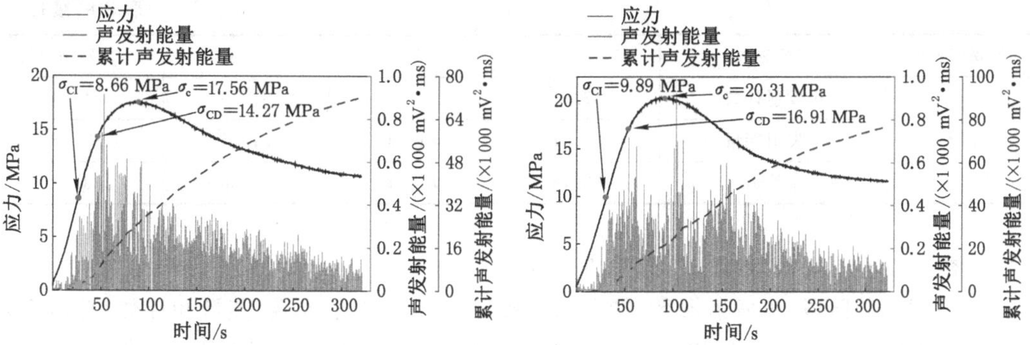

(c) T_a=14 d　　(d) T_a=28 d

图 3-37 （续）

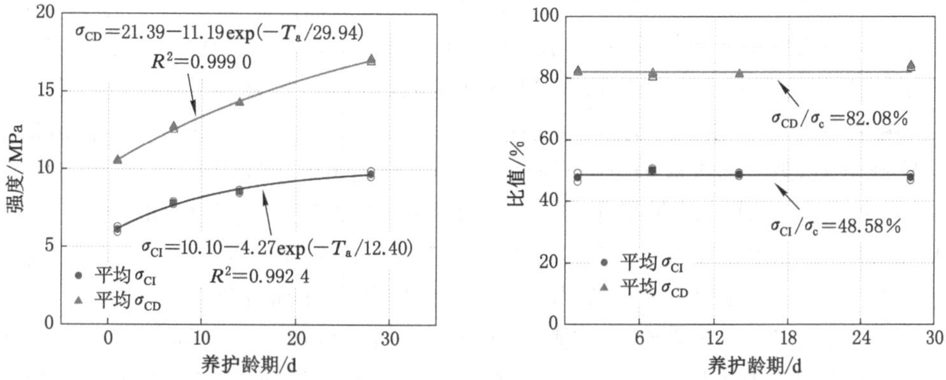

(a) 起裂应力和损伤应力随龄期变化特征　　(b) 起裂应力和损伤应力与强度的比值

图 3-38　裂纹起裂应力和损伤应力及其与强度的比值随养护龄期变化曲线

表 3-7　胶结充填材料起裂应力和损伤应力　　MPa

特征阈值	特征参数	1 d	7 d	14 d	28 d
σ_{CI}	声发射计数	6.29	7.91	8.46	9.51
	声发射能量	5.93	7.73	8.66	9.89
	平均值	6.11	7.82	8.56	9.70
σ_{CD}	声发射计数	10.57	12.53	14.31	17.12
	声发射能量	10.48	12.76	14.27	16.91
	平均值	10.53	12.65	14.29	17.02

表 3-8　胶结充填材料起裂应力和损伤应力与强度的比值　　%

特征阈值占比	特征参数	1 d	7 d	14 d	28 d
σ_{CI}/σ_c	声发射计数	49.10	50.67	48.18	46.82
	声发射能量	46.29	49.52	49.32	48.70
	平均值	47.70	50.10	48.75	47.76

表 3-8(续)

特征阈值占比	特征参数	1 d	7 d	14 d	28 d
σ_{CD}/σ_c	声发射计数	82.51	80.27	81.49	84.29
	声发射能量	81.81	81.74	81.26	83.26
	平均值	82.16	81.01	81.38	83.78

由图 3-36 至图 3-38 和表 3-7 至表 3-8 可知：

① 不同加载阶段，声发射参数（能量和计数）和累计声发射参数（能量和计数）总体可划分为声发射平静期、声发射低幅增长期、声发射高幅增长期和声发射稳定增长期，各阶段特征与不同围压 σ_3 下的特征基本一致，不再赘述。

② 胶结充填材料裂纹起裂应力 σ_{CI} 和损伤应力 σ_{CD} 随养护龄期 T_a 的延长而增大，但其增幅逐渐减小，这与强度 σ_c 随养护龄期 T_a 变化的趋势基本一致。对图 3-38(a)中的值进行拟合，$R^2>0.99$，这表明拟合效果较好。当养护龄期 T_a 由 1 d 增至 7 d 时，裂纹起裂应力 σ_{CI} 和损伤应力 σ_{CD} 分别由 6.11 MPa 和 10.53 MPa 增至 7.82 MPa 和 12.65 MPa，养护龄期 T_a 每增加 1 d，起裂应力 σ_{CI} 和损伤应力 σ_{CD} 分别增加 0.29 MPa 和 0.35 MPa；当养护龄期 T_a 由 14 d 增至 28 d 时，裂纹起裂应力 σ_{CI} 和损伤应力 σ_{CD} 分别由 8.56 MPa 和 14.29 MPa 增至 9.70 MPa 和 17.02 MPa，养护龄期 T_a 每增加 1 d，起裂应力 σ_{CI} 和损伤应力 σ_{CD} 仅增加 0.08 MPa 和 0.20 MPa。此外，任意养护龄期 T_a 下，起裂应力 σ_{CI} 和损伤应力 σ_{CD} 与强度 σ_c 的比值分别为 48.58% 和 82.08%，基本不随养护龄期 T_a 变化而变化。

固定养护温度 T 下，养护龄期 T_a 越长，生成的凝胶产物越多，试样的黏聚力 c 越大，材料抵抗剪切破坏的能力越强，不利于试样内部裂纹的起裂和扩展，因此，必须增加轴向载荷才能强化试样内部微裂纹尖端剪应力集中程度，从而使微裂纹起裂和扩展。因此，起裂应力 σ_{CI} 和损伤应力 σ_{CD} 随养护龄期 T_a 的延长而增大。

(2) 胶结充填材料破坏特征

图 3-39 至图 3-42 给出了养护温度 $T=20$ ℃、围压 $\sigma_3=2$ MPa 时，不同养护龄期 T_a 下胶结充填材料归一化的 RA-AF 关系云图和宏观破坏模式及其示意图。

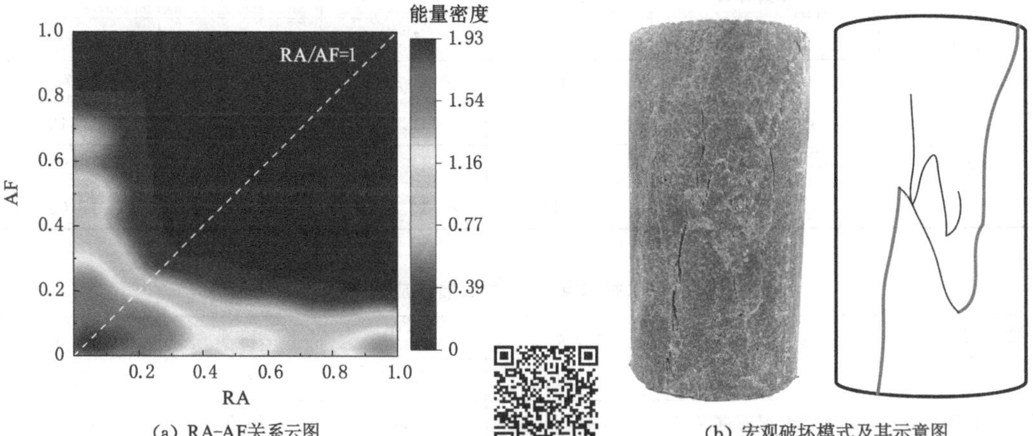

(a) RA-AF关系云图　　(b) 宏观破坏模式及其示意图

图 3-39　养护龄期 $T_a=1$ d 时胶结充填材料 RA-AF 关系云图和宏观破坏模式及其示意图

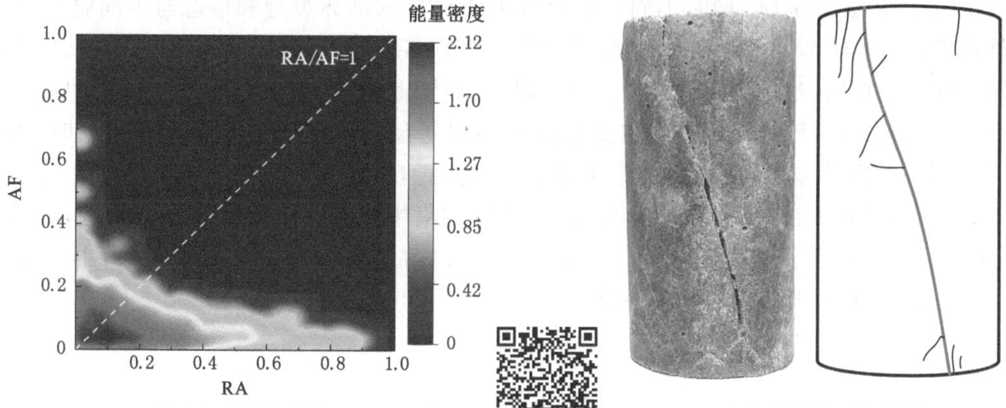

(a) RA-AF关系云图 (b) 宏观破坏模式及其示意图

图 3-40 养护龄期 $T_a=7$ d时胶结充填材料 RA-AF 关系云图和宏观破坏模式及其示意图

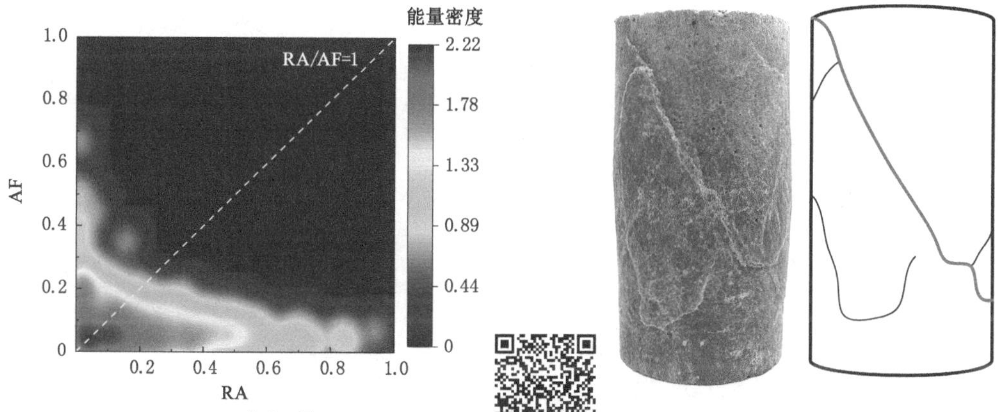

(a) RA-AF关系云图 (b) 宏观破坏模式及其示意图

图 3-41 养护龄期 $T_a=14$ d时胶结充填材料 RA-AF 关系云图和宏观破坏模式及其示意图

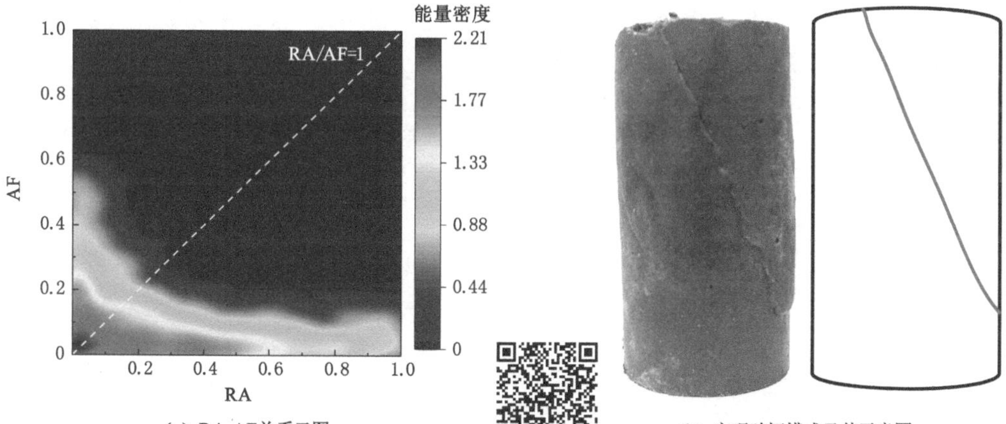

(a) RA-AF关系云图 (b) 宏观破坏模式及其示意图

图 3-42 养护龄期 $T_a=28$ d时胶结充填材料 RA-AF 关系云图和宏观破坏模式及其示意图

由图 3-39 至图 3-42 可知，不同养护龄期 T_a 下试样的破坏类型和形态与不同温度 T 下的规律类似。养护龄期 $T_a=1$ d 时，试样表面发育有多条近似直立的张拉裂纹，自试样中部向两端面逐步扩展，这主要是试样受力变形过程中体积膨胀引起的，同时，在试样中部还存在一个剪切破裂面，胶结充填材料主要为张拉-剪切复合破坏；当养护龄期 $T_a \geqslant 7$ d 时，试样表面宏观裂纹数量减少，破坏更加集中到主裂纹附近，试样主要以剪切破坏为主。由 RA-AF 关系云图可以看出，不同养护龄期 T_a 下，数据均集中分布在 RA 轴、AF 轴附近，但靠近 RA 轴附近的裂纹数量略大于靠近 AF 轴的，试样以剪切破坏为主。该规律与不同养护龄期 T_a 下试样的宏观破坏模式基本一致。

4 矿渣-黄土基胶结充填材料强度演化的微观机制

4.1 胶结充填材料孔隙结构特征

4.1.1 试验设备与样本制备

(1) 试验设备

本次试验采用徐州工程学院的 VEGA3 型扫描电子显微镜(图 4-1)和与其配套的能谱分析仪(EDS)开展胶结充填材料孔隙结构特征与元素组成分析。

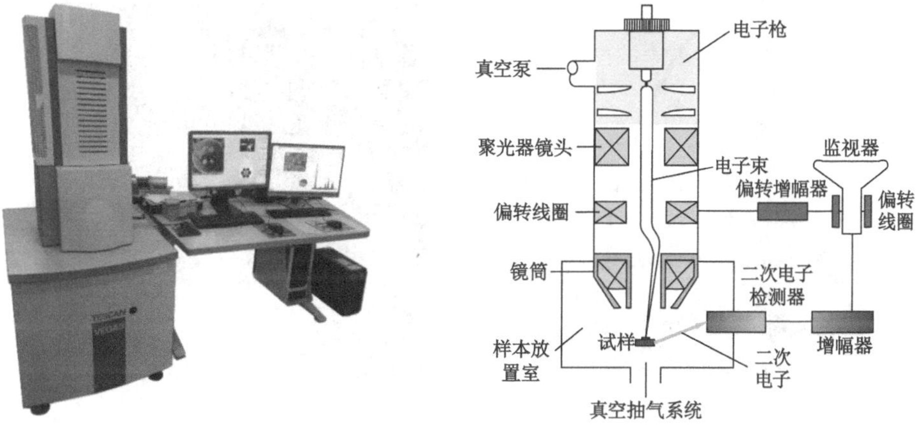

(a) 实物图　　(b) 结构原理示意图

图 4-1 VEGA3 型扫描电子显微镜

VEGA3 型扫描电子显微镜基本结构主要包括镜筒、样本放置室、EDS 探测器、监视器、真空抽气系统和冷却系统等,该设备目前在岩土材料、混凝土材料、陶瓷材料和纳米材料等的微观结构分析上应用广泛。能谱分析仪一般与扫描电子显微镜配套使用,在真空条件下,利用电子束轰击样品表面,激发样品表面物质发射 X 射线,根据 X 射线波长确定元素种类及各元素质量占比。本章节采用点分析方法重点探究 O、Si、Al、Na 和 Ca 等五种元素的归一化质量分数,从而为确定凝胶产物的种类提供半定量数据。

(2) 样本制备

结合第 2 章和第 3 章研究内容,确定制备的 SEM 试样包括以下五类:① 未加载时级配指数 n=0.2、0.4、0.6 和 0.8 的试样;② 未加载时黄土与粉体比 r=0.1、0.3、0.5 和 0.7 的试样;③ 养护温度 T=20 ℃,未加载时养护龄期 T_a=1 d、7 d、14 d 和 28 d 的试样;④ 养护龄期 T_a=7 d,未加载时养护温度 T=5 ℃、20 ℃、35 ℃和 50 ℃的试样;⑤ 养护温度 T=

20 ℃、养护龄期 T_a=7 d,加载破坏后,围压 σ_3=0、2 MPa、4 MPa 和 6 MPa 的试样。其中,①和②两种试样取自第 2 章单因素轮换试验,养护温度 T=20 ℃,养护龄期 T_a=28 d;③、④和⑤三种样本取自第 3 章试验,材料配比为:水玻璃模数 m=1.0、级配指数 n=0.4、黄土与粉体比 r=0.3、激发剂固含量占比 M=0.5。

SEM 试样制备过程如下:

① 将不同试验条件下的胶结充填材料切割加工成直径为 10 mm、高为 3~5 mm 的扁平柱体,利用除尘洗耳球清洁试样表面的灰尘与杂质,防止灰尘与杂质影响 SEM 图片质量;

② 用粗砂纸将试样下底面打磨平整,然后利用导电胶带将试样粘贴在样品台,并对试样进行依次编号,再将其置于恒温干燥箱干燥 24 h;

③ 将干燥后的试样取出,放置在 SBC-12 型离子溅射仪[图 4-2(a)]中进行喷金处理,以提高试样观测面的导电性;

④ 将喷金处理后的试样固定在 SEM 系统的试样放置室[图 4-2(b)]中,关闭试样放置室舱门,抽取真空后,调整试样高度至观测位置,随后开展试验。

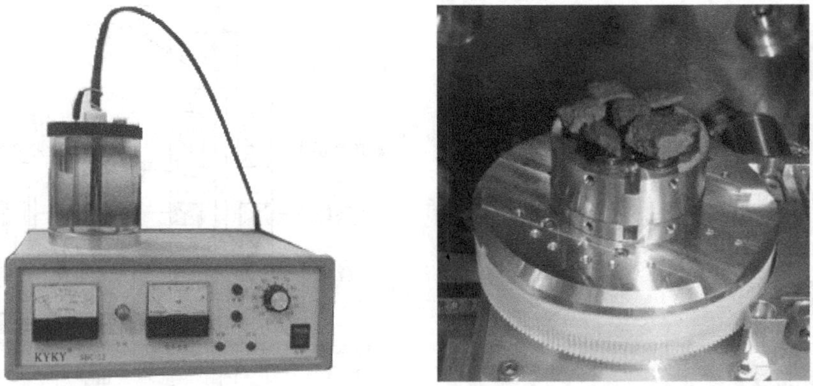

(a) 离子溅射仪　　(b) 试样放置室

图 4-2　离子溅射仪和试样放置室

4.1.2　孔隙结构的基本特征

凝胶产物的数量和类型直接影响胶结充填材料的孔隙结构,进而改变胶结充填材料的力学特性。不同级配指数 n 和黄土与粉体比 r 下胶结充填材料的微观结构特征已在第 2 章进行了分析,在此不再赘述。为了更加清楚地揭示胶结充填材料强度 σ_c 随养护温度 T 和养护龄期 T_a 变化的微观机理,采用 VEGA3 型扫描电子显微镜获得胶结充填材料的微观结构特征,如图 4-3 所示。同时,采用 EDS 在观察材料的高分辨率微观形貌特征时,同步获得微观结构的元素组成及其质量占比,以准确识别微观结构中的凝胶产物类型。通过对比图 4-3(a)至图 4-3(d)可得到相同养护龄期(T_a=7 d)下,不同养护温度(T=5 ℃、20 ℃、35 ℃ 和 50 ℃)对胶结充填材料微观结构的影响,通过对比图 4-3(b)、图 4-3(e)、图 4-3(f)和图 4-3(g)可得到相同养护温度(T=20 ℃)下,不同养护龄期(T_a=1 d、7 d、14 d 和 28 d)对胶结充填材料微观结构的影响。需要说明的是,由于同一种条件下,选取了 6 个点(point)进行元素分析,数据量较多,为便于比较,将其汇总在 SEM 图像右侧表格内。

	归一化质量占比/%						产物
	Si	Al	Ca	Na	O	总计	
Point 1	17.21	6.52	8.02	0.74	64.74	97.23	C—A—S—H
Point 2	15.69	5.98	0.44	11.52	63.52	97.15	N—A—S—H
Point 3	18.42	0.37	12.69	0.25	61.17	92.90	C—S—H
Point 4	13.62	0.22	11.37	0.24	68.52	93.97	C—S—H
Point 5	17.21	0.87	8.52	0.53	63.25	90.38	C—S—H
Point 6	18.41	0.14	9.98	0.99	64.38	93.90	C—S—H

(a) T_a=7 d，T=5 ℃

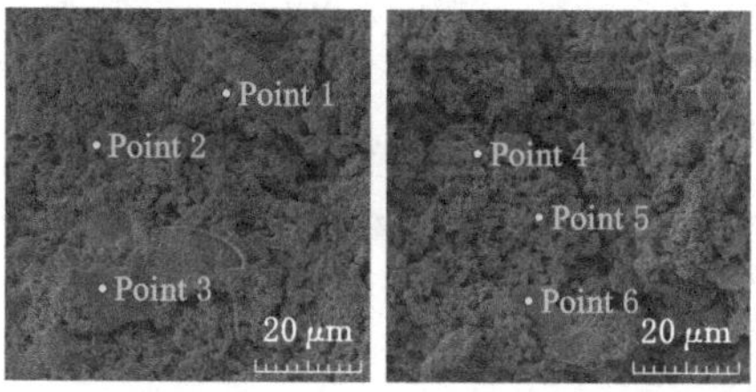

	归一化质量占比/%						产物
	Si	Al	Ca	Na	O	总计	
Point 1	15.98	6.87	0.92	10.32	61.57	95.66	N—A—S—H
Point 2	16.52	0.96	12.08	0.17	66.48	96.21	C—S—H
Point 3	15.21	10.23	7.09	0.54	62.84	95.91	C—A—S—H
Point 4	17.04	0.44	13.55	0.13	63.63	94.79	C—S—H
Point 5	19.65	3.61	0.97	9.96	59.98	94.17	N—A—S—H
Point 6	13.57	8.56	10.22	1.36	64.02	97.73	C—A—S—H

(b) T_a=7 d，T=20 ℃

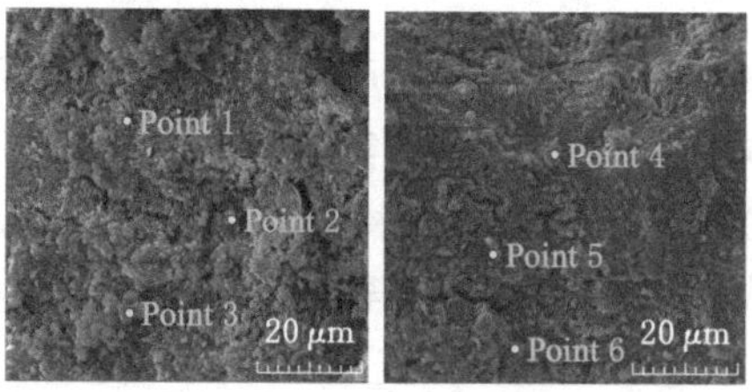

	归一化质量占比/%						产物
	Si	Al	Ca	Na	O	总计	
Point 1	20.32	1.35	6.76	0.88	65.72	95.03	C—S—H
Point 2	22.12	1.58	6.38	0.21	63.25	93.54	C—S—H
Point 3	13.28	9.63	0.58	9.87	60.99	94.35	N—A—S—H
Point 4	12.96	8.36	0.12	10.32	66.28	98.04	N—A—S—H
Point 5	15.24	0.55	11.95	0.63	64.29	92.66	C—S—H
Point 6	9.23	14.69	7.82	0.21	66.50	98.45	C—A—S—H

(c) T_a=7 d，T=35℃

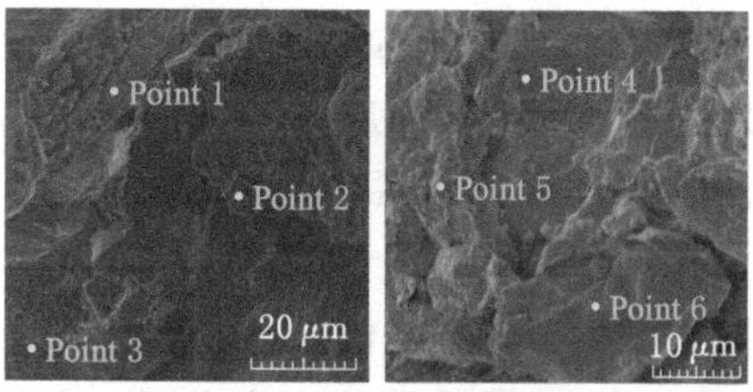

	归一化质量占比/%						产物
	Si	Al	Ca	Na	O	总计	
Point 1	15.32	1.31	11.58	1.54	63.82	93.57	C—S—H
Point 2	14.66	7.65	9.04	2.31	62.73	96.39	C—A—S—H
Point 3	12.35	8.46	1.32	9.34	63.02	94.49	N—A—S—H
Point 4	12.54	8.67	10.95	0.89	63.86	96.91	C—A—S—H
Point 5	15.34	1.39	10.39	1.23	63.58	91.93	C—S—H
Point 6	11.25	10.22	11.34	0.21	59.85	92.87	C—A—S—H

(d) T_a=7 d，T=50 ℃

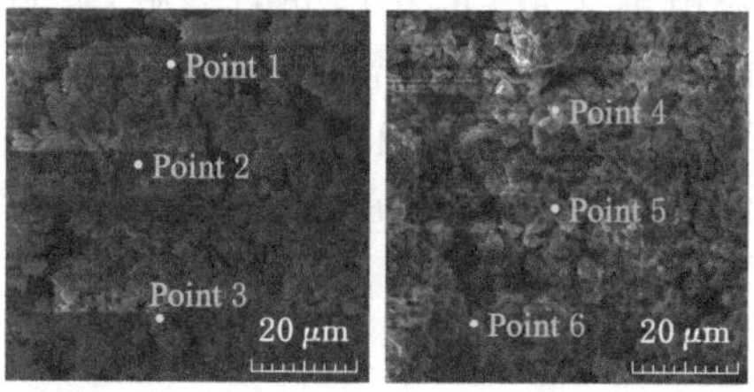

	归一化质量占比/%						产物
	Si	Al	Ca	Na	O	总计	
Point 1	15.16	8.58	0.69	4.32	63.12	91.87	N—A—S—H
Point 2	15.98	0.59	10.32	0.81	62.88	90.58	C—S—H
Point 3	16.25	4.96	8.65	0.62	61.81	92.29	C—A—S—H
Point 4	16.32	0.76	7.32	0.53	64.17	89.10	C—S—H
Point 5	17.05	0.55	9.64	1.02	61.32	89.58	C—S—H
Point 6	12.36	10.12	8.47	0.25	62.18	93.38	C—A—S—H

(e) T_a=1 d，T=20 ℃

图 4-3　胶结充填材料孔隙结构特征及元素组成

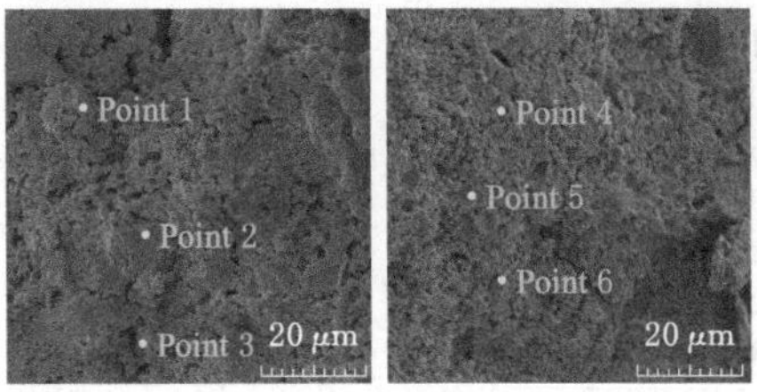

	归一化质量占比/%						产物
	Si	Al	Ca	Na	O	总计	
Point 1	20.27	0.98	9.84	0.22	65.47	96.78	C—S—H
Point 2	15.66	0.82	11.76	0.71	68.81	97.76	C—S—H
Point 3	18.22	9.59	9.96	0.88	59.87	98.52	C—A—S—H
Point 4	18.21	0.56	11.23	0.44	66.32	96.76	C—S—H
Point 5	13.68	7.99	1.11	6.26	68.32	97.36	N—A—S—H
Point 6	13.26	10.15	2.43	9.01	64.29	99.14	N—A—S—H

(f) T_a=14 d，T=20 ℃

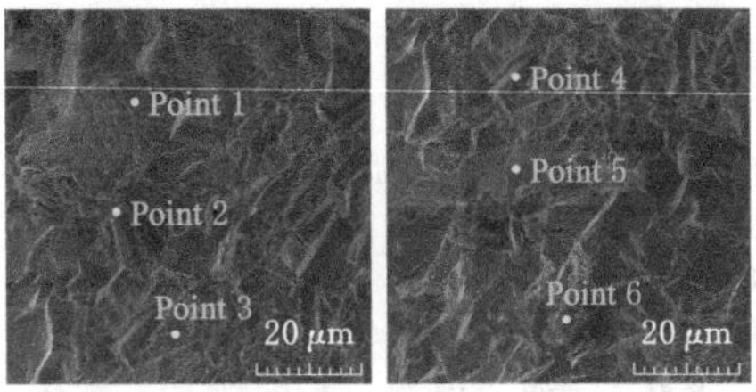

	归一化质量占比/%						产物
	Si	Al	Ca	Na	O	总计	
Point 1	17.86	11.30	13.39	0.81	55.34	98.70	C—A—S—H
Point 2	18.63	1.35	12.74	0.66	65.47	98.85	C—S—H
Point 3	14.13	9.75	1.22	11.27	59.29	95.66	N—A—S—H
Point 4	16.25	1.69	12.33	2.65	65.25	98.17	C—S—H
Point 5	11.23	11.57	6.25	2.83	62.35	94.23	C—A—S—H
Point 6	13.46	9.03	1.86	10.28	63.95	98.58	N—A—S—H

(g) T_a=28 d，T=20 ℃

图 4-3 （续）

由图 4-3(a)至图 4-3(d)可知，养护温度 T=5 ℃时，凝胶产物少，仅产生少量的矿渣凝胶，主要成分为C—S—H，部分骨料呈裸露状态分布，微裂纹尺寸较大；当 T=20 ℃和35 ℃时，凝胶产物颗粒明显增多，交织成网状，并集合成多粒子交融的团簇结构；当 T=50 ℃时，凝胶产物呈网状覆盖在骨料颗粒表面，且进一步发育成集中连片的结构致密的团簇型颗粒集团，填充于骨料颗粒表面，大大减小了孔洞体积。

由图 4-3 中(b)、(e)、(f)和(g)可知，养护龄期 T_a=1 d时，胶结充填材料内部结构相对松散，生成的凝胶基体主要为C—S—H和C—A—S—H，但数量较少；随着养护龄期 T_a增至7 d和14 d，凝胶产物的数量和种类增多，呈网状结构覆盖在骨料颗粒表面；当养护龄期 T_a增至28 d时，覆盖物变为致密网状结构和团簇结构，骨料间的填充物增多且愈发致密。综上所述，试样孔隙结构的变化，直接决定在本文所涉及的几个影响因素中，养护温度 T 和养护龄期 T_a也是影响试样强度的主控因素。

任意养护龄期 T_a和养护温度 T 下，胶结充填材料的化学元素主要包括Si、Al、Ca、Na和O等，这是凝胶产物C—S—H、C—A—S—H和N—A—S—H的主要反应物来源。实际上，整个反应体系中最先生成的凝胶产物是C—S—H，C—S—H数量是影响胶结充填材料强度的重要因素[203]。此外，C—S—H凝胶还可以加速溶液中硅、铝和钙等的溶解，促进C—A—S—H和N—A—S—H等凝胶的生成，提高胶结充填材料的致密性。但是，在养护龄期 T_a较长或者养护温度 T 较高的SEM图像中，很难区分C—S—H、C—A—S—H和N—A—S—H的边界范围，说明这三类凝胶并不是简单的叠加，而是相互作用共同形成了整体结构。

4.1.3 孔隙结构的形成机理

4.1.2节确定了胶结充填材料中凝胶产物的类型，但生成凝胶产物的反应机理尚不明确。本节在深入分析胶凝产物反应机理的基础上，揭示胶结充填材料孔隙结构形成机理。碱激发矿渣-黄土基胶结充填材料的反应机理可以借鉴法国J. Davidovits教授主张的“解聚-缩聚”理论进行解释。结合本研究所使用的原材料，碱激发矿渣-黄土基胶结充填材料反应机理总结如下。

（1）解聚阶段

图 4-4 为碱激发矿渣-黄土基胶结充填材料微观作用机制示意图，图 4-4(a)给出了矿渣-黄土基胶结充填材料微观结构，主要包括骨料（不规则灰色块体）、黄土颗粒（黄色）、矿渣颗粒（红色）以及碱激发剂（蓝色）。由表 2-6 和表 2-9 可知，矿渣的主要化学成分为 CaO、SiO_2 和 Al_2O_3，黄土的主要化学成分为 SiO_2 和 Al_2O_3。当将黄土和矿渣加入以水玻璃和 NaOH 配置的碱激发剂溶液中时，整个体系将成为 SiO_2—Al_2O_3—CaO—Na_2O—H_2O 五元体系。

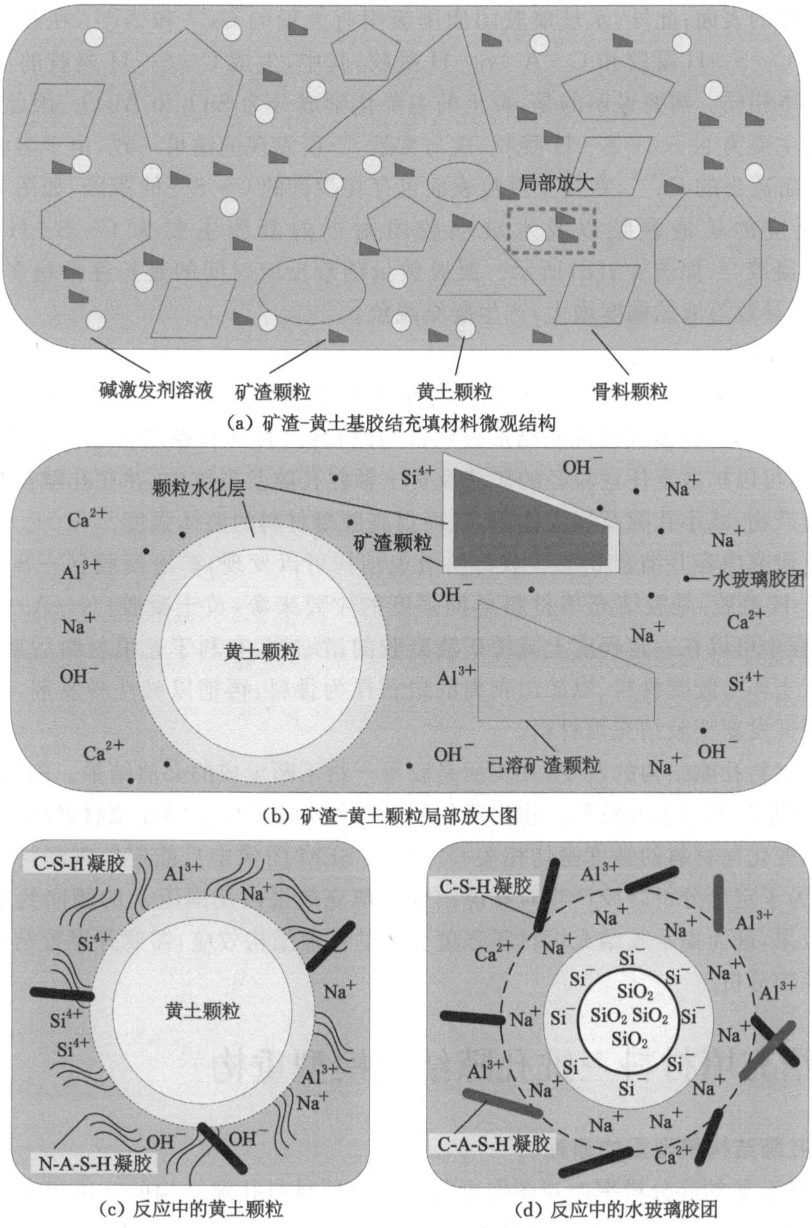

图 4-4　碱激发矿渣-黄土基胶结充填材料微观作用机制示意图

碱激发剂提供的碱性环境将促使黄土中的Si—O键、Al—O键以及矿渣中的Ca—O键、Si—O键、Al—O键断裂，形成Ca^{2+}、Al^{3+}和Si^{4+}，如图4-4(b)所示。需要说明的是，由于矿渣的活性优于黄土，在强碱环境下，矿渣玻璃体表面结构首先遭到破坏，导致矿渣溶解；黄土的胶凝反应慢，仅黄土表面结构遭到破坏，形成水化层。

(2) 缩聚阶段

从矿渣和黄土玻璃体中解离出的活性Si和Al会首先形成不稳定的低聚态Si—O和Al—O四面体，并逐步吸附溶液中的Na^{+}和Ca^{2+}发生缩聚反应，形成相互交联的空间网状的C—S—H凝胶、N—A—S—H凝胶和C—A—S—H凝胶，并逐渐包裹在还未参与反应的矿渣和黄土颗粒的表面；此外，水玻璃胶团周围吸附有大量的Ca^{2+}和Al^{3+}，在胶团附近也会生成大量的C—S—H凝胶和C—A—S—H凝胶，其中，生成C—S—H凝胶的反应与水泥水化反应基本相同。需要说明的是，黄土的主要化学成分为SiO_2和Al_2O_3，因此，黄土颗粒产生的凝胶主要为N—A—S—H凝胶，这与文献[204]所发现的结果一致，由于溶液中还含有从矿渣内部解离出的Ca^{2+}，在黄土颗粒表面也存在少许的C—S—H凝胶，如图4-4(c)所示。未参与反应的矿渣颗粒以及水玻璃胶团附近的凝胶主要为C—S—H凝胶和C—A—S—H凝胶[7]，如图4-4(d)所示。凝胶数量随着反应时间的延长逐渐增多，并逐步在溶液中沉淀，导致溶液黏稠度增大，产生凝结现象。

(3) 胶结阶段

水玻璃胶团和未反应的矿渣及黄土表面生成大量的N—A—S—H、C—S—H和C—A—S—H凝胶，这些凝胶彼此胶结形成致密的网状结构；具有稳定状态的水玻璃胶团，因其尺寸较小，可以扩散至任意粒径的矿渣及黄土颗粒孔隙及裂纹中，并在孔隙及裂纹中生成大量的凝胶产物，减小孔隙及裂纹体积，从而提高胶凝材料的整体强度。

综合以上研究内容并结合2.2.3节材料微观结构可以发现，矿渣凝胶(C—S—H凝胶和C—A—S—H凝胶)是胶结充填材料早期强度的主要来源，黄土凝胶(N—A—S—H凝胶)在生长过程中可以在一定程度上减缓矿渣凝胶的微缩性，有利于充填材料后期的稳定。采用矿渣和黄土作为胶凝材料、以矿山剥离的岩石作为骨料、再辅以碱性激发剂，同时优化材料配比等可开发新型胶结充填材料。

胶结充填材料孔隙结构的改变，其实质是胶凝产物不断生成的必然结果。配比、养护温度T和养护龄期T_a通过影响胶凝产物生成的数量和种类而影响胶结充填材料的孔隙结构。而孔隙结构的变化与材料的强度密切相关[205]，但从SEM图像中只能定性判断材料内部孔隙结构特征，为了定量分析凝胶产物对孔隙结构的填充效果以及围压σ_3的侧向约束对孔隙结构的压密效果，进而揭示胶结充填材料强度变化的孔隙结构效应，需要开展胶结充填材料的三维孔隙重构分析。

4.2 胶结充填材料三维孔隙结构模型重构

4.2.1 三维孔隙结构模型重构原理

依据SEM获取的高分辨率微观图像进行胶结充填材料孔隙结构的三维模型重构。采用优化后的模拟退火算法建立三维孔隙结构模型，该方法重构的过程主要分为二维SEM图像的预处理、分割及初始重构图像的生成，统计函数的建立，系统能量的计算和更新，

SEM 图像的最终三维重构。

(1) 二维 SEM 图像的预处理、分割及初始重构图像的生成

受环境因素以及仪器设备自身缺陷的影响,采用 SEM 获得的图像包含部分无效错误信息,为了提高后续图像处理的精度,必须对图像进行灰度化处理、图像增强处理以及图像去噪处理。具体如下:首先将 SEM 图像转变为灰度图像,其次通过灰度映射函数改善图像质量,最后采用滤波器将混入图像中的噪声滤除。结合文献[206]所述的均值滤波法、中值滤波法以及中点滤波法的优缺点,本章节选择中值滤波法对 SEM 图像进行去噪处理。

本章节所使用的胶结充填材料的灰度直方图一般呈双峰分布,因此,采用像素梯度分布算法对二维 SEM 图像进行阈值分割(二值化处理)。灰度直方图中最大的峰值代表胶结充填材料基质像素点的数量,另一个较小的峰值则代表孔隙结构像素点的数量。该算法主要原理是对灰度直方图曲线求二阶导数 a_i,a_i 最大时对应的灰度级即为孔隙结构图像分割时所取的合理阈值 M,具体表达式为:

$$a_i = \frac{\partial^2 Q_i}{\partial i^2}, i_{Q\max1} < M < i_{Q\max2} \tag{4-1}$$

式中 i——灰度级;

Q_i——i 对应的像素个数;

$i_{Q\max1}$,$i_{Q\max2}$——灰度直方图曲线的较小峰值和最大峰值所对应的灰度级。

(2) 统计函数的建立

在对胶结充填材料三维孔隙结构特征进行重构时,需要选择合适的统计函数来表征和提取 SEM 图像中的孔隙信息,以提高三维孔隙模型重构精度。在众多统计函数中,单点概率函数[206]、两点概率函数[207]和线性路径函数[208]是应用最为广泛的三类统计函数,具体表达式分别为:

$$\varphi' = \langle I(x) \rangle \tag{4-2}$$

$$S(r_1) = \langle I(x) I(x + r_1) \rangle \tag{4-3}$$

$$L(r_1) = \langle \prod_{i=x}^{x+r_1} I(i) \rangle \tag{4-4}$$

其中,尖括号表示总平均值;$I(x)$表示两相各向同性多孔介质特征函数;r_1 表示任意两个像素点间的统计距离。单点概率函数[式(4-2)]用于表征图像中的孔隙率特征;两点概率函数[式(4-3)]用于表征孔隙像素信息;线性路径函数[式(4-4)]反映了孔隙的连通程度。

(3) 系统能量的计算、更新

系统的能量是基于统计函数构建的,将重建图像与基准图像统计函数差值平方的加权和定义为能量,其表达式为[206]:

$$E_{\text{sys}} = \sum_{r=0}^{r_{\max}} \{\alpha_1 [S(r_1) - S_0(r_1)]^2 + \alpha_2 [L(r_1) - L_0(r_1)]^2\} \tag{4-5}$$

式中 $S(r_1)$,$L(r_1)$——重建图像系统的两点概率函数值和线性路径函数值;

$S_0(r_1)$,$L_0(r_1)$——基准图像系统的两点概率函数值和线性路径函数值;

α_1,α_2——两类统计函数的加权因子;

$r_{\max}$——两像素点统计距离的最大值。

在图像重构前,假定系统初始能量为 E_{ini},选择基质相和孔隙相中的像素点进行随机交

换，新系统的能量为 E_{new}，系统能量差值 $\Delta E_{sys}=E_{new}-E_{ini}$。与传统的模拟退火算法过程进行类比，新系统能够被接受的概率可用式(4-6)计算：

$$P=\begin{cases}1, \Delta E_{sys}\leqslant 0\\ \exp\left(-\dfrac{\Delta E_{sys}}{T_0}\right), \Delta E_{sys}>0\end{cases} \tag{4-6}$$

式中　T_0——模拟退火过程所使用的温度。

传统的模拟退火算法在交换两个像素点后需要对整个系统的统计函数值进行重新计算，整个过程耗时较长，为了简化计算过程并缩短计算时间，多数学者[209-211]以交换像素点为中心，选择交换像素点正交方向进行统计函数值的计算，认为其他位置像素点对统计函数值的改变并无影响。基于这一思想，宋帅兵[212]提出了改进的模拟退火算法，即采用统计函数增量的形式对该算法进行优化，具体改进原理为：

$$\begin{aligned}\Delta C&=C_{new}-C_{ini}\\&=2(N_{row}^{new}-r_1)+2(N_{column}^{new}-r_1)-2(N_{row}^{ini}-r_1)-2(N_{column}^{ini}-r_1)\end{aligned} \tag{4-7}$$

其中，C_{ini} 和 C_{new} 分别对应像素位置交换前后所选像素点(孔隙相或基质相)对统计函数的贡献值；N_{row}^{ini}、N_{column}^{ini}、N_{row}^{new}、N_{column}^{new} 分别为像素位置交换前后行和列方向上总的连续相邻孔隙数目，可由式(4-8)和式(4-9)分别进行计算：

$$N_{row}^{ini}=\begin{cases}N_{1-l}+N_{1-r}+1, & \text{孔隙相}\\ N_{0-l}, \\ N_{0-r} & \text{基质相}\end{cases}\qquad N_{column}^{ini}=\begin{cases}0, & \text{孔隙相}\\ N_{0-u}, \\ N_{0-d} & \text{基质相}\end{cases} \tag{4-8}$$

$$N_{row}^{new}=\begin{cases}N_{1-l}, \\ N_{1-r} & \text{基质相}\\ N_{0-l}+N_{0-r}+1, & \text{孔隙相}\end{cases}\qquad N_{column}^{new}=\begin{cases}N_{0-u}+(\mathrm{Row}_1-\mathrm{Row}_0), \\ N_{0-d}-(\mathrm{Row}_1-\mathrm{Row}_0) & \text{基质相}\\ 0, & \text{孔隙相}\end{cases} \tag{4-9}$$

其中，到四个方向上基质相像素分别记为 N_{0-u}、N_{0-d}、N_{0-l} 和 N_{0-r}，到四个方向上孔隙相像素分别记为 N_{1-u}、N_{1-d}、N_{1-l} 和 N_{1-r}，Row_0 和 Row_1 分别为所选孔隙相所在的行号和列号。

(4) SEM 图像的最终三维重构

改进后的模拟退火算法与常规模拟退火算法相比，其精度和重构效率均明显提高[206]，基于获取的 SEM 图像，采用该方法实现了三维孔隙结构模型重构。综合以上内容，改进的模拟退火算法重构流程见图 4-5。

4.2.2 三维孔隙结构模型表征参量

为了定量分析胶结充填材料在不同围压 σ_3、养护温度 T 和养护龄期 T_a 下试样内部孔隙结构的变化特征，对其三维孔隙结构参数进行定量的提取和表征。表征参数包括孔隙直径、孔隙率和连通度等。

孔隙直径取连续孔径分布中所有孔隙尺寸的平均值[212]。

孔隙率是表征材料内部孔隙结构特征的重要参数之一，对材料的强度具有重要影响。对于岩石或类岩石等孔隙材料而言，孔隙率定义为试样内部的孔隙体积与试样总体积(孔隙体积与基质体积和)之比。对于重构的三维图像而言，其孔隙率可以用式(4-10)表示：

$$P=\frac{N_0}{N_0+N_1}\times 100\% \tag{4-10}$$

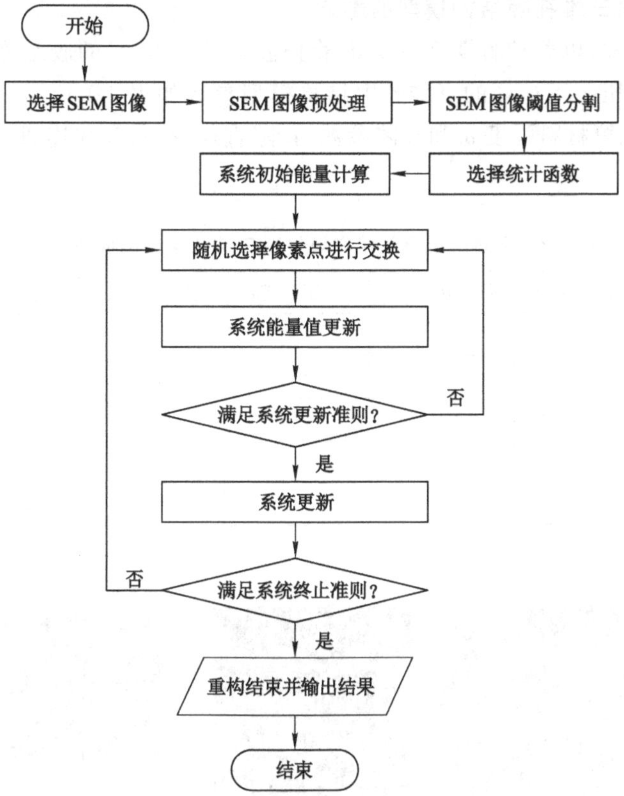

图 4-5 改进的模拟退火算法重构流程

式中 N_0——三维图像中孔隙体像素点数目；

N_1——三维图像中基质体像素点数目。

孔隙的连通度反映了孔隙之间的连通程度，孔隙连通度越高，表明材料内部孤立的孔隙占比越少，即大多数孔隙处于连通状态，在外载作用下，极易导致材料发生破坏。材料孔隙的连通度利用式(4-11)表示：

$$P=\frac{N_2}{N_0}\times 100\% \tag{4-11}$$

式中 N_2——三维图像中连通孔隙体像素点数目。

综合上述三个表征参量，可以量化材料强度变化的孔隙结构效应，即材料的孔隙直径越大、孔隙率越高、连通度越大，材料的强度越小。

4.3 胶结充填材料孔隙结构模型重构结果

本节利用 4.2.1 节介绍的三维孔隙重构方法，构建了不同围压 σ_3、养护温度 T 和养护龄期 T_a条件下胶结充填材料三维孔隙结构模型，基于 4.3.2 节给出的表征参量的计算方法，实现了不同试验条件下三维孔隙结构模型的定量表征。通过分析表征参量的变化规律，揭示了胶结充填材料强度变化的孔隙结构效应。

4.3.1 围压作用对三维孔隙结构模型的影响

为简化分析过程，以养护龄期 $T_a=7$ d、养护温度 $T=20$ ℃的胶结充填材料为例，加载前和加载后不同围压 σ_3 下试样的三维孔隙结构模型参数如表 4-1 所示，其三维重构结果如图 4-6 所示，胶结充填材料强度 σ_c 和孔隙参数（孔隙直径、孔隙率和连通度）随围压 σ_3 变化的曲线如图 4-7 所示。

表 4-1 不同围压下胶结充填材料三维孔隙结构模型参数

试验条件	养护龄期/d	养护温度/℃	围压/MPa	孔隙直径/μm	孔隙率/%	连通度/%
加载前	7	20	0	1.72	20.13	45.21
加载后	7	20	0	5.87	38.52	88.65
			2	4.56	34.55	74.32
			4	3.64	30.64	65.61
			6	2.35	25.63	51.36

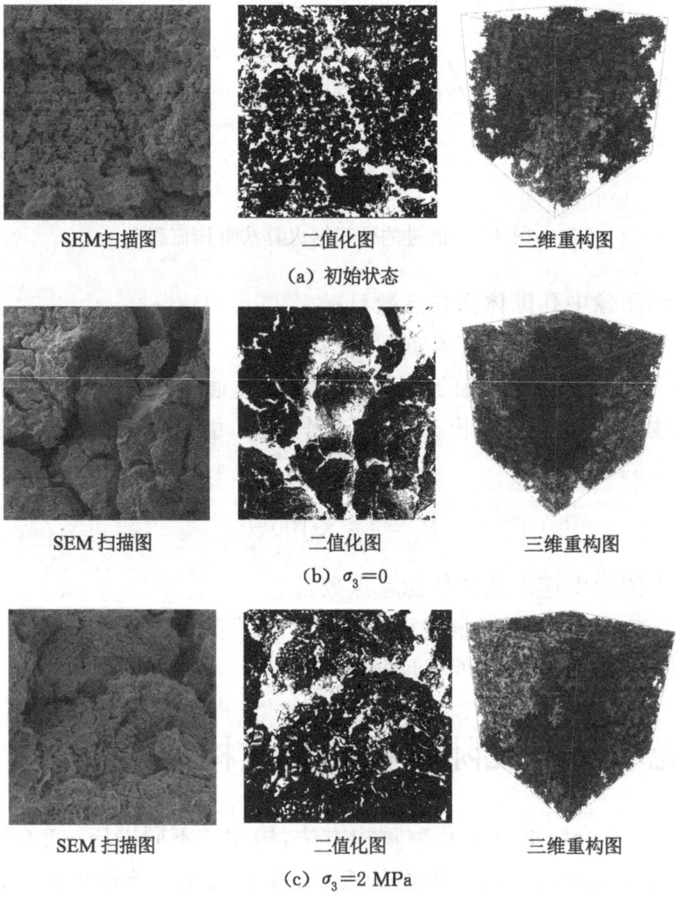

图 4-6 不同围压下胶结充填材料内部孔隙结构的三维重构结果

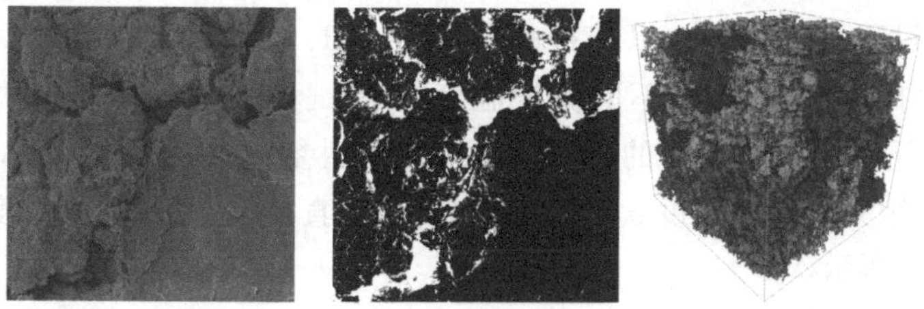

SEM 扫描图　　二值化图　　三维重构图

(d) σ_3=4 MPa

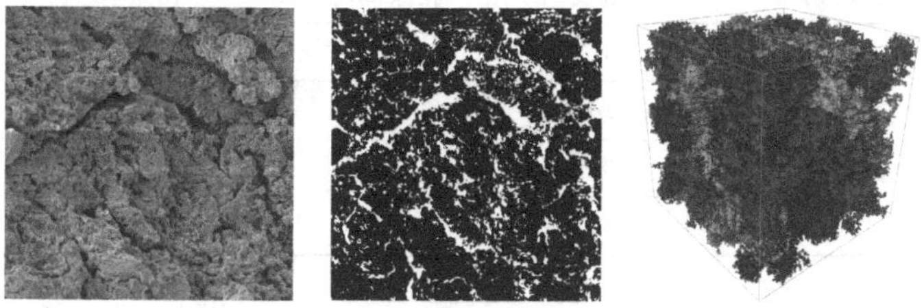

SEM 扫描图　　二值化图　　三维重构图

(e) σ_3=6 MPa

图 4-6 （续）

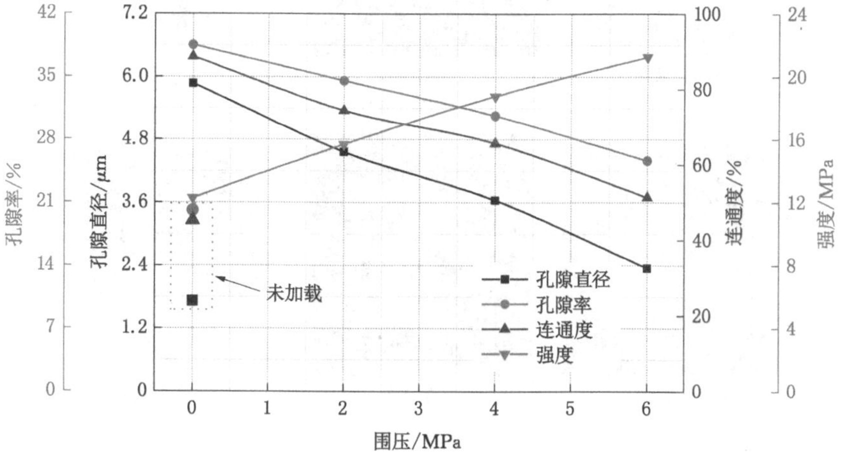

图 4-7 强度和孔隙参数(孔隙直径、孔隙率和连通度)随围压变化曲线

由图 4-6 和表 4-1 可知，试验前，试样的孔隙直径、孔隙率和连通度分别为 1.72 μm、20.13% 和 45.21%，均小于试验后的结果，表明试验后试样内部的孔隙出现了明显的扩张现象；对比试验后不同围压 σ_3 下试样的孔隙直径、孔隙率和连通度可以发现，随着围压 σ_3 的增大，三者均呈现逐渐减小的变化特征，表明试样内部的孔隙易被压密，破坏时形成的孔隙易呈闭合状态，内部孔隙贯通的难度增大，需要更大的轴向载荷才能促使试样发生破坏，宏观上表现为强度 σ_c 随围压 σ_3 的增大逐渐增大。

4.3.2 养护温度对三维孔隙结构模型的影响

为简化分析过程，在加载前，以养护龄期 $T_a=7$ d、养护温度 $T=5$ ℃、20 ℃、35 ℃和 50 ℃的胶结充填材料为例，分析不同养护温度 T 下试样的三维孔隙结构模型重构结果。不同养护温度 T 下胶结充填材料的三维孔隙结构模型参数如表 4-2 所示，其三维重构结果如图 4-8 所示，胶结充填材料强度 σ_c 和孔隙参数（孔隙直径、孔隙率和连通度）随养护温度 T 变化曲线如图 4-9 所示。

表 4-2 不同养护温度下胶结充填材料三维孔隙结构模型参数

试验条件	养护龄期/d	养护温度/℃	孔隙直径/μm	孔隙率/%	连通度/%
加载前	7	5	2.62	26.23	64.87
		20	1.72	20.13	45.21
		35	1.23	16.48	39.58
		50	0.91	13.95	34.89

(a) $T=5$ ℃

(b) $T=20$ ℃

(c) $T=35$ ℃

图 4-8 不同养护温度下胶结充填材料内部孔隙结构的三维重构结果

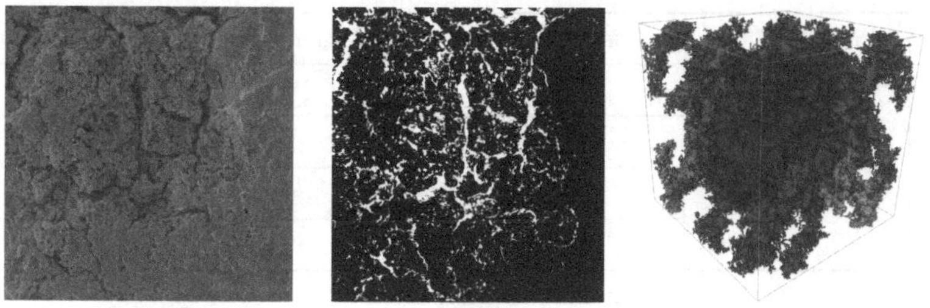

(d) T=50 ℃

图 4-8 （续）

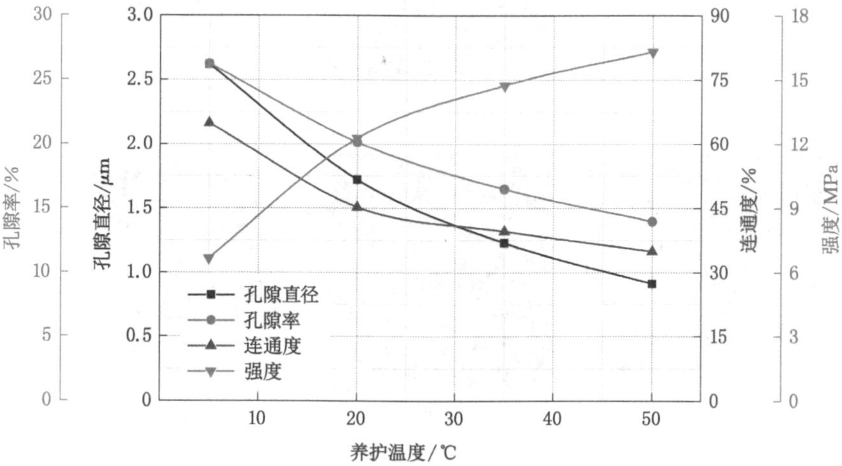

图 4-9 强度和孔隙结构参数(孔隙直径、孔隙率和连通度)随养护温度变化曲线

由图 4-8、图 4-9 以及表 4-2 可知，试样内部孔隙直径、孔隙率和连通度随养护温度 T 的升高呈现非线性减小的变化特征，例如，当养护温度 T 由 5 ℃升高至 20 ℃时，孔隙直径、孔隙率和连通度分别降低了 34.35%、23.26%和 30.31%。这主要是因为养护温度 T 越高，凝胶产物生成的速率越快，相同时间内生成的凝胶产物越多，填充于试样内部孔隙，导致孔隙直径、孔隙率和连通度减小，强度 σ_c 增大；当养护温度 T 超过 35 ℃时，孔隙直径、孔隙率和连通度减小的速率逐渐变得平缓，这表明相同时间内养护温度 T 对凝胶产物的生成量的影响逐渐趋于稳定，胶结充填材料强度 σ_c 的增幅逐渐减小。

4.3.3 养护龄期对三维孔隙结构模型的影响

为简化分析过程，在加载前，以养护温度 T=20 ℃、养护龄期 T_a=1 d、7 d、14 d 和 28 d 的胶结充填材料为例，分析不同养护龄期 T_a 下试样的三维孔隙结构模型重构结果。不同养护龄期下胶结充填材料三维孔隙结构模型参数如表 4-3 所示，其三维重构结果如图 4-10 所示，胶结充填材料强度 σ_c 和孔隙参数(孔隙直径、孔隙率和连通度)随养护龄期 T_a 变化曲线如图 4-11 所示。

表 4-3　不同龄期下胶结充填材料三维孔隙结构模型参数

试验条件	养护温度/℃	龄期/d	孔隙直径/μm	孔隙率/%	连通度/%
加载前	20	1	2.56	25.49	68.59
		7	1.72	20.13	45.21
		14	1.25	17.35	40.36
		28	0.89	14.62	37.26

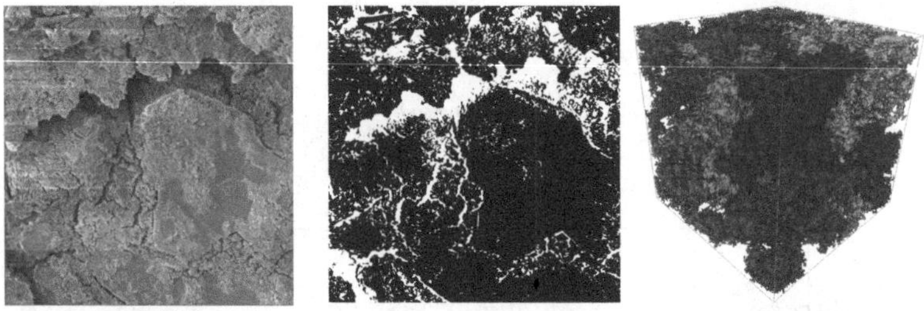

SEM扫描图　二值化图　三维重构图

(a) T_a=1 d

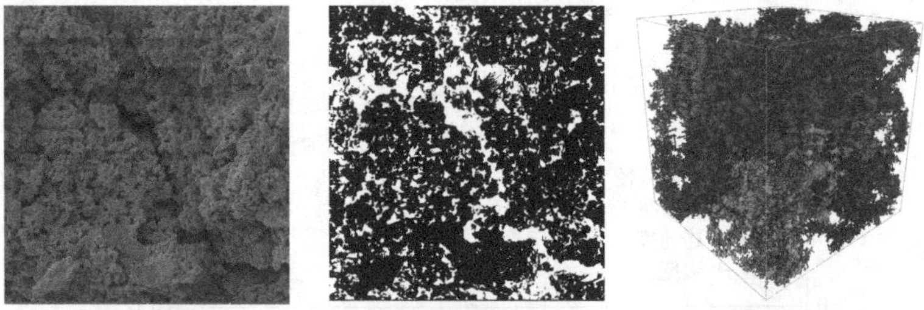

SEM扫描图　二值化图　三维重构图

(b) T_a=7 d

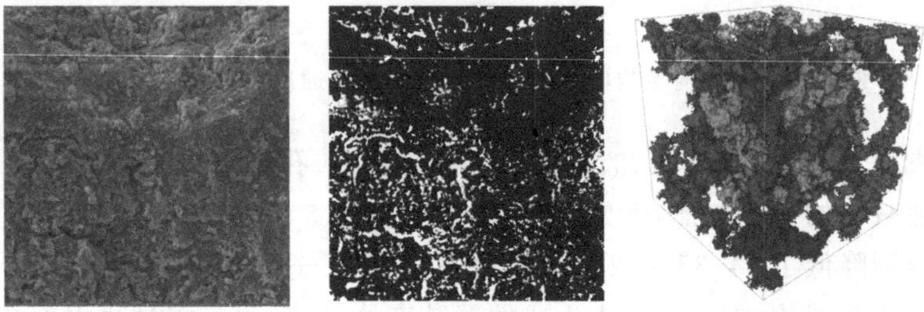

SEM扫描图　二值化图　三维重构图

(c) T_a=14 d

SEM扫描图　二值化图　三维重构图

(d) T_a=28 d

图 4-10　不同养护龄期下胶结充填材料内部孔隙结构的三维重构结果

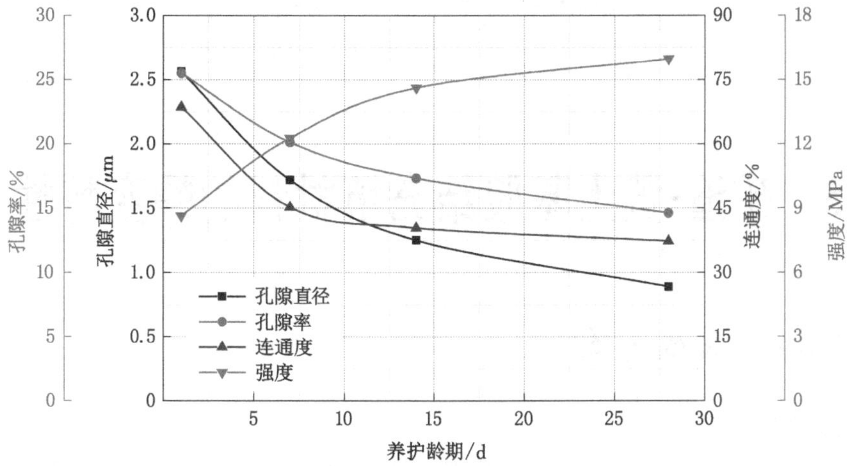

图 4-11 强度和孔隙结构参数(孔隙直径、孔隙率和连通度)随养护龄期变化曲线

由图 4-10、图 4-11 和表 4-3 可知，当养护龄期 $T_a=1$ d 时，试样内部孔隙直径大，孔隙率高，连通度大，材料的强度 σ_c 较小，这主要是因为养护龄期 T_a 短，胶结充填材料内部产生的凝胶产物较少；当养护龄期 $T_a=7$ d 时，大量的凝胶产物逐渐在孔隙内部生成，导致孔隙体积逐渐被凝胶产物填充，原有连通的孔隙逐渐被凝胶产物所分割，孔隙直径、孔隙率和连通度减小，强度 σ_c 增大；当养护龄期 $T_a \geqslant 14$ d 时，孔隙直径、孔隙率和连通度减小的速率逐渐变得平缓，这表明凝胶产物的生成量逐渐趋于稳定，胶结充填材料强度 σ_c 的增幅逐渐减小。

综合上述不同条件下胶结充填材料三维孔隙结构模型参数的变化规律，可以得出如下结论：① 随着围压 σ_3 的增大，胶结充填材料侧向约束作用增强，导致胶结充填材料内部孔隙不易扩张，孔隙直径、孔隙率和连通度呈现逐渐减小的变化特征，这从微观角度证实了围压 σ_3 越大，胶结充填材料的强度越大，但这是由受载状态引起的强度变化，称之为外在因素；② 随着养护温度 T 升高或养护龄期 T_a 的延长，胶结充填材料内部凝胶产物增多，填充于材料内部原始孔隙中，导致孔隙直径、孔隙率和连通度减小，其内部孔隙结构逐渐致密，宏观上表现为胶结充填材料的强度 σ_c 随养护温度 T 的升高或养护龄期 T_a 的延长而增大，但这是由于材料内部孔隙结构改变引起的强度变化，与围压 σ_3 无关，称之为内在因素；③ 总结不同围压 σ_3、养护温度 T 和养护龄期 T_a 下胶结充填材料强度 σ_c 差异性的根源，其实质是外在因素和内在因素相互作用的结果，内在因素改变了胶结充填材料原始孔隙结构，外在因素限制了孔隙结构进一步扩张。

5 矿渣-黄土基胶结充填材料的蠕变特性

5.1 试验方法及方案

5.1.1 试验方法

针对煤岩试样一般采用分级加载、分别加载和分级加卸载等三种试验方法开展蠕变试验，图 5-1 给出了三种试验方法的示意图。其中，分级加载是指针对同一个试样逐级施加载荷，在每一级载荷下均保载一定时间，直到蠕变趋于稳定后，进行下一级加载的方法。该方法获得的试验数据离散性较小，目前被广泛采纳。分别加载是在试验条件和试验设备相同的情况下，对同一岩石的不同试样进行不同应力水平的蠕变试验的方法。与分级加载相比，该方法对试验条件和试样均质性要求较高，现实条件下很难实现分别加载。分级加卸载是指先将试样加载至第一级应力水平，保载一段时间，待蠕变变形趋于稳定后直接卸载，间隔一段时间再加载至第二级应力水平，重复上述步骤，直至试样完全破坏的方法。目前，学者采用该方法开展蠕变试验的研究也较少。综上所述，本书采用分级加载开展胶结充填材料三轴蠕变试验。

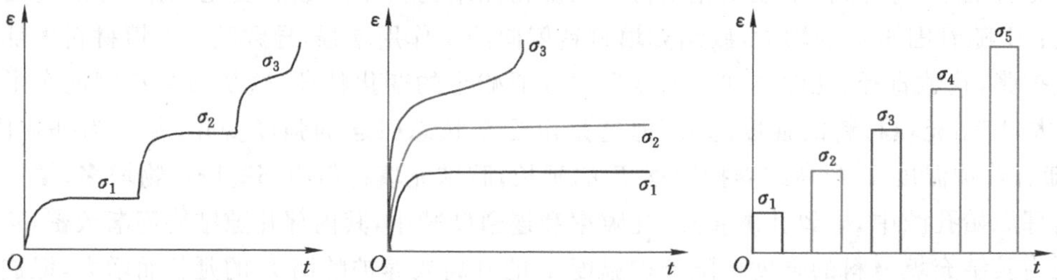

图 5-1 蠕变试验方法示意图

分级加载蠕变试验数据的处理方法主要有玻尔兹曼叠加原理法和陈氏加载法。其中，玻尔兹曼叠加原理法对每级载荷产生的蠕变进行线性叠加，不适用于非线性蠕变；而陈氏加载法通过作图表征各级载荷产生的蠕变，适用于线性和非线性蠕变，本书采用陈氏加载法处理蠕变试验数据[213-218]。

5.1.2 试验方案

胶结充填材料分级蠕变试验选取的变量为围压 σ_3 和养护温度 T。由第 3 章试验结果可知，不同围压 σ_3 和养护温度 T 下胶结充填材料破坏载荷相差较大，如果固定加载级数，则不同试验条件下对应的载荷差异性较大。因此，本书固定载荷大小，逐级加载，直至试样破坏。采用的加载设备为 TATW-2000 岩石伺服三轴试验系统。图 5-2 给出了分级加载蠕变试验方案应力加载示意图，加载速率为 0.02 MP/s，每级应力递增 2 MPa，分别为 2 MPa、

4 MPa、6 MPa、…、18 MPa、20 MPa。由于材料所处的工程环境、试验加载设备和材料强度的差异，蠕变时间长短不等，有的蠕变时间长达数十年，有的仅进行 1 h，因此，蠕变保载时间应根据具体情况而定。本书研究的胶结充填材料强度与岩石相比较小，在较短的时间内也会出现蠕变特征。此外，TATW-2000 岩石伺服三轴试验机所施加的载荷是动态稳定的，长期加载对设备消耗太大，因此蠕变时间不能太长。综上所述，本书将蠕变加载时间设置为 4 h。

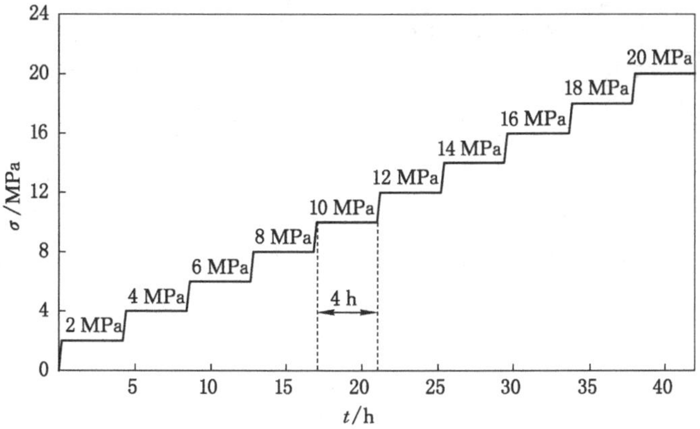

图 5-2 分级加载蠕变试验方案应力加载示意图

蠕变试验设定 4 个围压 σ_3 和 4 个养护温度 T 条件，交叉组合，共计 16 组试验，每组试验进行 2 次，则需要开展 32 次蠕变试验，针对每次蠕变试验，又要开展不同级数的加载，试验耗时较长，为简化过程，本书采用的具体试验方案见表 5-1。

表 5-1 三轴蠕变分级加载试验方案

影响因素	每级保载时间	加载速率	围压 σ_3/MPa	养护温度 T/℃
围压 σ_3	4 h	0.02 MPa/s	0、2、4、6	20
养护温度 T	4 h	0.02 MPa/s	2	5、20、35、50

5.2 围压作用对胶结充填材料蠕变特性的影响

5.2.1 蠕变变形特征

按照表 5-1 的试验方案，获得了养护温度 T=20 ℃时不同围压 σ_3 下胶结充填材料轴向应变时程曲线和蠕变时程曲线，如图 5-3 和图 5-4 所示。

由图 5-3 和图 5-4 可以看出，不同围压 σ_3 下胶结充填材料的应变时程曲线和蠕变时程曲线均较为相似，但也存在不同之处，具体分析如下。

① 应力瞬时增加，应变瞬时增大，该阶段产生的应变称之为瞬时应变，用 ε_{in} 表示；在保载期间，应变的增量即为该阶段产生的蠕变，用 ε_{cp} 表示。低应力水平下，胶结充填材料经历短暂的减速蠕变后，其变形趋于某一特定值，如图 5-4 中第一级加载和第二级加载变化曲线；随着应力水平的提高，蠕变变形曲线逐渐趋于某一特定斜率上升，如图 5-4 中蠕变破坏前一级加载曲线；进一步提高应力水平，胶结充填材料变形在经历一段时间的减速蠕变和等

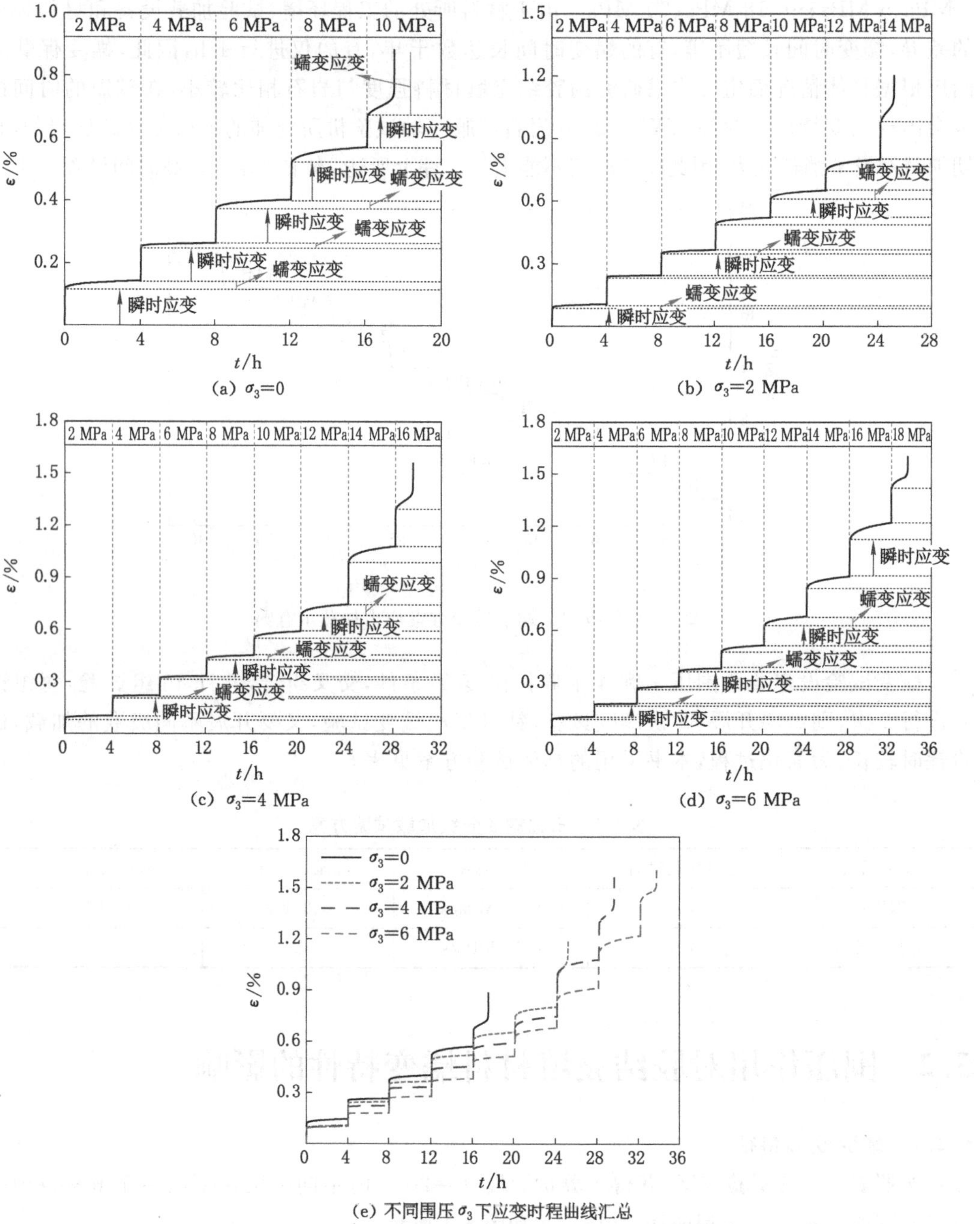

(a) $\sigma_3=0$　(b) $\sigma_3=2$ MPa　(c) $\sigma_3=4$ MPa　(d) $\sigma_3=6$ MPa　(e) 不同围压 σ_3 下应变时程曲线汇总

图 5-3　养护温度 $T=20$ ℃时不同围压 σ_3 下胶结充填材料轴向应变时程曲线

速蠕变后突然增大，变形进入加速蠕变阶段，胶结充填材料在短时间内破坏，如图 5-4 中最后一级加载变化曲线。

② 围压 σ_3 的增加，限制了胶结充填材料裂纹起裂和扩展过程，导致蠕变试验总时长逐渐增加。例如，当围压 σ_3 为 0 时，蠕变试验总时长为 17.44 h，而当围压 σ_3 为 6 MPa 时，蠕变试验总时长为 33.94 h。衰减蠕变经历的时长与应力水平整体呈现正相关。以 $\sigma_3=4$ MPa

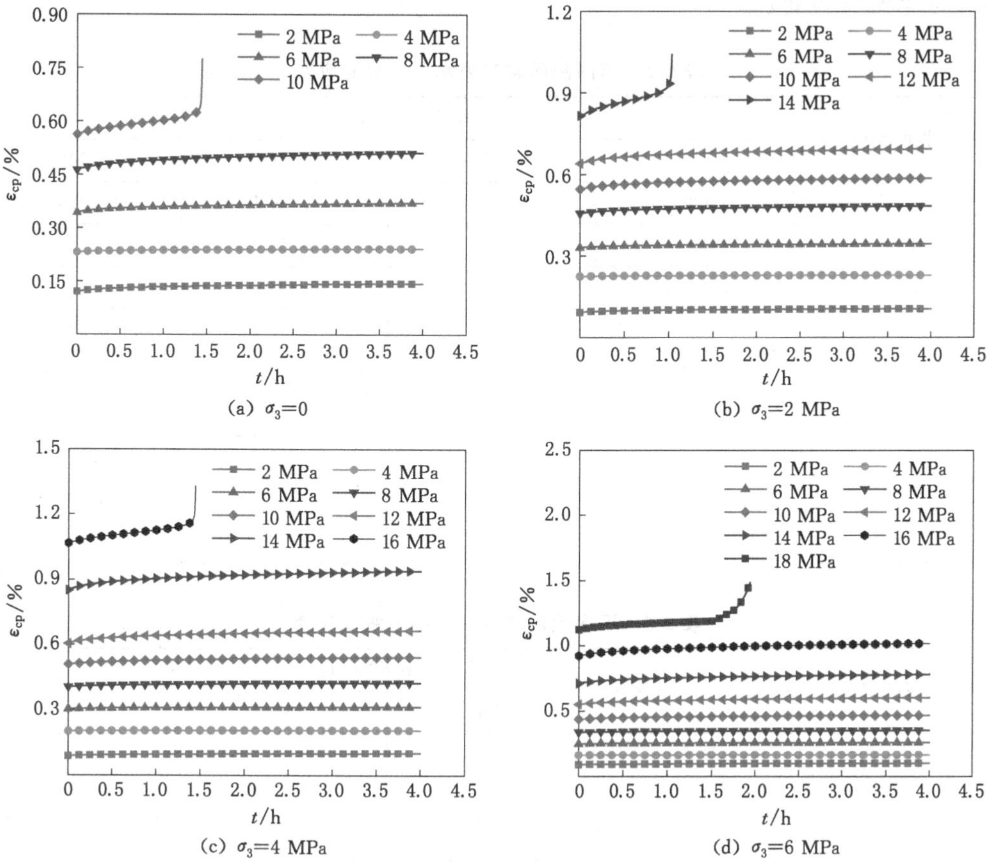

图 5-4 不同围压下胶结充填材料蠕变时程曲线

为例，应力水平为 4 MPa 时，衰减蠕变时长约为 15 min，应力水平为 12 MPa 时，衰减蠕变时长约为 64 min，应力水平为 14 MPa 时，衰减蠕变时长为 135 min。

进一步对蠕变试验数据进行处理，得到瞬时应变 ε_{in} 和蠕变应变 ε_{cp} 随围压 σ_3 和应力变化关系，如图 5-5 所示。表 5-2 和表 5-3 分别给出了不同围压 σ_3 和应力水平下胶结充填材料瞬

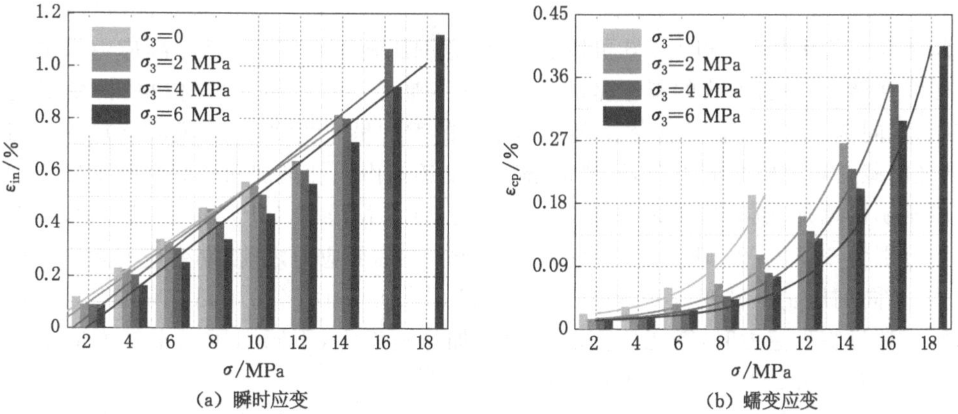

图 5-5 不同围压和应力水平下胶结充填材料变形特征

时应变 ε_{in} 和蠕变应变 ε_{cp}。

表 5-2 不同围压和应力水平下瞬时应变

应力水平/MPa	不同围压 σ_3 下瞬时应变/%			
	0	2 MPa	4 MPa	6 MPa
2	0.120 2	0.092 0	0.090 1	0.088 8
4	0.232 3	0.223 8	0.203 8	0.162 9
6	0.341 3	0.330 0	0.305 1	0.251 1
8	0.463 4	0.455 7	0.405 6	0.339 1
10	0.560 5	0.546 2	0.509 4	0.438 1
12		0.639 9	0.604 7	0.551 2
14		0.815 2	0.800 6	0.711 6
16			1.066 0	0.922 2
18				1.121 6

表 5-3 不同围压和应力水平下蠕变应变

应力水平/MPa	不同围压 σ_3 下蠕变应变/%			
	0	2 MPa	4 MPa	6 MPa
2	0.022 9	0.014 8	0.013 0	0.012 8
4	0.032 6	0.021 1	0.017 7	0.015 9
6	0.060 1	0.036 8	0.027 6	0.027 5
8	0.109 0	0.065 5	0.047 4	0.043 4
10	0.192 2	0.106 9	0.081 0	0.076 0
12		0.161 7	0.140 6	0.130 3
14		0.266 3	0.229 8	0.201 0
16			0.350 0	0.298 2
18				0.404 4

从图 5-5 以及表 5-2 和表 5-3 可以看出，任意围压 σ_3 下，瞬时应变 ε_{in} 随应力水平的增加呈近似线性增大，并且曲线的斜率基本相等，说明围压 σ_3 对胶结充填材料的抗变形能力影响较小；不同围压 σ_3 下，蠕变应变 ε_{cp} 随应力水平的增加呈非线性增大，说明存在一个临界应力，当轴向载荷超过临界应力时，试样的蠕变应变逐渐由线性增加向非线性增加转化；此外，随着围压 σ_3 的增加，临界应力逐渐增大，围压 σ_3 = 0、2 MPa、4 MPa 和 6 MPa 时，对应的临界应力分别为 6 MPa、8 MPa、10 MPa 和 10 MPa，在临界应力之前，蠕变应变随应力增加缓慢增大，不同围压 σ_3 下蠕变应变增量仅为 0.037 2%、0.050 7%、0.068 0%和 0.063 2%；当应力水平超过临界应力时，蠕变应变随应力增加快速增大，不同围压 σ_3 下蠕变应变增量分别为 0.132 1%、0.200 8%、0.269 0%和 0.328 4%。

对胶结充填材料破坏时的蠕变应变和瞬时应变进行整理，获得蠕变破坏时瞬时应变最大值 ε_{inmax} 和蠕变应变最大值 ε_{cpmax} 随围压 σ_3 的变化特征，如图 5-6 所示。

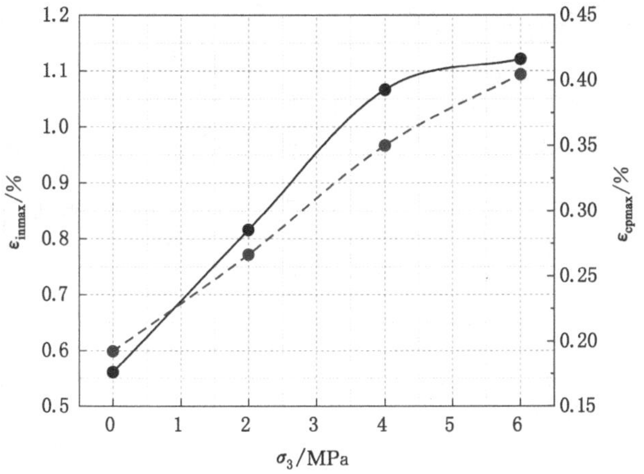

图 5-6　蠕变破坏时瞬时应变和蠕变应变随围压的变化曲线

从图 5-6 中可以看出，胶结充填材料破坏时产生的瞬时应变最大值 ε_{inmax} 和蠕变应变最大值 ε_{cpmax} 随围压 σ_3 的增大总体呈非线性增大的变化趋势，但其增幅逐渐减小。当围压 σ_3 由 0 增至 2 MPa 时，瞬时应变最大值 ε_{inmax} 和蠕变应变最大值 ε_{cpmax} 的增量分别为 0.254 7%和 0.074 1%；当围压 σ_3 由 4 MPa 增至 6 MPa 时，瞬时应变最大值 ε_{inmax} 和蠕变应变最大值 ε_{cpmax} 的增量仅分别为 0.055 6%和 0.054 4%。

5.2.2　变形速率特征

通过计算不同围压 σ_3 下蠕变时程曲线的斜率，获得了蠕变速率与时间的关系曲线，如图 5-7 所示。

由图 5-7 可知，不同围压 σ_3 下，胶结充填材料在低应力水平下的变形速率主要表现为减小和恒定两个阶段，在最后一级应力水平下，变形速率主要表现为减小、恒定和增大三个阶段，具体如下。

① 当应力水平较低时，胶结充填材料在蠕变加载初期变形速率较大，随后其变形速率迅速下降并趋于稳定。例如，当围压 σ_3 为 0，应力水平为 2 MPa 时，初始变形速率为 3.69×10^{-4} mm/h，蠕变时间持续 4 h 后，变形速率降至 0.18×10^{-4} mm/h。在第二级应力水平下，初始蠕变速率一般小于第一级应力水平的，这主要是由于第一级应力水平加载时，试样经历了短暂的压密阶段，相同时间内产生的轴向应变较大。

② 随着应力水平增加，胶结充填材料的变形速率特征基本不变，不同之处在于胶结充填材料初始变形速率和稳态变形速率整体呈现逐渐增大的变化趋势。例如，当围压 σ_3 为 0，应力水平为 8 MPa 时，初始变形速率为 11.93×10^{-4} mm/h，稳态变形速率为 0.51×10^{-4} mm/h，其值分别是第一级应力水平的 3.23 倍和 2.83 倍。

③ 通过分析各围压 σ_3 下最后一级变形速率与时间的关系曲线可以发现，变形速率呈先快速减小后趋于稳定最后快速增大的变化特征，相较于蠕变破坏前的各级应力水平下变形速率，稳态阶段的时长较短。例如，当围压为 0，应力水平达到 10 MPa 时，其初始变形速率为 18.22×10^{-4} mm/h，仅经历 1.42 h 后，变形速率迅速升至 59.33×10^{-4} mm/h。

5.2.3　破坏强度特征

根据不同围压 σ_3 下胶结充填材料蠕变试验加载曲线，获得了蠕变破坏强度 σ_{cp} 及其与试

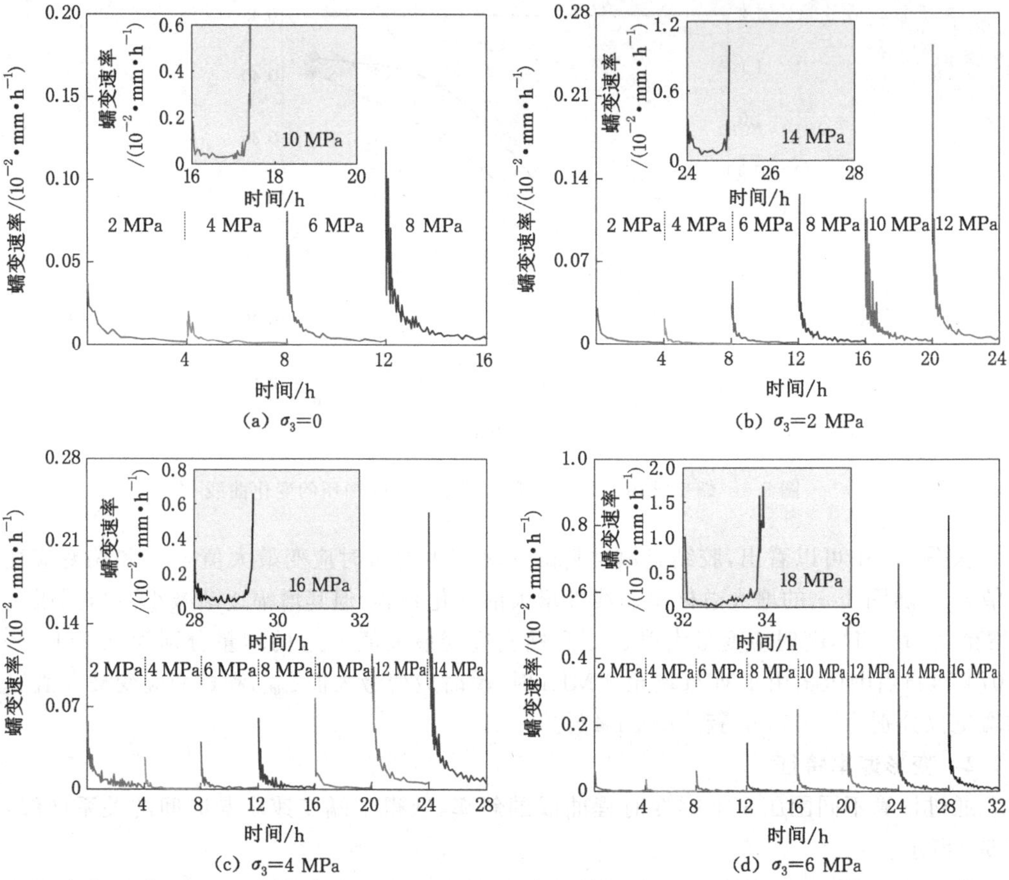

(a) σ_3=0　　(b) σ_3=2 MPa

(c) σ_3=4 MPa　　(d) σ_3=6 MPa

图 5-7　不同围压下胶结充填材料蠕变速率特征

样强度 σ_c 的比值随围压 σ_3 的变化规律，如图 5-8 所示。

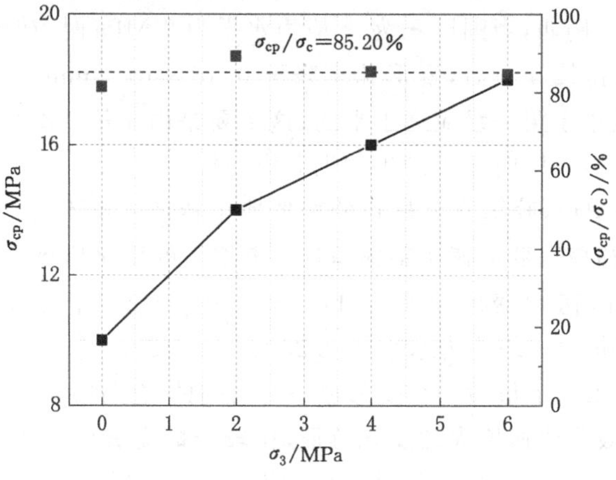

图 5-8　蠕变破坏强度及其与试样强度的比值随围压变化曲线

从图 5-8 中可以看出，围压 σ_3 对胶结充填材料的蠕变破坏强度 σ_{cp} 具有显著的影响，围

压 σ_3 为 0、2 MPa、4 MPa 和 6 MPa 时，对应的蠕变破坏强度 σ_{cp} 分别为 10 MPa、14 MPa、16 MPa 和 18 MPa，随着围压 σ_3 的增加，蠕变破坏强度 σ_{cp} 整体呈非线性增大，但其与试样强度 σ_c 的比值约为 85.20%，基本与围压 σ_3 无关。这表明，在本试验条件下，若获得了胶结充填材料在不同围压 σ_3 下的强度 σ_c，即可预测该围压 σ_3 下胶结充填材料的蠕变破坏强度 σ_{cp}。

5.2.4　长期强度特征

（1）确定胶结充填材料长期强度的方法

材料长期强度的确定方法主要有直接法和间接法，目前，国内外学者普遍采用室内试验的间接方法确定材料的长期强度[219]。间接法主要包括过渡蠕变法、等时应力-应变曲线法和稳态蠕变速率法等。其中，过渡蠕变法认为，材料的长期强度是材料稳态蠕变速率为零时对应的最大应力，但该方法获取的材料长期强度与试验机精度和应力分级密切相关，一般只能给出长期强度的范围，因此该方法具有一定的局限性。等时应力-应变曲线法认为，材料的长期强度是等时应力-应变曲线拐点对应的应力，但曲线拐点的规律性较差，求解拐点较为困难，一般也只能给出长期强度的范围[220]。稳态蠕变速率法认为，当应力水平小于材料的长期强度时，材料的稳态蠕变速率为零，当应力水平大于材料的长期强度，稳态蠕变速率大于零，该临界应力水平即为材料的长期强度。但大量的试验数据表明，即使应力水平小于材料的长期强度，稳态蠕变速率也不为零[216,221]。

综上所述，需要寻求合理的方法确定胶结充填材料的长期强度。本节首先利用等时应力-应变曲线法确定胶结充填材料的长期强度范围，然后利用稳态蠕变速率法确定长期强度的具体数值。需要说明的是，在利用稳态蠕变速率法确定胶结充填材料的长期强度时，将稳态蠕变速率-应力曲线拐点前后的数据分别进行线性拟合，认为两拟合直线交点的横坐标值即为胶结充填材料的长期强度[222]。

（2）不同围压 σ_3 下胶结充填材料长期强度

图 5-9 给出了不同围压 σ_3 下胶结充填材料等时应力-应变曲线，选取的时间节点 t 分别为 0.4 h、0.8 h、1.2 h、1.6 h、2.0 h、2.4 h、2.8 h、3.2 h 和 3.6 h，共计 9 个时间节点。

由图 5-9 可以看出，应变随应力的增大呈非线性增大，随应力水平的增加，非线性特征更加明显。由于试验时间较短，试验数据量有限，无法准确获得等时应力-应变曲线的拐点，但根据曲线特征，可获得曲线拐点的应力范围。围压 σ_3 为 0、2 MPa、4 MPa 和 6 MPa，曲线

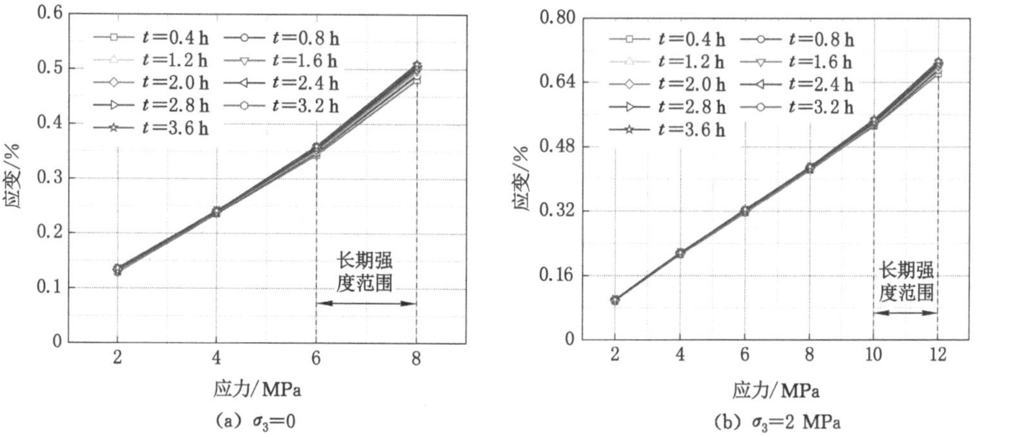

图 5-9　不同围压下胶结充填材料等时应力-应变曲线

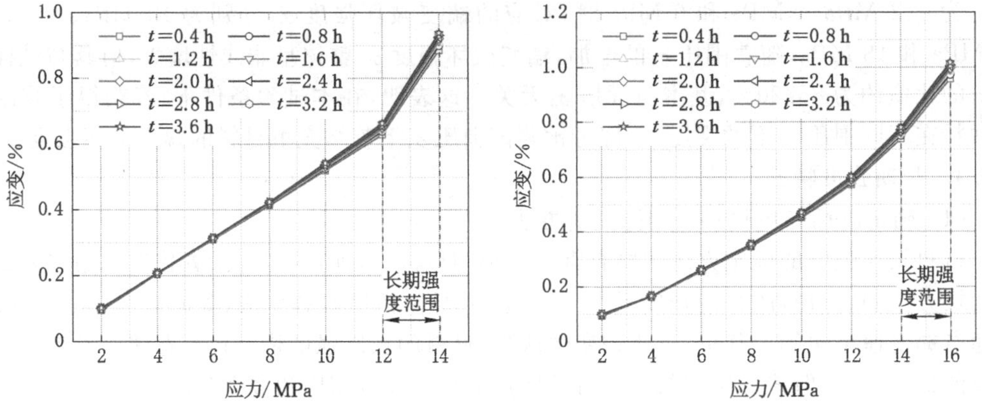

(c) σ_3=4 MPa　　(d) σ_3=6 MPa

图 5-9 （续）

拐点的应力范围分别为 6～8 MPa、10～12 MPa、12～14 MPa 和 14～16 MPa。若取曲线拐点应力范围的平均值作为胶结充填材料的长期强度，不同围压 σ_3 下长期强度分别为 7 MPa、11 MPa、13 MPa 和 15 MPa，随围压 σ_3 的增大，长期强度整体呈非线性增大的变化趋势。不同围压 σ_3 下长期强度约占三轴压缩试验获取的试样强度 σ_c 的 57.05%、70.15%、69.33%和 70.55%。除去围压 σ_3 为 0 对应的长期强度值，其他三组围压 σ_3 下长期强度与试样强度 σ_c 的比值基本维持在 70%左右。

图 5-10 所示为不同围压下胶结充填材料稳态蠕变速率与应力水平的关系曲线。其中实线是所有稳态蠕变速率点的拟合线，两条虚线是拐点前后稳态蠕变速率点的拟合线，两条虚线的交点对应的横坐标值即为长期强度。

由图 5-10 可知，稳态蠕变速率与应力的关系曲线符合指数递增，各围压 σ_3 下 R^2 均大于 0.90。围压 σ_3 为 0、2 MPa、4 MPa 和 6 MPa 时，利用稳态蠕变速率法确定的胶结充填材料的长期强度分别为 7.78 MPa、11.51 MPa、13.37 MPa 和 15.43 MPa，随围压 σ_3 的增大，长期强度整体呈非线性增大的变化趋势。不同围压 σ_3 下长期强度约占三轴压缩试验获取的

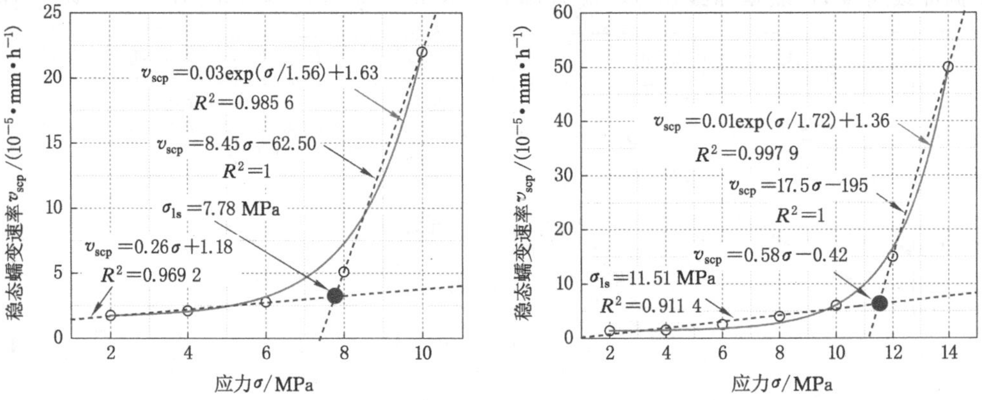

(a) σ_3=0　　(b) σ_3=2 MPa

图 5-10　不同围压下胶结充填材料稳态蠕变速率与应力水平的关系曲线

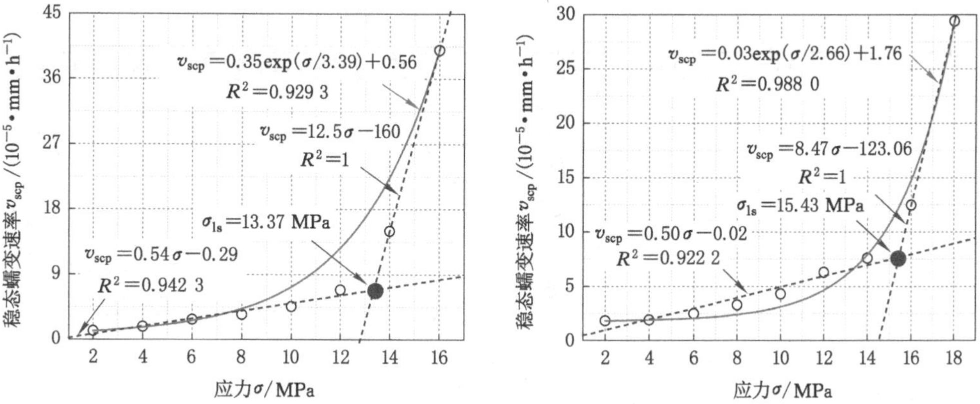

(c) $\sigma_3=4$ MPa　　　　(d) $\sigma_3=6$ MPa

图 5-10 （续）

试样强度 σ_c的 63.41%、73.41%、71.31%和 72.58%。

综上所述，长期强度与强度 σ_c的比值基本不受围压 σ_3的影响，因此，可以通过胶结充填材料的强度 σ_c预测长期强度。利用稳态蠕变速率法确定的长期强度介于等时应力-应变曲线确定的长期强度范围内，表明该方法确定的长期强度是合理可靠的。

5.3 养护温度对胶结充填材料蠕变特性的影响

5.3.1 蠕变变形特征

根据试验方案，获得了围压 $\sigma_3=2$ MPa 时不同养护温度 T 下胶结充填材料轴向应变时程曲线和蠕变时程曲线，分别如图 5-11 和图 5-12 所示。

由图 5-11 和图 5-12 可以看出，不同养护温度 T 下胶结充填材料的应变时程曲线和蠕变时程曲线均较为相似，但也存在不同之处，具体如下。

① 当蠕变应力水平较低时，胶结充填材料经历短暂的减速蠕变后，其变形趋于某一特定值，如图 5-12 中第一级加载和第二级加载曲线所示；随着应力水平的提高，蠕变变形逐渐以某一特定斜率递增，如图 5-12 中蠕变破坏前一级加载曲线所示；进一步提高应力水平，胶结充填材料的变形经历减速蠕变、等速蠕变和加速蠕变三个阶段，胶结充填材料在短时间内破坏，如图 5-12 中最后一级加载曲线所示。

② 养护温度 T 的升高，导致蠕变试验总时长逐渐增加。例如，当养护温度 $T=5$ ℃时，蠕变试验总时长为 13.12 h，而当养护温度 $T=50$ ℃时，蠕变试验总时长增至 33.88 h。衰减蠕变经历的时长与应力水平整体呈正相关。以 $T=50$ ℃为例，当应力水平为 4 MPa 时，衰减蠕变时长约为 55 min，当应力水平为 10 MPa 时，衰减蠕变时长约为 105 min，当应力水平为 16 MPa 时，衰减蠕变时长为 186 min。

进一步对蠕变试验数据进行处理，得到瞬时应变 ε_{in}和蠕变应变 ε_{cp}随养护温度 T 和应力水平的变化关系如图 5-13 所示。表 5-4 和表 5-5 分别给出了不同养护温度 T 和应力水平下胶结充填材料瞬时应变 ε_{in}和蠕变应变 ε_{cp}。

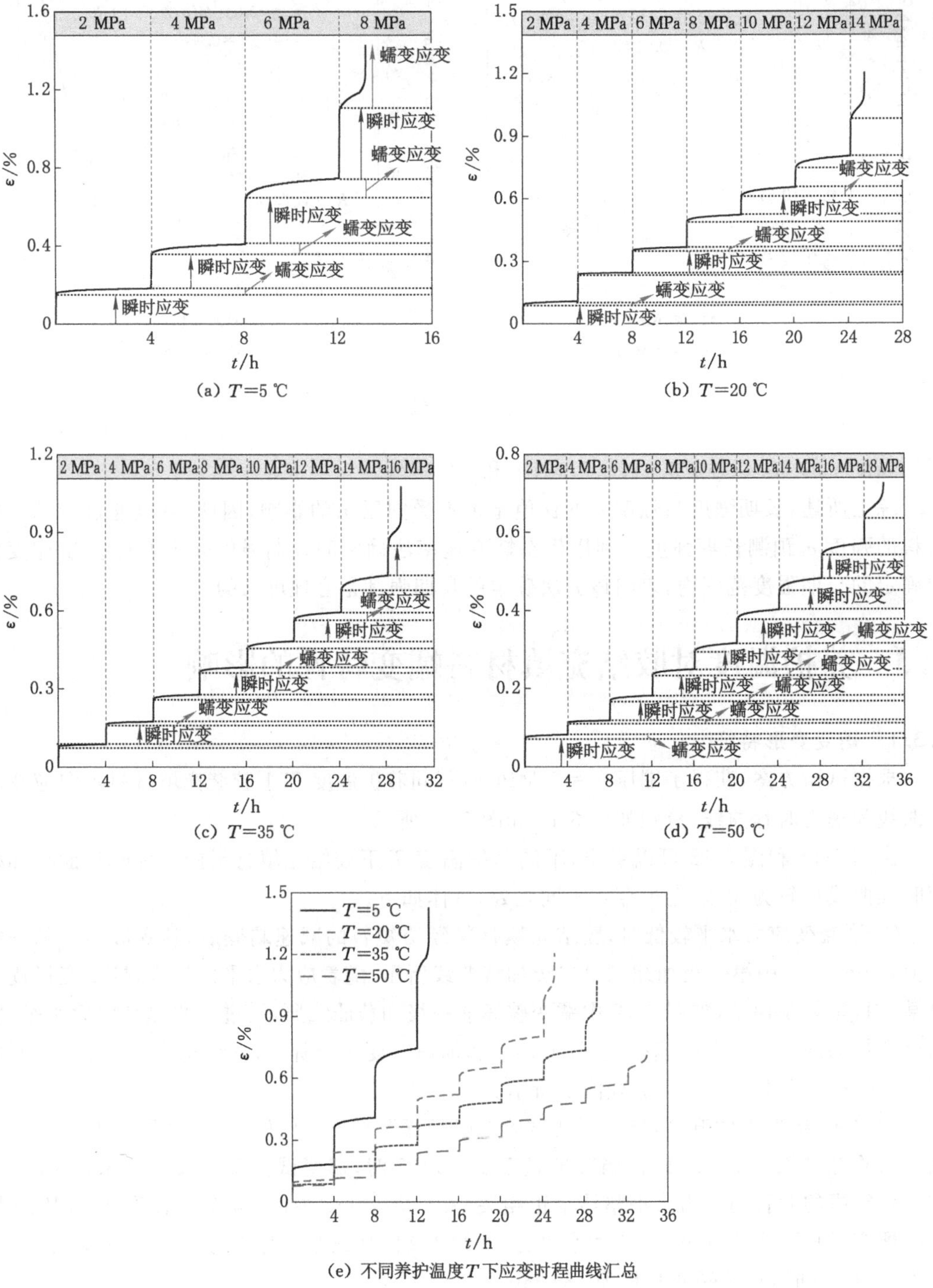

图 5-11 不同养护温度下胶结充填材料轴向应变时程曲线

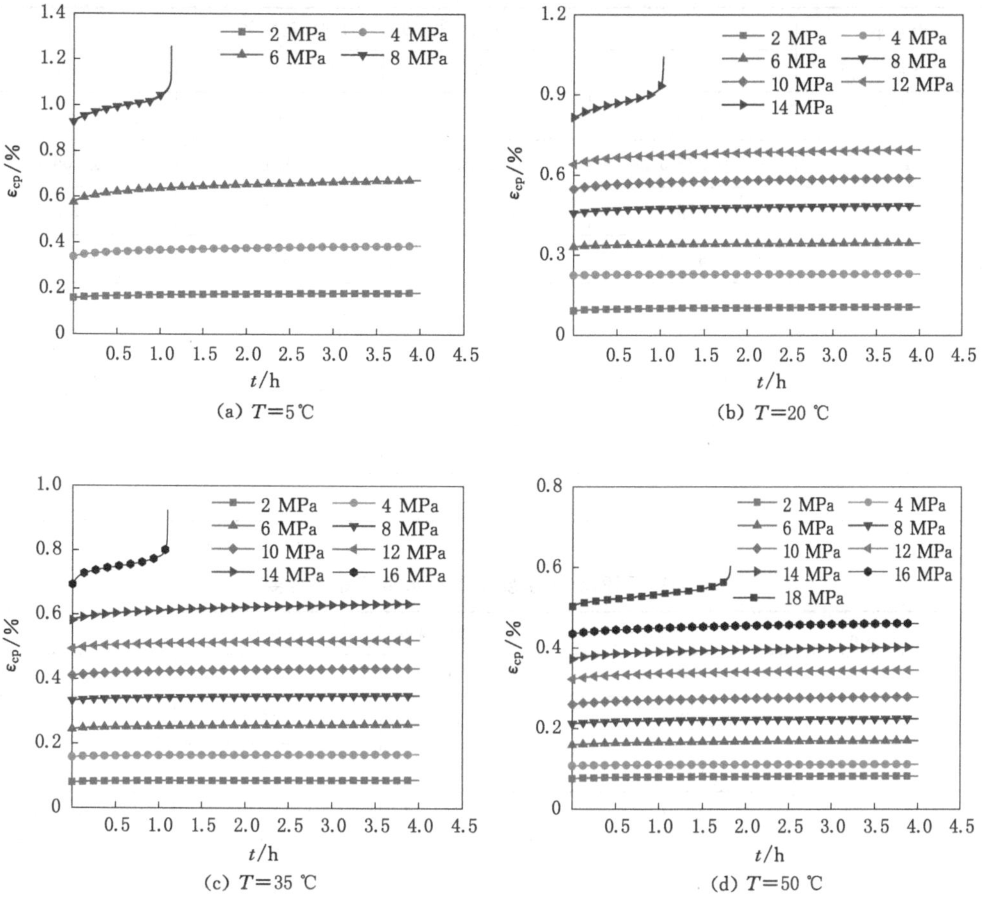

(a) T=5℃　(b) T=20 ℃　(c) T=35 ℃　(d) T=50 ℃

图 5-12　不同养护温度下蠕变时程曲线

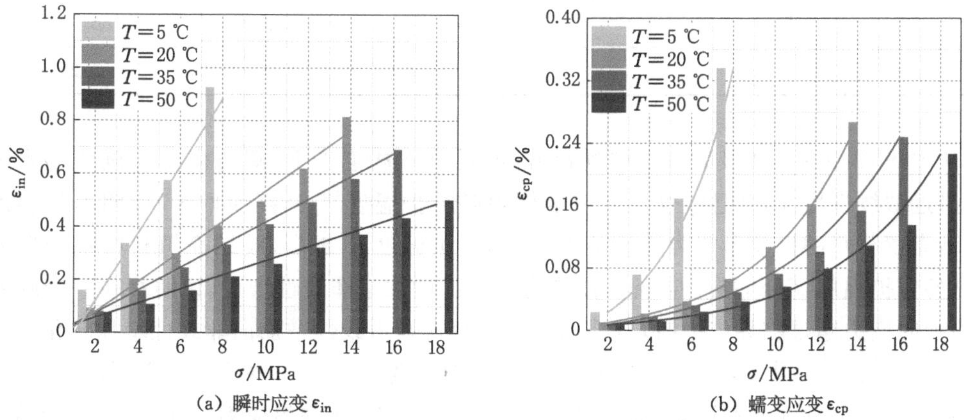

(a) 瞬时应变 ε_{in}　(b) 蠕变应变 ε_{cp}

图 5-13　不同养护温度 T 和应力水平下胶结充填材料变形特征

表 5-4　不同养护温度和应力水平下瞬时应变

应力水平/MPa	不同养护温度 T 下瞬时应变/%			
	5 ℃	20 ℃	35 ℃	50 ℃
2	0.159 0	0.092 0	0.080 0	0.075 2
4	0.338 5	0.203 8	0.157 4	0.106 7
6	0.575 5	0.300 0	0.245 2	0.158 5
8	0.927 4	0.405 7	0.333 4	0.212 0
10		0.496 2	0.410 9	0.260 2
12		0.619 9	0.493 4	0.322 3
14		0.815 2	0.581 6	0.372 3
16			0.691 3	0.434 6
18				0.502 1

表 5-5　不同养护温度和应力水平下蠕变应变

应力水平/MPa	不同养护温度 T 下蠕变应变/%			
	5 ℃	20 ℃	35 ℃	50 ℃
2	0.022 9	0.014 8	0.007 1	0.006 8
4	0.071 0	0.021 1	0.016 7	0.011 4
6	0.168 6	0.036 8	0.031 8	0.023 3
8	0.336 2	0.065 5	0.048 4	0.036 4
10		0.106 9	0.071 8	0.055 5
12		0.161 7	0.100 1	0.078 5
14		0.266 3	0.152 8	0.108 3
16			0.247 2	0.134 7
18				0.225 5

从图 5-13 和表 5-4 及表 5-5 可以看出，不同养护温度 T 下，瞬时应变 ε_{in} 随应力水平的增加呈近似线性增大，并且线性段斜率的倒数随养护温度 T 升高而增大，说明养护温度 T 对胶结充填材料的抗变形能力具有显著影响，养护温度 T 越高，胶结充填材料抗变形能力越强；各养护温度 T 下，蠕变应变 ε_{in} 随应力水平的增加呈非线性增大，说明存在一个临界应力，当轴向应力超过临界应力时，试样的蠕变应变逐渐由线性增加向非线性增加转化；此外，随着养护温度 T 的升高，临界应力逐渐增大，养护温度 T=5 ℃、20 ℃、35 ℃和 50 ℃时，对应的临界应力分别为 6 MPa、8 MPa、10 MPa 和 10 MPa，在临界应力之前，蠕变应变随应力增加缓慢增大，各养护温度 T 下蠕变应变增量分别为 0.145 7%、0.050 7%、0.064 7%和 0.048 7%；当应力水平超过临界应力时，蠕变应变随应力增加快速增大，各养护温度 T 下蠕变应变增量分别为 0.167 6%、0.200 8%、0.175 4%和 0.170 0%。

对胶结充填材料破坏时的蠕变应变和瞬时应变进行整理，获得蠕变破坏时瞬时应变的最大值 ε_{inmax} 和蠕变应变最大值 ε_{cpmax} 随养护温度 T 的变化特征，如图 5-14 所示。

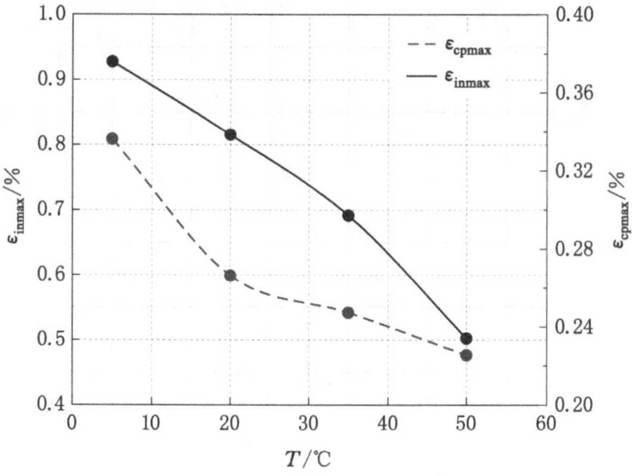

图 5-14　蠕变破坏时瞬时应变和蠕变应变随养护温度的变化曲线

由图 5-14 可知，胶结充填材料破坏时产生的瞬时应变最大值 ε_{inmax} 和蠕变应变最大值 ε_{cpmax} 随养护温度 T 的升高总体呈现近似线性减小的变化趋势。当养护温度 T 由 5 ℃升高至 50 ℃时，瞬时应变最大值 ε_{inmax} 和蠕变应变最大值 ε_{cpmax} 分别由 0.927 4%和 0.336 2%降至 0.502 1%和 0.225 5%，降幅分别为 45.86%和 32.93%。

5.3.2 变形速率特征

通过计算不同养护温度 T 下蠕变时程曲线的斜率，获得了蠕变速率与时间的关系曲线，如图 5-15 所示。

由图 5-15 可知，任意养护温度 T 下，胶结充填材料在低应力水平下的变形速率主要表现为减小和恒定两个阶段，在最后一级应力水平下，变形速率主要表现为减小、恒定和增大三个阶段，具体如下。

① 当应力水平较低时，胶结充填材料在蠕变加载初期变形速率较大，随后其变形速率迅速下降并趋于稳定。例如，当养护温度 $T=35$ ℃，应力水平为 2 MPa 时，初始变形速率为 2.16×10^{-4} mm/h，蠕变时间持续 4 h 后，变形速率降至 0.14×10^{-4} mm/h。

② 随着应力水平增加，胶结充填材料的变形速率特征基本不变，不同之处在于胶结充填材料初始变形速率和稳态变形速率整体呈现逐渐增大的变化趋势。例如，当养护温度 $T=35$ ℃，应力水平为 14 MPa 时，初始变形速率为 29.53×10^{-4} mm/h，稳态变形速率为 0.52×10^{-4} mm/h，其值分别是第一级应力水平下的 13.67 倍和 3.71 倍。

③ 分析各养护温度 T 下最后一级变形速率与时间的关系曲线可以发现，变形速率呈现先快速减小后趋于稳定最后快速增大的变化特征，相较于蠕变破坏前的各级应力水平下变形速率，稳态阶段的时长较短。例如，当养护温度 $T=35$ ℃，应力水平达到 16 MPa 时，其初始变形速率为 36.24×10^{-4} mm/h，仅经历 1.42 h 后，变形速率迅速升至 98.53×10^{-4} mm/h。

5.3.3 破坏强度特征

根据不同养护温度 T 下胶结充填材料蠕变试验加载曲线，获得了蠕变破坏强度 σ_{cp} 及其与试样强度 σ_c 的比值随养护温度 T 的变化规律，如图 5-16 所示。

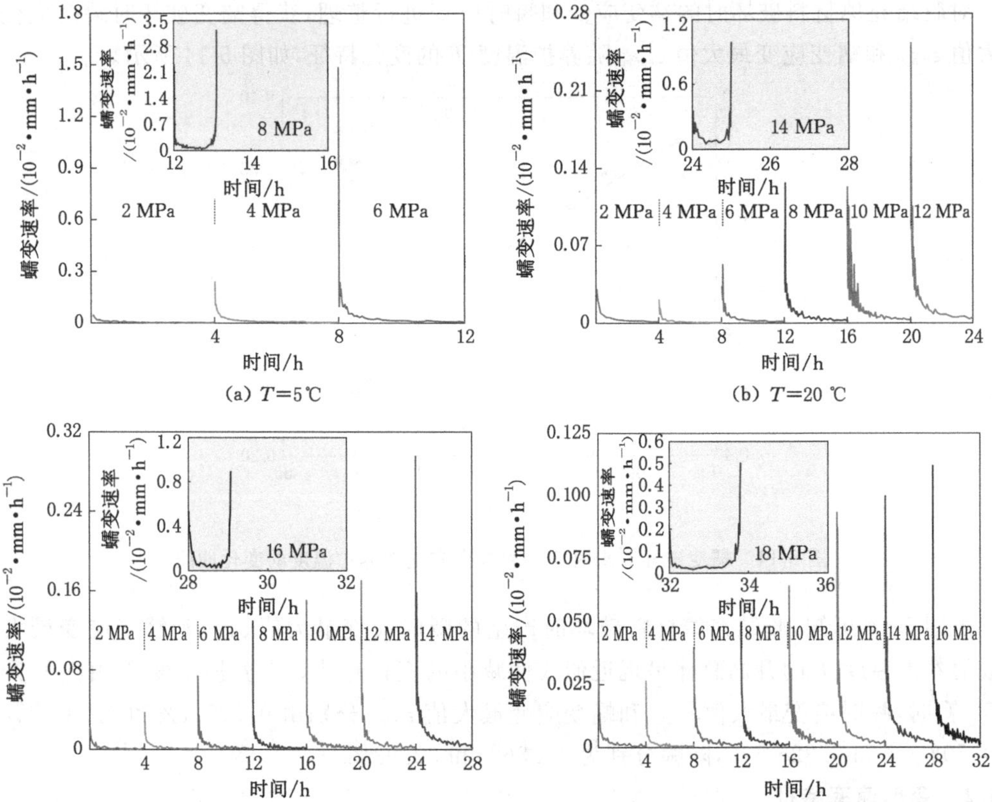

(a) T=5℃ (b) T=20 ℃ (c) T=35 ℃ (d) T=50 ℃

图 5-15 不同养护温度下胶结充填材料变形速率特征

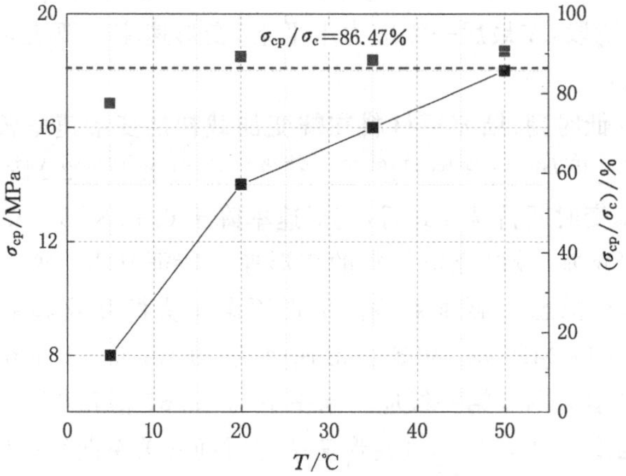

图 5-16 蠕变破坏强度及其与试样强度的比值随温度变化曲线

从图 5-16 中可以看出，养护温度 T 对胶结充填材料的蠕变破坏强度 σ_{cp} 具有显著的影响，养护温度 T=5 ℃、20 ℃、35 ℃和 50 ℃时，对应的蠕变破坏强度 σ_{cp} 分别为 8 MPa、14 MPa、16 MPa 和 18 MPa，随着养护温度 T 的升高，蠕变破坏强度 σ_{cp} 整体呈非线性增大的变化趋势，但其与试样强度 σ_c 的比值约为 86.47%，基本不随养护温度 T 的变化而变化。

5.3.4 长期强度特征

图 5-17 给出了不同养护温度 T 下胶结充填材料等时应力-应变曲线，选取的时间节点 t 分别为 0.4 h、0.8 h、1.2 h、1.6 h、2.0 h、2.4 h、2.8 h、3.2 h 和 3.6 h，共计 9 个时间节点。

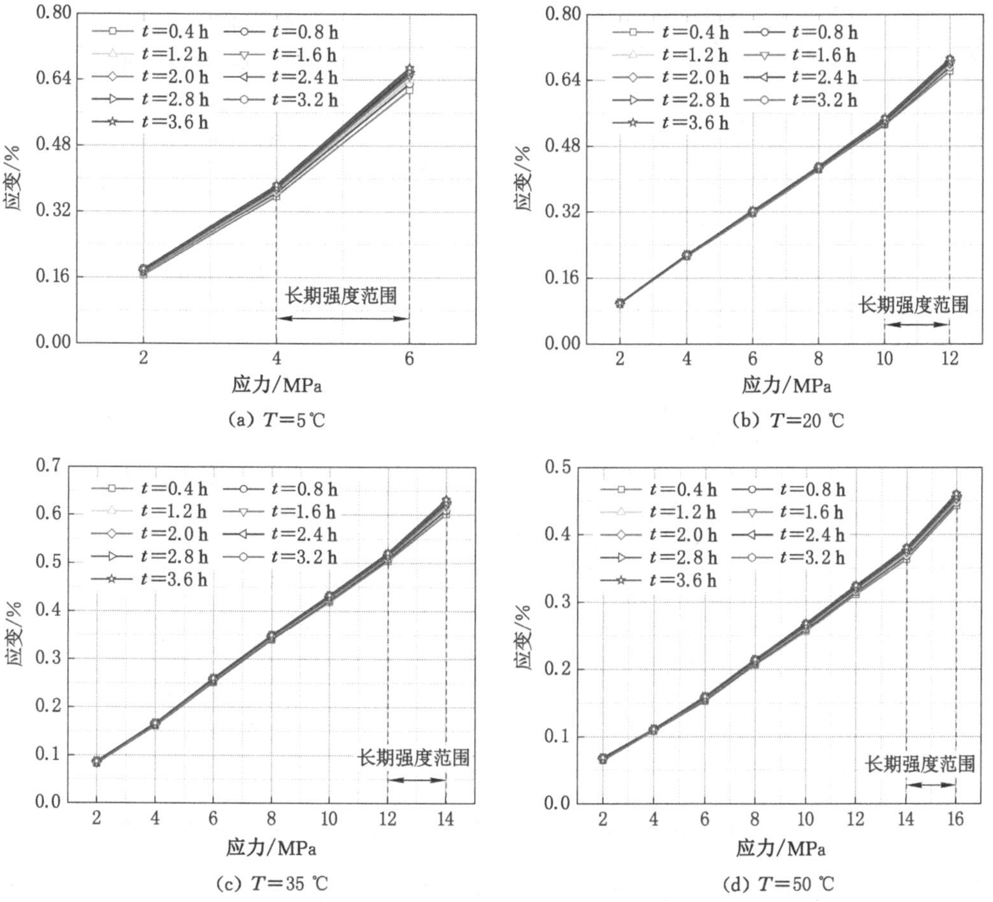

图 5-17 不同养护温度下胶结充填材料等时应力-应变曲线

由图 5-17 可以看出，应变随应力的增加呈非线性增大，曲线发展趋势逐渐偏向应变轴。低应力水平下，等时应力-应变曲线近似呈线性发展，应力水平升高后，非线性特征更加明显。养护温度 T＝5 ℃、20 ℃、35 ℃和 50 ℃，其拐点应力范围分别为 4～6 MPa、10～12 MPa、12～14 MPa 和 14～16 MPa。若取曲线拐点应力范围的平均值作为胶结充填材料的长期强度，则 4 个养护温度 T 下胶结充填材料的长期强度分别为 5 MPa、11 MPa、13 MPa 和 15 MPa，随养护温度 T 的升高，长期强度整体呈现非线性增大的变化趋势。不同养护温度 T 下长期强度值约占三轴压缩试验获取的试样强度 σ_c 的 48.45%、70.15%、71.82% 和 75.57%。除去养护温度 T=5 ℃所对应的数据，其他组数据基本位于 70%～75%之间。

图 5-18 所示为不同养护温度下胶结充填材料稳态蠕变速率与应力水平的关系曲线。

由图 5-18 可知，稳态蠕变速率与应力水平的关系曲线符合指数递增，各养护温度 T 下 R^2 均大于 0.90。养护温度 T=5 ℃、20 ℃、35 ℃和 50 ℃，利用稳态蠕变速率法确定的胶结充填材料的长期强度分别为 5.84 MPa、11.51 MPa、13.83 MPa 和 15.46 MPa，随养护温度

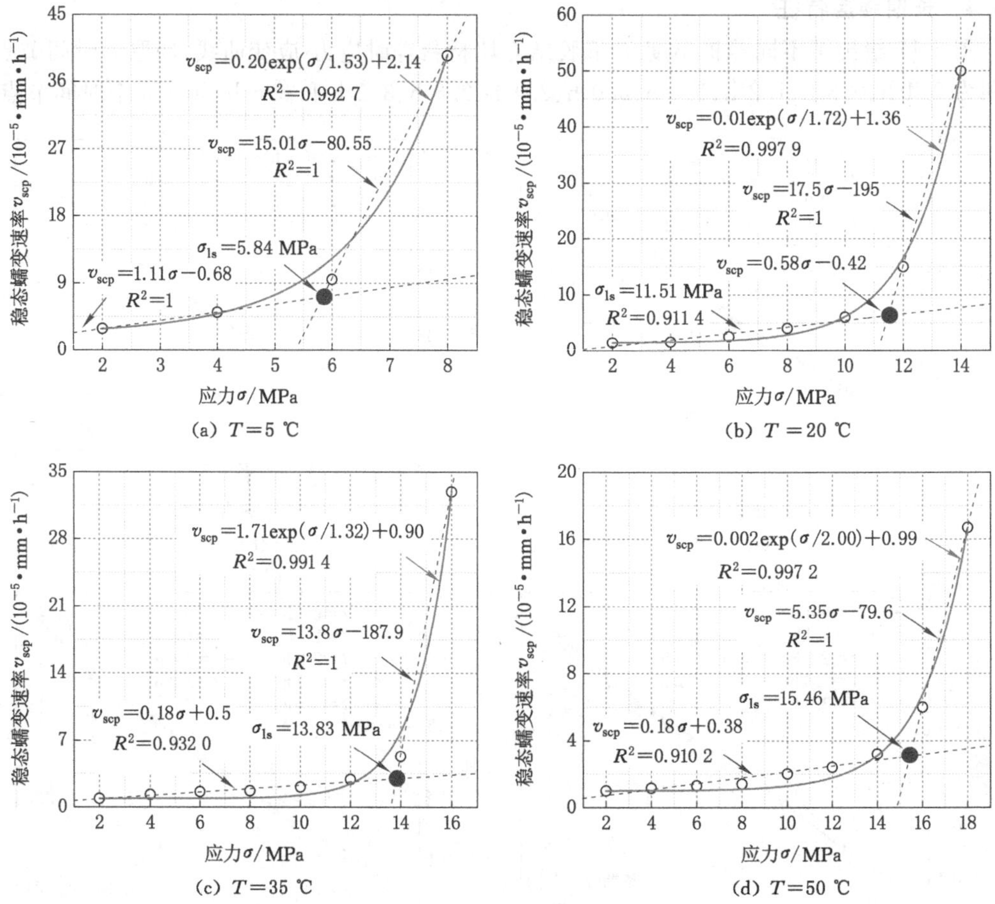

图 5-18　不同养护温度下胶结充填材料稳态蠕变速率与应力水平的关系曲线

T 的升高，长期强度整体呈现非线性增大的变化趋势。不同养护温度 T 下长期强度值约占三轴压缩试验获取的试样强度 σ_c 的 56.59%、73.41%、76.41%和 77.88%。同样去除养护温度 T=5 ℃所对应的数据，其他组数据基本位于 73%～78%之间。

综合不同围压 σ_3 和养护温度 T 下胶结充填材料的长期强度可以发现，其与三轴压缩试验获取的试样强度 σ_c 的比值约为 75%，该比值不受围压 σ_3 和养护温度 T 的影响。因此，可以通过胶结充填材料的强度 σ_c 预测其长期强度。

5.4　养护龄期对胶结充填材料蠕变特性的影响

5.4.1　蠕变变形特征

根据试验方案，获得了围压 σ_3=2 MPa 时不同养护龄期 T_a 条件下胶结充填材料轴向应变时程曲线和蠕变时程曲线，如图 5-19 和图 5-20 所示。

由图 5-19 和图 5-20 可以看出，低应力水平下，胶结充填材料变形仅经历短暂的减速蠕变后便趋于稳定；提高应力水平后，胶结充填材料经历减速蠕变和等速蠕变两个阶段；在最后一级应力水平下，胶结充填材料的变形经历减速蠕变、等速蠕变和加速蠕变三个阶段。进

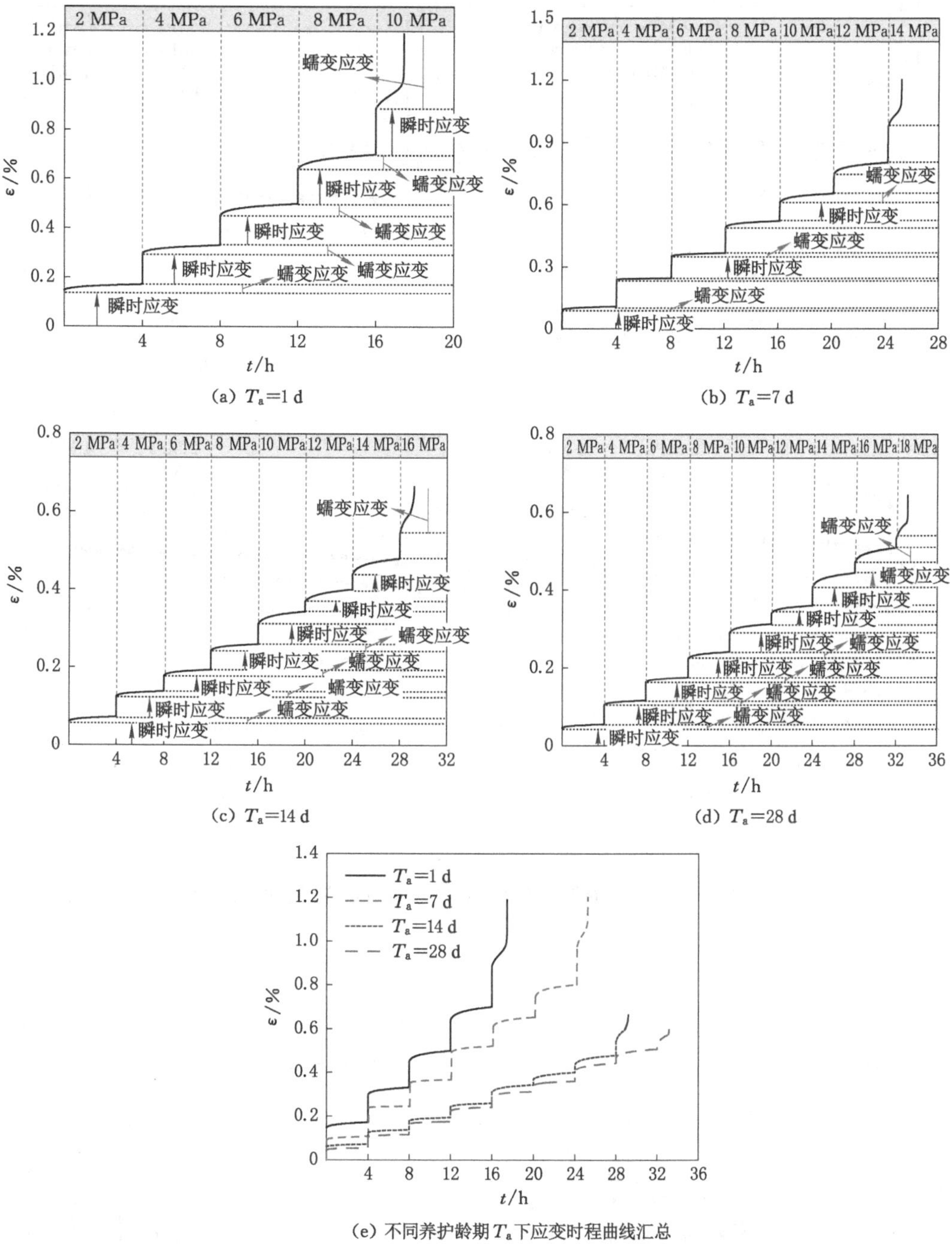

(a) T_a=1 d　(b) T_a=7 d　(c) T_a=14 d　(d) T_a=28 d　(e) 不同养护龄期 T_a 下应变时程曲线汇总

图 5-19　不同养护龄期下胶结充填材料轴向应变时程曲线

一步对蠕变试验数据进行处理，得到瞬时应变 ε_{in} 和蠕变应变 ε_{cp} 随养护龄期 T_a 和应力水平的变化关系，如图 5-21 所示。表 5-6 和表 5-7 分别给出了不同养护龄期 T_a 和应力水平下胶结充填材料瞬时应变 ε_{in} 和蠕变应变 ε_{cp}。

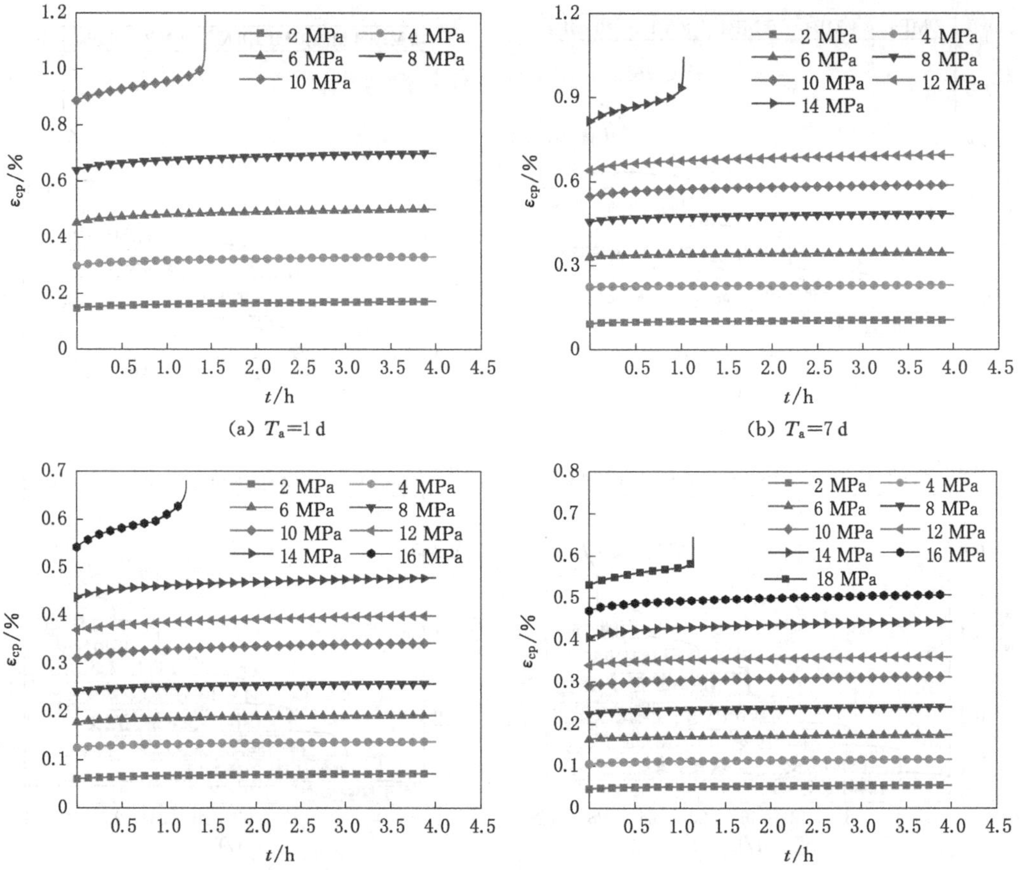

(a) T_a=1 d (b) T_a=7 d (c) T_a=14 d (d) T_a=28 d

图 5-20 不同养护龄期下胶结充填材料蠕变时程曲线

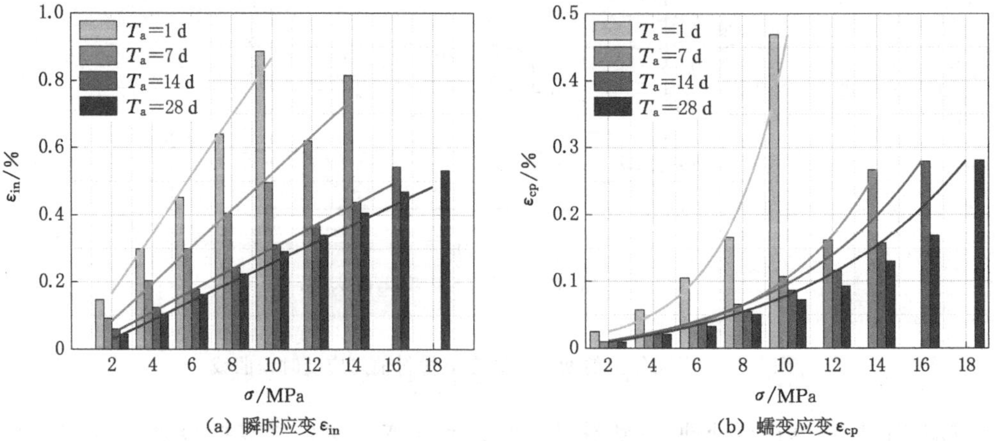

(a) 瞬时应变 ε_{in} (b) 蠕变应变 ε_{cp}

图 5-21 不同养护龄期和应力水平下胶结充填材料变形特征

表 5-6　不同养护龄期 T_a 和应力水平下胶结充填材料瞬时应变

应力水平/MPa	不同养护龄期 T_a 下瞬时应变/%			
	1 d	7 d	14 d	28 d
2	0.147 5	0.092 0	0.060 3	0.045 5
4	0.298 3	0.203 8	0.124 5	0.104 4
6	0.451 8	0.300 0	0.178 7	0.163 3
8	0.639 1	0.405 7	0.243	0.223 9
10	0.886 7	0.496 2	0.311 3	0.290 5
12		0.619 9	0.369 5	0.339 8
14		0.815 2	0.437 8	0.406 2
16			0.542 5	0.468 9
18				0.531 6

表 5-7　不同养护龄期和应力水平下胶结充填材料蠕变应变

应力水平/MPa	不同养护龄期 T_a 下蠕变应变/%			
	1 d	7 d	14 d	28 d
2	0.025 0	0.014 8	0.011 2	0.009 4
4	0.057 5	0.021 1	0.024 5	0.020 9
6	0.104 9	0.036 8	0.039 2	0.032 9
8	0.166 0	0.065 5	0.055 0	0.050 2
10	0.468 7	0.106 9	0.086 3	0.072 3
12		0.161 7	0.116 0	0.092 4
14		0.266 3	0.157 6	0.129 7
16			0.279 3	0.168 7
18				0.280 7

由图 5-21 和表 5-6 和表 5-7 可以看出，不同养护龄期 T_a 下，瞬时应变 ε_{in} 随应力水平的增加呈近似线性增大，并且线性段斜率的倒数随养护龄期 T_a 的延长呈现逐渐增大的变化趋势，说明养护龄期 T_a 对胶结充填材料的抗变形能力具有显著影响，养护龄期 T_a 越高长，胶结充填材料抗变形能力越强，但当养护龄期 T_a 超过 14 d 时，材料抗变形能力变化幅度较小；各养护龄期 T_a 下，蠕变应变 ε_{cp} 随应力水平的提高呈非线性增大，表明存在一个临界应力，当轴向应力超过临界应力时，试样的蠕变应变逐渐由线性增加向非线性增加转化；此外，随着养护龄期 T_a 的延长，临界应力逐渐增大，养护龄期 T_a=1 d、7 d、14 d 和 28 d 时，对应的临界应力分别为 8 MPa、8 MPa、10 MPa 和 12 MPa，在临界应力之前，蠕变应变随应力增加缓慢增大，各养护龄期 T_a 下蠕变应变增量分别为 0.141 0%、0.050 7%、0.075 1% 和 0.083 0%；当应力水平超过临界应力时，蠕变应变随应力增加快速增大，各养护龄期 T_a 下

蠕变应变增量分别为 0.302 7%、0.200 8%、0.193 0%和 0.188 3%。

5.4.2 变形速率特征

通过计算不同养护龄期 T_a下蠕变时程曲线的斜率，获得了蠕变速率与时间的关系曲线，如图 5-22 所示。

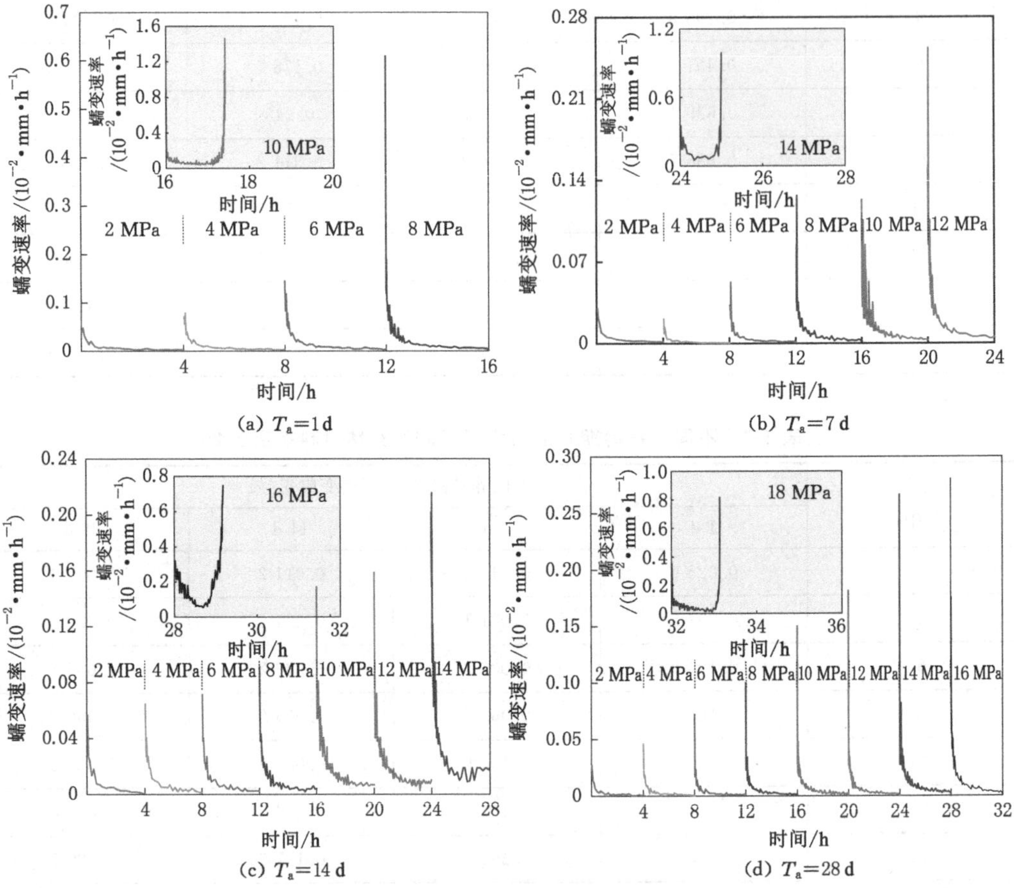

图 5-22　不同养护龄期下胶结充填材料变形速率特征

由图 5-22 可知，不同养护龄期 T_a下，胶结充填材料在低应力水平下的变形速率主要表现为减小和恒定两个阶段，在最后一级应力水平下，变形速率主要表现为减小、恒定和增大三个阶段，具体如下。

① 当应力水平较低时，胶结充填材料的变形速率在蠕变加载初期较大，随后迅速下降并趋于稳定。例如，当养护龄期 T_a = 14 d，应力水平为 2 MPa 时，初始变形速率为 5.73×10^{-4} mm/h，蠕变时间持续 4 h 后，变形速率降至 0.09×10^{-4} mm/h。

② 随着应力水平提高，胶结充填材料的变形速率特征基本不变，不同之处在于胶结充填材料初始变形速率和稳态变形速率整体呈现逐渐增大的变化趋势。例如，当养护龄期 T_a = 14 d，应力水平为 14 MPa 时，初始变形速率为 21.60×10^{-4} mm/h，稳态变形速率为 1.89×10^{-4} mm/h，其值分别是第一级应力水平的 3.77 倍和 21 倍。

5.4.3 破坏强度特征

根据不同养护龄期 T_a下胶结充填材料蠕变试验加载曲线，获得了蠕变破坏强度 σ_{cp}及其与试样强度 σ_c的比值随养护龄期 T_a的变化规律，如图 5-23 所示。

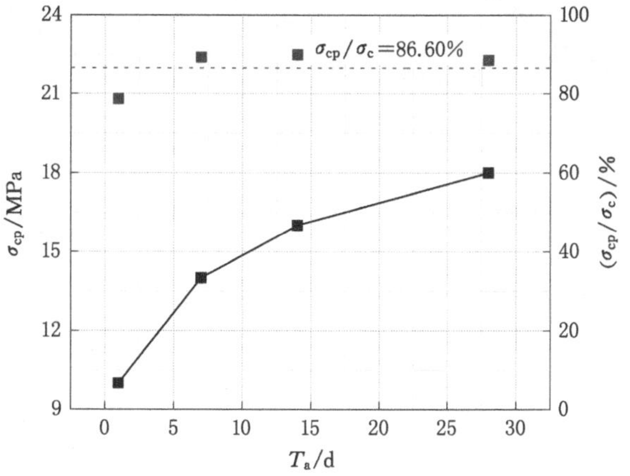

图 5-23 蠕变破坏强度及其与试样强度的比值随养护龄期变化曲线

从图 5-23 中可以看出，养护龄期 T_a对胶结充填材料的蠕变破坏强度 σ_{cp}具有显著的影响，养护龄期 T_a = 1 d、7 d、14 d 和 28 d 时，对应的蠕变破坏强度 σ_{cp} 分别为 10 MPa、14 MPa、16 MPa 和 18 MPa，随着养护龄期 T_a的延长，蠕变破坏强度 σ_{cp}整体呈现非线性增大的变化趋势，但其与强度 σ_c的比值约为 86.60%，基本不随养护龄期 T_a的变化而变化。

5.4.4 长期强度特征

图 5-24 给出了不同养护龄期 T_a下胶结充填材料等时应力-应变曲线，选取的时间节点 t 分别为 0.4 h、0.8 h、1.2 h、1.6 h、2.0 h、2.4 h、2.8 h、3.2 h 和 3.6 h，共计 9 个时间节点。

由图 5-24 可以看出，养护龄期 T_a=1 d、7 d、14 d 和 28 d，其拐点应力范围分别为 6～8 MPa、10～12 MPa、12～14 MPa 和 14～16 MPa。若取曲线拐点应力范围的平均值作为胶结充填材料的长期强度，则 4 个养护龄期 T_a下胶结充填材料的长期强度分别为 7 MPa、11 MPa、13 MPa 和 15 MPa，随养护龄期 T_a的延长，长期强度整体呈现非线性增大的变化趋势。不同养护龄期 T_a下长期强度值约占三轴压缩试验获取的强度 σ_c的 55.07%、70.15%、73.07%和 73.75%。除去养护龄期 T_a=1 d 所对应的数据，其他三组数据均位于 70%～75%之间。

图 5-25 所示为不同养护龄期 T_a下胶结充填材料稳态蠕变速率与应力水平的关系曲线。由图 5-25 可知，稳态蠕变速率与应力水平的关系曲线符合指数递增，各养护龄期 T_a下 R^2均大于 0.90。养护龄期 T_a=1 d、7 d、14 d 和 28 d，利用稳态蠕变速率法确定的胶结充填材料的长期强度分别为 7.64 MPa、11.51 MPa、13.44 MPa 和 15.31 MPa，随养护龄期 T_a的延长，长期强度整体呈现非线性增大的变化趋势。不同养护龄期 T_a下长期强度分别约占三轴压缩试验获取的强度 σ_c的 60.11%、73.41%、75.55%和 75.27%。除去养护龄期 T_a=1 d 所对应的数据，其他组数据均位于 73%～76%之间。

综合不同围压 σ_3、养护温度 T 和养护龄期 T_a下胶结充填材料的长期强度可以发现，其与三轴压缩试验获取的强度 σ_c的比值约为 75%，该比值不受围压 σ_3、养护温度 T 和养护龄期 T_a的影响。因此，可以通过胶结充填材料的强度 σ_c预测其长期强度。

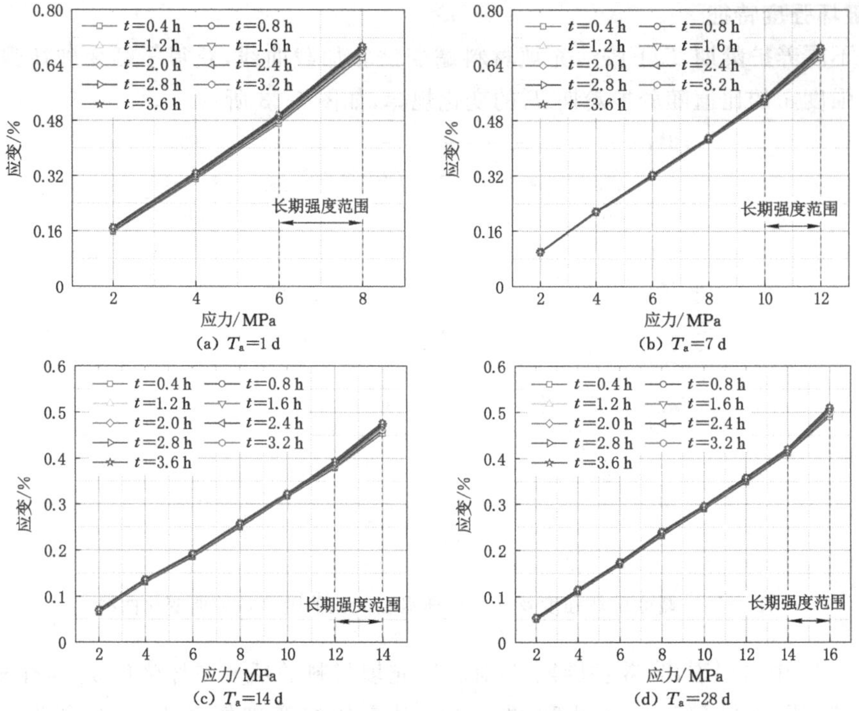

图 5-24　不同养护龄期下胶结充填材料等时应力-应变曲线

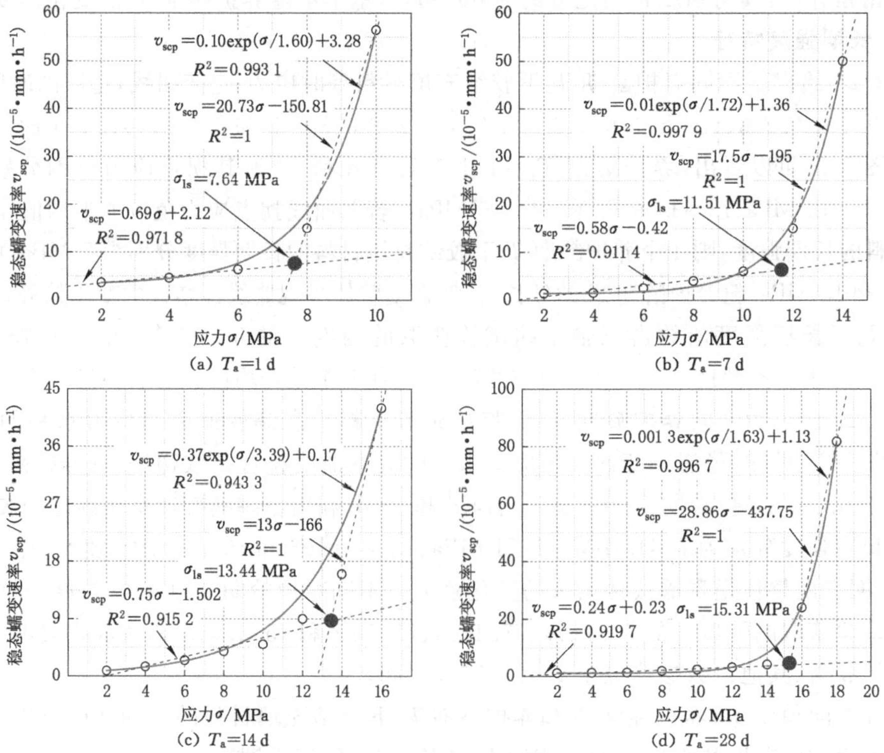

图 5-25　不同养护龄期下胶结充填材料稳态蠕变速率与应力水平的关系曲线

6 矿渣-黄土基胶结充填材料的非线性蠕变模型

6.1 蠕变模型基本元件

6.1.1 整数阶蠕变模型基本元件

常见的蠕变力学基本元件主要包括弹性、黏弹性、黏塑性以及黏弹塑性元件，其具体的表达形式、蠕变特点以及本构关系如表 6-1 所示。根据统一流变理论，可将以下基本元件通过串并联的形式组合起来构建满足试验结果的整数阶蠕变模型，以此反映特定材料的蠕变特性。该蠕变特性不但与围压 σ_3、加载水平等应力环境有关，还与温度、化学腐蚀程度、扰动损伤程度等外在因素密切相关，因此在基本元件基础上修正元件表达形式，使其具有广泛适用性是构建复杂蠕变模型的常用手段。

表 6-1 几种常用的蠕变模型基本元件与组合元件[224]

	模型	组合元件	本构方程	本构关系	特点
基本元件	胡克体	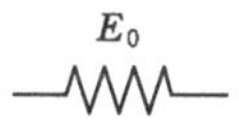	$\sigma = E_0\varepsilon$	——	瞬时弹性
	牛顿体	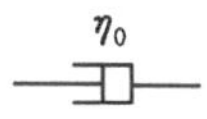	$\sigma = \eta_0\dot{\varepsilon}$	——	黏性流动
	圣维南体	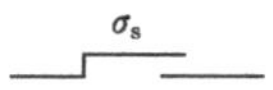	$\begin{cases}\varepsilon = 0 & \sigma < \sigma_s \\ \dot{\varepsilon} = \text{const} & \sigma \geqslant \sigma_s\end{cases}$	——	定常蠕变
组合元件	麦克斯韦(Maxwell)模型	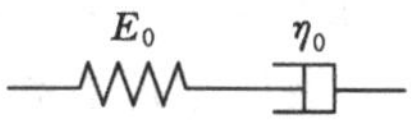	$\dot{\varepsilon} = \frac{\dot{\sigma}}{E_0} + \frac{\sigma}{\eta_0}$	$\varepsilon(t) = \frac{\sigma}{E_0} + \frac{\sigma}{\eta_0}t$	含瞬时弹性、蠕变流动阶段，但不稳定
	开尔文-沃伊特(Kelvin-Voigt)模型	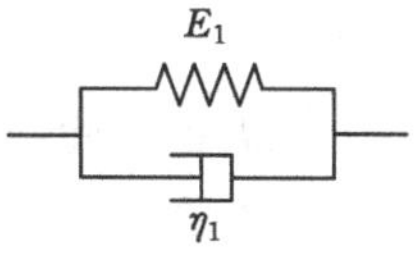	$\sigma = E_1\varepsilon + \eta_1\dot{\varepsilon}$	$\varepsilon(t) = \frac{\sigma}{E_1}(1 - e^{-\frac{E_1}{\eta_1}t})$	无弹性、有蠕变且稳定、无松弛
	宾厄姆(Bingham)模型	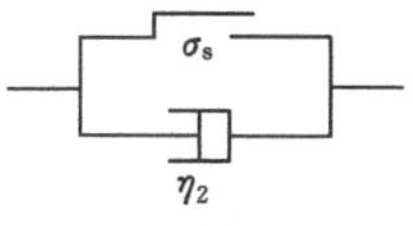	$\begin{cases}\varepsilon = 0 & (\sigma < \sigma_s) \\ \sigma = \sigma_s + \eta_2\dot{\varepsilon}(\sigma \geqslant \sigma_s)\end{cases}$	$\begin{cases}\varepsilon = 0 & (\sigma < \sigma_s) \\ \sigma = \frac{\sigma_a - \sigma_s}{\eta_2}t(\sigma \geqslant \sigma_s)\end{cases}$	当 $\sigma \geqslant \sigma_s$ 时，线性蠕变

注：E_0 和 E_1 分别表示 Maxwell 模型弹性元件的弹性模量和 Kelvin-Voigt 模型弹性元件的弹性模量；η_0，η_1 和 η_2 分别表示 Maxwell 模型、Kelvin-Voigt 模型和 Bingham 模型黏性元件的黏滞系数；σ_s 表示材料进入塑性状态的阈值。

(1) 麦克斯韦(Maxwell)模型

Maxwell 模型由胡克体弹性元件和牛顿体黏性元件串联而成，能够描述材料的黏弹性蠕变特性，其本构方程和蠕变方程表达式为：

$$\begin{cases}\dot{\varepsilon}=\dfrac{\dot{\sigma}}{E_0}+\dfrac{\sigma}{\eta_0}\\ \varepsilon(t)=\dfrac{\sigma}{E_0}+\dfrac{\sigma}{\eta_0}t\end{cases} \tag{6-1}$$

由式(6-1)可知，当 $t=0$ 时，材料出现明显的瞬时变形特点，当 $t>0$ 时，材料主要呈现瞬时弹性变形和黏性流动特点。

(2) Kelvin-Voigt 模型

Kelvin-Voigt 模型由胡克体弹性元件和牛顿体黏性元件并联而成，表征材料的黏弹性蠕变特性，其本构方程和蠕变方程表达式为：

$$\begin{cases}\sigma=E_1\varepsilon+\eta_1\dot{\varepsilon}\\ \varepsilon(t)=\dfrac{\sigma}{E_1}(1-\mathrm{e}^{-\frac{E_1}{\eta_1}t})\end{cases} \tag{6-2}$$

由式(6-2)可知，当 $t=0$ 时，无瞬时变形，当 $t>0$ 时，其蠕变变形呈非线性减小，直至稳定至某一固定值(σ/E_1)，表明该模型可有效反映材料的减速蠕变特点。

(3) Bingham 模型

Bingham 模型由圣维南体塑性元件和牛顿体黏性元件并联而成，主要用于描述材料的黏塑性蠕变特点，其本构方程和蠕变方程表达式分别为：

① 本构方程

$$\begin{cases}\varepsilon=0 \quad (\sigma<\sigma_s)\\ \sigma=\sigma_s+\eta_2\dot{\varepsilon} \quad (\sigma\geqslant\sigma_s)\end{cases} \tag{6-3}$$

② 蠕变方程

$$\begin{cases}\varepsilon=0 \quad (\sigma<\sigma_s)\\ \sigma=\dfrac{\sigma-\sigma_s}{\eta_2}t \quad (\sigma\geqslant\sigma_s)\end{cases} \tag{6-4}$$

由式(6-3)和式(6-4)可知，圣维南体塑性元件主要起控制摩擦滑块开关的作用，当应力水平满足 $\sigma<\sigma_s$时，摩擦滑块不启动，无蠕变变形；当应力水平满足 $\sigma\geqslant\sigma_s$时，Bingham 模型转化为牛顿体黏壶模型，蠕变变形随时间延长呈线性增大。该模型可有效反映材料的等速蠕变特点。

6.1.2 分数阶蠕变模型基本元件

大量研究表明[216,224]，分数阶蠕变模型较整数阶在拟合蠕变试验结果的精确度上更具优越性。目前，构建分数阶蠕变模型最常见的方法是利用分数阶的黏弹性阿贝尔(Abel)黏壶替换整数阶力学元件中的牛顿体黏壶，如图 6-1 所示。

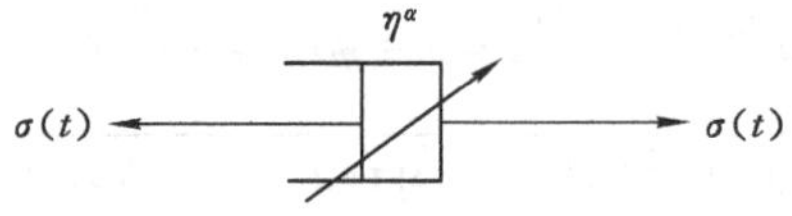

图 6-1 分数阶黏弹性 Abel 黏壶元件

分数阶 Abel 黏壶元件的本构方程为：

$$\sigma(t)=\eta^{\alpha}\frac{\mathrm{d}^{\alpha}\varepsilon(t)}{\mathrm{d}t^{\alpha}} \tag{6-5}$$

由式(6-5)可知，当阶数 $\alpha=0$ 时，该元件转化为弹性元件，表征材料的弹性特性；当阶数 $\alpha=1$ 时，该元件转化为整数阶牛顿体元件，表征材料的黏性流动特性。将以上分数阶元件分别与胡克体元件进行串联和并联，即可构建分数阶 Maxwell 模型和 Kelvin-Vogit 模型，与圣维南体元件进行并联，即可构建分数阶 Bingham 模型，常见分数阶模型如图 6-2 所示。

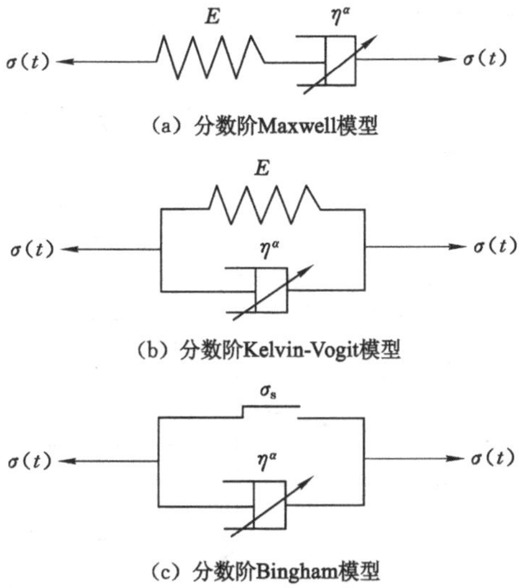

图 6-2　常见分数阶模型

由前述研究可得，养护温度 T、养护龄期 T_a 及围压 σ_3 均对胶结充填材料的蠕变特性影响较大，尤其对其加速蠕变阶段影响最为显著，该阶段为充填材料蠕变破裂过程的最重要组成部分，故应为重点研究对象，而分数阶 Bingham 模型可有效反映这一阶段。

根据整数阶 Bingham 模型的本构方程和蠕变方程，将式(6-5)代入其中，通过拉普拉斯变换及其逆变换得到的分数阶 Bingham 模型的本构方程和蠕变方程表达式分别为：

① 本构方程

$$\begin{cases}\varepsilon=0 & \sigma<\sigma_s\\ \sigma(t)=\eta_2^{\alpha}\dfrac{\mathrm{d}^{\alpha}\varepsilon(t)}{\mathrm{d}t^{\alpha}}+\sigma_s & \sigma\geqslant\sigma_s\end{cases} \tag{6-6}$$

② 蠕变方程

$$\begin{cases}\varepsilon=0 & \sigma<\sigma_s\\ \varepsilon(t)=\dfrac{\sigma-\sigma_s}{\eta_2^{\alpha}}t^{\alpha}\displaystyle\sum_{k=0}^{\infty}\frac{t^k}{\Gamma(k+\alpha+1)} & \sigma\geqslant\sigma_s\end{cases} \tag{6-7}$$

6.2　蠕变模型的构建及求解

6.2.1　蠕变模型的构建

图 6-3 为不同应力水平下胶结充填材料蠕变曲线。由图 6-3 可知，当偏应力处于较低

应力水平($\sigma<\sigma_s$)时，胶结充填材料的蠕变过程主要包括瞬时弹性变形、减速蠕变两个阶段，可用胡克体和Kelvin-Voigt体串联描述；随着轴向应力的逐渐增大，当偏应力逐渐超过胶结充填材料长期强度(σ_s)时，蠕变曲线开始呈现等速变形特点，其蠕变过程主要包括瞬时弹性变形、减速蠕变以及等速蠕变三个阶段，此时可用广义Kelvin模型与Bingham模型串联描述；一旦偏应力达到胶结充填材料破坏强度阈值(σ_f)时，其蠕变曲线呈现高变形速率特点，此时需引入特殊流变元件以表征胶结充填材料的加速蠕变过程。基于此，本书提出了两种蠕变模型，分别为非线性整数阶黏弹塑性蠕变模型和非线性分数阶黏弹塑性蠕变模型，其模型具体元件组合形式如图6-4所示。

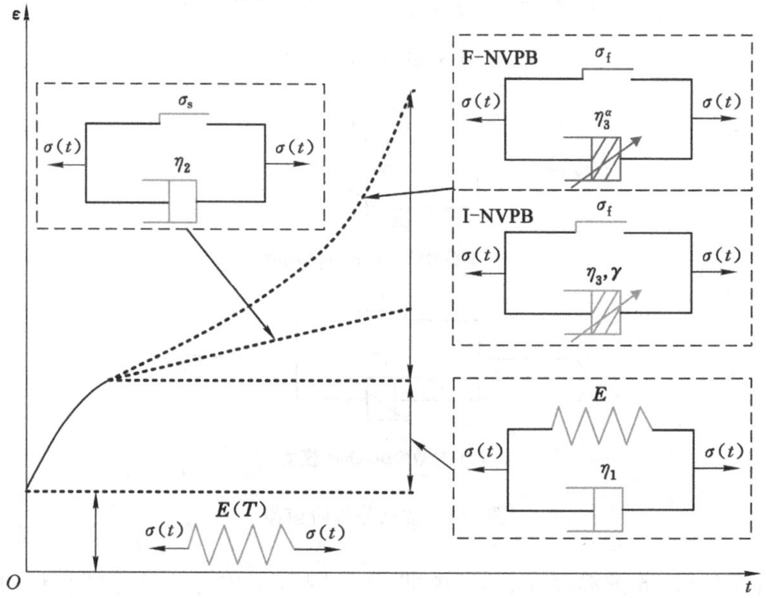

图6-3 不同应力水平下胶结充填材料蠕变曲线

由图6-4可知，该蠕变模型的前三部分分别由广义Kelvin体和Bingham体串联而成，其元件物理意义如前所述。I-NVPB和F-NVPB元件部分均由Bingham体改进而来，以表征充填材料非线性黏塑性加速蠕变特性。

① 对于I-NVPB模型而言，其黏滞系数η_3可表示为[223]：

$$\eta_3=\frac{\eta_m}{\gamma}\left(\frac{t}{t_0}\right)^{1-\gamma}\tag{6-8}$$

式中 η_m——等效黏滞系数，与胶结充填材料的材料属性相关；

t_0——参考时间，一般取值为1。

将式(6-8)代入式(6-3)中，结合模型特点，I-NVPB体模型本构方程表达式为：

$$\begin{cases}\varepsilon(t)=0 & \sigma_\alpha\leqslant\sigma_f\\ \varepsilon(t)=\dfrac{(\sigma_\alpha-\sigma_f)}{\eta_m}t^\gamma & \sigma_\alpha>\sigma_f\end{cases}\tag{6-9}$$

由式(6-9)可知，当$\sigma_\alpha\leqslant\sigma_f$时，胶结充填材料变形主要由瞬时应变、减速蠕变和等速蠕变三部分组成；当$\sigma_\alpha>\sigma_f$时，黏塑性开关开启，材料开始加速蠕变。

对于F-NVPB模型而言，仅需将式(6-6)和式(6-7)中的σ_s替换为σ_f，即为该模型的本构

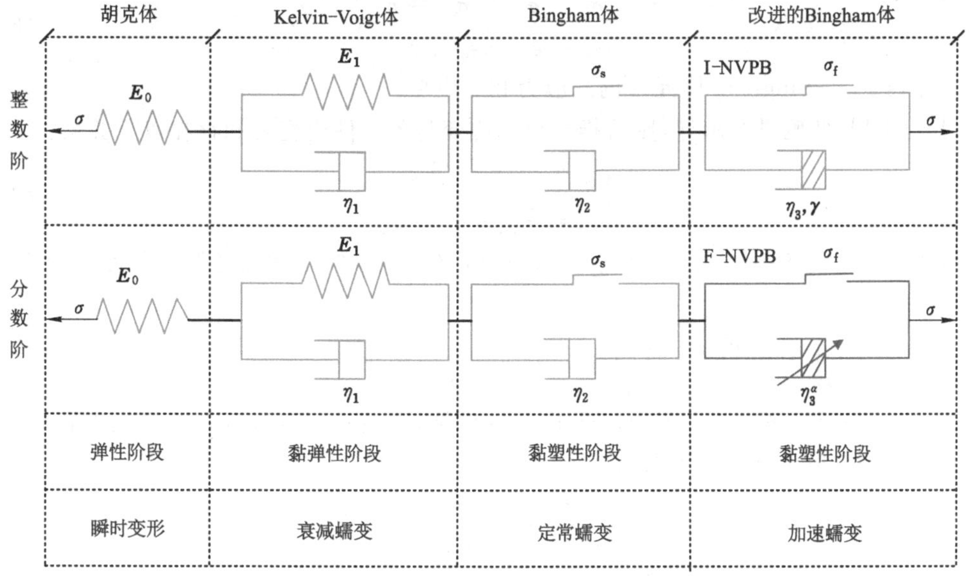

η_3—I-NVPB(F-NVPB)体中黏性元件的黏滞系数；

γ—I-NVPB 体中的流变指数，满足 $\gamma>0$；α—F-NVPB 体中的分数阶阶数，$\alpha>0$。

图 6-4 矿渣-黄土基胶结充填材料的蠕变模型元件组合形式

方程和蠕变方程，在此不再赘述。

6.2.2 本构方程与蠕变方程的推导

针对以上两种蠕变模型，其差异性仅表现在加速蠕变阶段，故当 $\sigma_\alpha<\sigma_f$ 时，两种蠕变模型的本构方程与蠕变方程均相同，具体推导过程如下。

(1) 本构方程

① 当 $\sigma_\alpha<\sigma_s$ 时，该蠕变模型转化为广义 Kelvin 模型，主要由胡克体和 Kelvin-Voigt 体串联而成，则胡克体的本构关系可表示为：

$$\sigma_{\alpha 1}=E_0\varepsilon_{\alpha 1} \tag{6-10}$$

式中 $\sigma_{\alpha 1}$，$\varepsilon_{\alpha 1}$——胡克体元件的总应力和总应变。

Kelvin-Voigt 体的本构关系为：

$$\sigma_{\alpha 2}=E_1\varepsilon_{\alpha 2}+\eta_1\dot{\varepsilon}_{\alpha 2} \tag{6-11}$$

式中 $\sigma_{\alpha 2}$，$\varepsilon_{\alpha 2}$——Kelvin-Voigt 体元件的总应力和总应变。

同时，广义 Kelvin 模型总应力和总应变满足以下关系：

$$\begin{cases}\sigma_\alpha=\sigma_{\alpha 1}=\sigma_{\alpha 2}\\ \varepsilon_\alpha=\varepsilon_{\alpha 1}+\varepsilon_{\alpha 2}\end{cases} \tag{6-12}$$

结合式(6-10)、式(6-11)和式(6-12)，可得广义 Kelvin 模型本构关系为：

$$\frac{1}{E_0}\dot{\sigma}_\alpha+\frac{E_0+E_1}{E_0\eta_1}\sigma_\alpha=\dot{\varepsilon}_\alpha+\frac{E_1}{\eta_1}\varepsilon_\alpha \tag{6-13}$$

② 当 $\sigma_s\leqslant\sigma_\alpha<\sigma_f$ 时，该模型由广义 Kelvin 模型与 Bingham 体串联而成，此时模型的总应力和总应变满足关系式(6-14)：

$$\begin{cases}\sigma_\alpha=\sigma_{\alpha1}=\sigma_{\alpha2}=\sigma_{\alpha3}\\ \varepsilon_\alpha=\varepsilon_{\alpha1}+\varepsilon_{\alpha2}+\varepsilon_{\alpha3}\end{cases}\tag{6-14}$$

式中　$\sigma_{\alpha3}$，$\varepsilon_{\alpha3}$——Bingham 体元件的总应力和总应变。

对式(6-14)两侧进行求导，则可推导出总应变与各元件应变之间存在以下关系：

$$\begin{cases}\dot{\varepsilon}_\alpha=\dot{\varepsilon}_{\alpha1}+\dot{\varepsilon}_{\alpha2}+\dot{\varepsilon}_{\alpha3}\\ \ddot{\varepsilon}_\alpha=\ddot{\varepsilon}_{\alpha1}+\ddot{\varepsilon}_{\alpha2}+\ddot{\varepsilon}_{\alpha3}\end{cases}\tag{6-15}$$

将式(6-3)、式(6-10)、式(6-11)以及式(6-14)代入式(6-15)中，可得该条件下的本构方程为：

$$\frac{1}{E_0}\ddot{\sigma}_\alpha+\frac{E_0\eta_2+E_2\eta_2+E_0\eta_1}{E_0\eta_1\eta_2}\dot{\sigma}_\alpha+\frac{E_2}{\eta_1\eta_2}\sigma_\alpha-\frac{E_2\sigma_s}{\eta_1\eta_2}=\ddot{\varepsilon}_\alpha+\frac{E_2}{\eta_1}\dot{\varepsilon}_\alpha\tag{6-16}$$

③ 当 $\sigma_\alpha\geqslant\sigma_f$ 时，该模型主要由广义 Kelvin 模型、Bingham 体和 NVPB 模型串联而成，模型的总应力和总应变满足以下关系式：

$$\begin{cases}\sigma_\alpha=\sigma_{\alpha1}=\sigma_{\alpha2}=\sigma_{\alpha3}=\sigma_{\alpha4}\\ \varepsilon_\alpha=\varepsilon_{\alpha1}+\varepsilon_{\alpha2}+\varepsilon_{\alpha3}+\varepsilon_{\alpha4}\\ \dot{\varepsilon}_\alpha=\dot{\varepsilon}_{\alpha1}+\dot{\varepsilon}_{\alpha2}+\dot{\varepsilon}_{\alpha3}+\dot{\varepsilon}_{\alpha4}\\ \ddot{\varepsilon}_\alpha=\ddot{\varepsilon}_{\alpha1}+\ddot{\varepsilon}_{\alpha2}+\ddot{\varepsilon}_{\alpha3}+\ddot{\varepsilon}_{\alpha4}\end{cases}\tag{6-17}$$

式中　$\sigma_{\alpha4}$，$\varepsilon_{\alpha4}$——NVPB 体元件的总应力和总应变。

将式(6-3)、式(6-9)、式(6-10)、式(6-11)依次代入式(6-17)中，整理后可得整数阶蠕变模型的本构方程表达式为：

$$\begin{aligned}&\frac{1}{E_0}\ddot{\sigma}_\alpha+\left(\frac{1}{\eta_1}+\frac{1}{\eta_2}+\frac{E_1}{E_0\eta_1}+\frac{\gamma}{\eta_m}t^{\gamma-1}\right)\dot{\sigma}_\alpha+\left[\frac{E_1}{\eta_1\eta_2}+\frac{\gamma E_1}{\eta_1\eta_m}t^{\gamma-1}-\frac{\gamma(1-\gamma)}{\eta_m}t^{\gamma-2}\right]\sigma_\alpha\\&\quad-\frac{E_1\sigma_s}{\eta_1\eta_2}-\frac{\gamma E_1}{\eta_1\eta_m}t^{\gamma-1}\sigma_f+\frac{\gamma(1-\gamma)}{\eta_m}t^{\gamma-2}\sigma_f=\ddot{\varepsilon}_\alpha+\frac{E_1}{\eta_1}\dot{\varepsilon}_\alpha\end{aligned}\tag{6-18}$$

综上所述，胶结充填材料整数阶蠕变模型的本构方程表达式为：

$$\begin{cases}\dfrac{1}{E_0}\dot{\sigma}_\alpha+\dfrac{E_0+E_1}{E_0\eta_1}\sigma_\alpha=\dot{\varepsilon}_\alpha+\dfrac{E_1}{\eta_1}\varepsilon_\alpha\quad(\sigma_\alpha<\sigma_s)\\ \dfrac{1}{E_0}\ddot{\sigma}_\alpha+\dfrac{E_0\eta_2+E_2\eta_2+E_0\eta_1}{E_0\eta_1\eta_2}\dot{\sigma}_\alpha\\ \quad+\dfrac{E_2}{\eta_1\eta_2}\sigma_\alpha-\dfrac{E_2\sigma_{s_1}}{\eta_1\eta_2}=\ddot{\varepsilon}_\alpha+\dfrac{E_2}{\eta_1}\dot{\varepsilon}_\alpha\quad(\sigma_s\leqslant\sigma_\alpha<\sigma_f)\\ \dfrac{1}{E_0}\ddot{\sigma}_\alpha+\left(\dfrac{1}{\eta_1}+\dfrac{1}{\eta_2}+\dfrac{E_1}{E_0\eta_1}+\dfrac{\gamma}{\eta_m}t^{\gamma-1}\right)\dot{\sigma}_\alpha\\ \quad+\left[\dfrac{E_1}{\eta_1\eta_2}+\dfrac{\gamma E_1}{\eta_1\eta_m}t^{\gamma-1}-\dfrac{\gamma(1-\gamma)}{\eta_m}t^{\gamma-2}\right]\sigma_\alpha\quad(\sigma_\alpha>\sigma_f)\\ \quad-\dfrac{E_1\sigma_s}{\eta_1\eta_2}-\dfrac{\gamma E_1}{\eta_1\eta_m}t^{\gamma-1}\sigma_f+\dfrac{\gamma(1-\gamma)}{\eta_m}t^{\gamma-2}\sigma_f\\ \quad=\ddot{\varepsilon}_\alpha+\dfrac{E_1}{\eta_1}\dot{\varepsilon}_\alpha\end{cases}\tag{6-19}$$

对于分数阶蠕变模型而言，其总应力和总应变满足以下关系式：

$$\begin{cases}\sigma_{\alpha}{}^{(\alpha)}=\sigma_{\alpha1}{}^{(\alpha)}=\sigma_{\alpha2}{}^{(\alpha)}=\sigma_{\alpha3}{}^{(\alpha)}=\sigma_{\alpha4}{}^{(\alpha)}\\ \sigma_{\alpha}{}^{(\alpha+1)}=\sigma_{\alpha1}{}^{(\alpha+1)}=\sigma_{\alpha2}{}^{(\alpha+1)}=\sigma_{\alpha3}{}^{(\alpha+1)}=\sigma_{\alpha4}{}^{(\alpha+1)}\\ \varepsilon_{\alpha}{}^{(\alpha)}=\varepsilon_{\alpha1}{}^{(\alpha)}+\varepsilon_{\alpha2}{}^{(\alpha)}+\varepsilon_{\alpha3}{}^{(\alpha)}+\varepsilon_{\alpha4}{}^{(\alpha)}\\ \varepsilon_{\alpha}{}^{(\alpha+1)}=\varepsilon_{\alpha1}{}^{(\alpha+1)}+\varepsilon_{\alpha2}{}^{(\alpha+1)}+\varepsilon_{\alpha3}{}^{(\alpha+1)}+\varepsilon_{\alpha4}{}^{(\alpha+1)}\end{cases}\tag{6-20}$$

将式(6-4)、式(6-6)、式(6-10)和式(6-11)依次代入式(6-20)中，整理后可得分数阶蠕变模型的本构方程表达式为：

$$\frac{\sigma_{\alpha}{}^{(\alpha+1)}-\sigma_{\alpha}{}^{(\alpha)}}{E_0}+\frac{\sigma_{\alpha}{}^{(\alpha)}-\sigma_{\alpha}{}^{(\alpha-1)}}{\eta_2}+\frac{\dot{\sigma}_{\alpha}-\sigma_{\alpha}}{\eta_3{}^{\alpha}}=\varepsilon_{\alpha}{}^{(\alpha+1)}-\varepsilon_{\alpha}{}^{(\alpha)}\tag{6-21}$$

综上所述，胶结充填体分数阶蠕变模型的本构方程表达式为：

$$\begin{cases}\dfrac{1}{E_0}\dot{\sigma}_{\alpha}+\dfrac{E_0+E_1}{E_0\eta_1}\sigma_{\alpha}=\dot{\varepsilon}_{\alpha}+\dfrac{E_1}{\eta_1}\varepsilon_{\alpha}\quad(\sigma_{\alpha}<\sigma_{s})\\ \dfrac{1}{E_0}\ddot{\sigma}_{\alpha}+\dfrac{E_0\eta_2+E_2\eta_2+E_0\eta_1}{E_0\eta_1\eta_2}\dot{\sigma}_{\alpha}\\ +\dfrac{E_2}{\eta_1\eta_2}\sigma_{\alpha}-\dfrac{E_2\sigma_{s_1}}{\eta_1\eta_2}=\ddot{\varepsilon}_{\alpha}+\dfrac{E_2}{\eta_1}\dot{\varepsilon}_{\alpha}\quad(\sigma_{s}\leqslant\sigma_{\alpha}<\sigma_{f})\\ \dfrac{\sigma_{\alpha}{}^{(\alpha+1)}-\sigma_{\alpha}{}^{(\alpha)}}{E_0}+\dfrac{\sigma_{\alpha}{}^{(\alpha)}-\sigma_{\alpha}{}^{(\alpha-1)}}{\eta_2}+\dfrac{\dot{\sigma}_{\alpha}-\sigma_{\alpha}}{\eta_3{}^{\alpha}}\quad(\sigma_{\alpha}>\sigma_{f})\\ =\varepsilon_{\alpha}{}^{(\alpha+1)}-\varepsilon_{\alpha}{}^{(\alpha)}\end{cases}\tag{6-22}$$

(2) 蠕变方程

① 当 $\sigma_{\alpha}<\sigma_{s}$，$\sigma=\sigma_{\alpha}$ 时，该蠕变模型转化为广义 Kelvin 模型，主要由胡克体和 Kelvin-Voigt 体串联而成，则胡克体的蠕变方程可表示为：

$$\varepsilon_{\alpha1}(t)=\frac{\sigma_{\alpha}}{E_0}\tag{6-23}$$

Kelvin-Voigt 体的蠕变方程可表示为：

$$\varepsilon_{\alpha2}(t)=\frac{\sigma_{\alpha}}{E_1}(1-e^{-\frac{E_1}{\eta_1}t})\tag{6-24}$$

结合式(6-12)、式(6-23)和式(6-24)，可得广义 Kelvin 模型蠕变方程表达式为：

$$\varepsilon_{\alpha}(t)=\frac{\sigma_{\alpha}}{E_1}(1-e^{-\frac{E_1}{\eta_1}t})+\frac{\sigma_{\alpha}}{E_0}\tag{6-25}$$

对式(6-25)进行求导，即可得到广义 Kelvin 模型蠕变速率表达式为：

$$\dot{\varepsilon}_{\alpha}(t)=\frac{\sigma_{\alpha}}{\eta_1}e^{-\frac{E_1}{\eta_1}t}\tag{6-26}$$

由式(6-26)可知，当 $\sigma_{\alpha}<\sigma_{s}$，$\sigma=\sigma_{\alpha}$ 时，模型的蠕变速率随着时间的延长逐渐减小，直至趋向于 0，表明该模型可有效反映当前应力水平下充填材料的瞬时应变和减速蠕变两个阶段。

② 当 $\sigma_{s}\leqslant\sigma_{\alpha}<\sigma_{f}$，$\sigma=\sigma_{\alpha}$ 时，模型由广义 Kelvin 体和 Bingham 体串联而成该条件下的蠕变方程为：

$$\varepsilon_{\alpha}(t)=\frac{\sigma_{\alpha}}{E_1}(1-e^{-\frac{E_1}{\eta_1}t})+\frac{\sigma_{\alpha}}{E_0}+\frac{\sigma_{\alpha}-\sigma_{s}}{\eta_2}t\tag{6-27}$$

对式(6-27)进行求导，可得当前应力水平下该模型的蠕变速率表达式为：

$$\dot{\varepsilon}_{\alpha}(t)=\frac{\sigma_{\alpha}}{\eta_1}e^{-\frac{E_1}{\eta_1}t}+\frac{\sigma_{\alpha}-\sigma_{s}}{\eta_2}\tag{6-28}$$

由式(6-28)可知，随着时间的推移，模型的蠕变速率逐渐减小，直至稳定到某一特定值。结合式(6-27)和式(6-28)可知，当前应力水平下该模型经历了瞬时应变、减速蠕变和等速蠕变三个阶段。

③ 当 $\sigma_\alpha \geqslant \sigma_f$，$\sigma = \sigma_\alpha$ 时，该模型由广义 Kelvin 模型、Bingham 体和 NVPB 模型串联而成，此时对于整数阶非线性蠕变模型而言，将式(6-9)和式(6-27)进行叠加，即可得该模型蠕变方程表达式为：

$$\varepsilon_\alpha(t) = \frac{\sigma_\alpha}{E_1}(1 - e^{-\frac{E_1}{\eta_1}t}) + \frac{\sigma_\alpha}{E_0} + \frac{\sigma_\alpha - \sigma_s}{\eta_2}t + \frac{\sigma_\alpha - \sigma_f}{\eta_m}t^\gamma \tag{6-29}$$

对式(6-29)进行求导，可得当前应力水平下该模型的蠕变速率表达式为：

$$\dot{\varepsilon}_\alpha(t) = \frac{\sigma_\alpha}{\eta_1}e^{-\frac{E_1}{\eta_1}t} + \frac{\sigma_\alpha - \sigma_s}{\eta_2} + \frac{\sigma_\alpha - \sigma_f}{\eta_m}\gamma t^{\gamma-1} \tag{6-30}$$

综上所述，该胶结充填材料的整数阶非线性一维蠕变方程可表示为：

$$\begin{cases} \varepsilon(t) = \varepsilon_\alpha(t) = \dfrac{\sigma_\alpha}{E_1}(1 - e^{-\frac{E_1}{\eta_1}t}) + \dfrac{\sigma_\alpha}{E_0} \quad (\sigma_\alpha < \sigma_s) \\ \varepsilon_\alpha(t) = \dfrac{\sigma_\alpha}{E_1}(1 - e^{-\frac{E_1}{\eta_1}t}) + \dfrac{\sigma_\alpha}{E_0} + \dfrac{\sigma_\alpha - \sigma_s}{\eta_2}t \quad (\sigma_s \leqslant \sigma_\alpha < \sigma_f) \\ \varepsilon_\alpha(t) = \dfrac{\sigma_\alpha}{E_1}(1 - e^{-\frac{E_1}{\eta_1}t}) + \dfrac{\sigma_\alpha}{E_0} + \dfrac{\sigma_\alpha - \sigma_s}{\eta_2}t + \dfrac{\sigma_\alpha - \sigma_f}{\eta_m}t^\gamma \quad (\sigma_\alpha \geqslant \sigma_f) \end{cases} \tag{6-31}$$

同理，将式(6-7)和式(6-27)进行叠加，即可得分数阶非线性蠕变模型表达式为：

$$\varepsilon_\alpha(t) = \frac{\sigma_\alpha}{E_1}(1 - e^{-\frac{E_1}{\eta_1}t}) + \frac{\sigma_\alpha}{E_0} + \frac{\sigma_\alpha - \sigma_s}{\eta_2}t + \frac{\sigma_\alpha - \sigma_f}{\eta_3^\alpha}t^\alpha \sum_{k=0}^{\infty} \frac{t^k}{\Gamma(k + \alpha + 1)} \tag{6-32}$$

对式(6-32)进行求导，即得当前应力水平下该模型的蠕变速率表达式为：

$$\dot{\varepsilon}_\alpha(t) = \frac{\sigma_\alpha}{\eta_1}e^{-\frac{E_1}{\eta_1}t} + \frac{\sigma_\alpha - \sigma_s}{\eta_2} + \frac{\sigma_\alpha - \sigma_f}{\eta_3^\alpha}\left[\alpha t^{\alpha-1} \sum_{k=0}^{\infty} \frac{t^k}{\Gamma(k + \alpha + 1)} + t^\alpha \sum_{k=0}^{\infty} \frac{kt^{k-1}}{\Gamma(k + \alpha + 1)}\right] \tag{6-33}$$

综上所述，该胶结充填材料的分数阶非线性一维蠕变方程表达式为：

$$\begin{cases} \varepsilon(t) = \varepsilon_\alpha(t) = \dfrac{\sigma_\alpha}{E_1}(1 - e^{-\frac{E_1}{\eta_1}t}) + \dfrac{\sigma_\alpha}{E_0} \quad (\sigma_\alpha < \sigma_s) \\ \varepsilon_\alpha(t) = \dfrac{\sigma_\alpha}{E_1}(1 - e^{-\frac{E_1}{\eta_1}t}) + \dfrac{\sigma_\alpha}{E_0} + \dfrac{\sigma_\alpha - \sigma_s}{\eta_2}t \quad (\sigma_s \leqslant \sigma_\alpha < \sigma_f) \\ \varepsilon_\alpha(t) = \dfrac{\sigma_\alpha}{E_1}(1 - e^{-\frac{E_1}{\eta_1}t}) + \dfrac{\sigma_\alpha}{E_0} + \dfrac{\sigma_\alpha - \sigma_s}{\eta_2}t \\ \quad + \dfrac{\sigma_\alpha - \sigma_f}{\eta_3^\alpha}t^\alpha \sum_{k=0}^{\infty} \dfrac{t^k}{\Gamma(k + \alpha + 1)} \quad (\sigma_\alpha \geqslant \sigma_f) \end{cases} \tag{6-34}$$

6.3 蠕变模型的三维扩展

露天矿端帮充填复采的过程，实质为胶结充填材料依次交替置换煤柱的过程，该过程中受煤柱侧限及边坡垂直应力的影响，其充填材料一直处于三维应力状态下，故仅采用胶结充填材料的一维蠕变模型来反映实际的工程现状并不合理，因此需要结合弹塑性力学理论及张量理论，将胶结充填材料的一维蠕变模型转化为其三维表达形式来表征充填材料蠕变特性,更符合工程实际。

实际上,当胶结充填材料处于三维应力状态时,其内部的应力张量主要由球应力张量(σ_{m})和偏应力张量(S_{ij})组成,其表达式为:

$$\begin{cases}\sigma_{\mathrm{m}} = \dfrac{\sigma_1 + \sigma_2 + \sigma_3}{3} \\ S_{ij} = \sigma_{ij} - \delta_{ij}\sigma_{\mathrm{m}}\end{cases} \tag{6-35}$$

式中 σ_{ij}——应力张量;

δ_{ij}——Kronecker 函数,满足式(6-36):

$$\delta_{ij} = \begin{cases}0 & i = j \\ 1 & i \neq j\end{cases} \tag{6-36}$$

同理,胶结充填材料试样内部的应变张量也可表示为:

$$\begin{cases}\varepsilon_{\mathrm{m}} = \dfrac{\varepsilon_1 + \varepsilon_2 + \varepsilon_3}{3} \\ e_{ij} = \varepsilon_{ij} - \delta_{ij}\varepsilon_{\mathrm{m}}\end{cases} \tag{6-37}$$

式中 ε_{m}——球应变张量;

e_{ij}——偏应变张量。

对于由广义 Kelvin 模型、Bingham 体和 NVPB 模型串联而成的蠕变模型而言,在三维应力状态下,其轴向总应变张量可由四部分组成,表达式为:

$$\varepsilon_{ij} = \varepsilon_{ij}^{\mathrm{e}} + \varepsilon_{ij}^{\mathrm{ve}} + \varepsilon_{ij}^{\mathrm{vp}} + \varepsilon_{ij}^{\mathrm{R-vp}} \tag{6-38}$$

式中 $\varepsilon_{ij}^{\mathrm{e}}$、$\varepsilon_{ij}^{\mathrm{ve}}$、$\varepsilon_{ij}^{\mathrm{vp}}$ 和 $\varepsilon_{ij}^{\mathrm{R-vp}}$——胡克体、Kelvin-Voigt 体、Bingham 体和 NVPB 模型的应变张量。

根据广义胡克定律,对于弹性体而言,其三维应力状态下的本构关系可表达为:

$$\begin{cases}\sigma_{\mathrm{m}} = \dfrac{E}{(1-2\mu)}\varepsilon_{\mathrm{m}} = 3K\varepsilon_{\mathrm{m}} \\ S_{ij} = \dfrac{E}{(1+\mu)}e_{ij} = 2Ge_{ij}\end{cases} \tag{6-39}$$

式中 μ——泊松比;

K,G——体积模量和剪切模量。

将式(6-39)代入式(6-37)中,即得三维应力状态下胡克弹性体的蠕变方程表达式为:

$$\varepsilon_{ij}^{\mathrm{e}} = \frac{S_{ij}}{2G_0} + \frac{\delta_{ij}\sigma_{\mathrm{m}}}{3K_0} \tag{6-40}$$

假定胶结充填材料为均质材料,其蠕变特性主要体现为剪切变形,则只需将一维蠕变方程中的 σ_a 转化为偏应力张量 S_{ij},即可获得三维应力状态下 Kelvin-Voigt 黏弹性体的蠕变方程表达式:

$$\varepsilon_{ij}^{\mathrm{ve}} = \frac{S_{ij}}{2G_1}\left(1 - \mathrm{e}^{-\frac{G_1}{\eta_1}t}\right) \tag{6-41}$$

由于材料的黏塑性变形与其屈服函数 F 和塑性势函数 g 均密切相关,故前述黏弹性蠕变方程获取方法在此不再适用。一般情况下,三维应力状态下黏塑性体的蠕变方程满足以下关系:

$$\varepsilon_{ij}^{\mathrm{vp}} = H\langle\varphi\left(\frac{F}{F_0}\right)^{\xi}\rangle\frac{\partial g}{\partial\sigma_{ij}}R \tag{6-42}$$

式中 F_0——充填材料屈服函数的初始值，其作用在于使表达式量纲化归一；

ξ——材料常数，一般取值为 1；

H,R——等效材料参数；

$\langle \varphi (\frac{F}{F_0})^{\xi} \rangle$——幂函数形式的开关函数，满足式(6-43)。

$$\langle \varphi (\frac{F}{F_0})^{\xi} \rangle = \begin{cases} 0 & F < 0 \\ (\frac{F}{F_0})\xi & F \geqslant 0 \end{cases} \tag{6-43}$$

为便于计算，现假定材料满足关联流动法则，即 $F=g$，则式(6-42)转化为：

$$\varepsilon_{ij}^{\mathrm{vp}} = H(\frac{F}{F_0}) \frac{\partial F}{\partial \sigma_{ij}} R \tag{6-44}$$

结合式(6-43)和式(6-44)，可得三维应力状态下黏塑性体的蠕变方程表达通式为：

$$\varepsilon_{ij}^{\mathrm{vp}} = \begin{cases} 0 & F < 0 \\ H(\frac{F}{F_0}) \frac{\partial F}{\partial \sigma_{ij}} R & F \geqslant 0 \end{cases} \tag{6-45}$$

假定胶结充填材料满足 Drucker-Prager 屈服准则，则胶结充填材料屈服函数的表达式为：

① 未进入加速蠕变阶段

$$F_{\mathrm{s}} = \sqrt{J_2} - \frac{\sigma_{\mathrm{s}}}{\sqrt{3}} = \sqrt{\frac{(\sigma_1 - \sigma_2)^2 + (\sigma_2 - \sigma_3)^2 + (\sigma_3 - \sigma_1)^2}{6}} - \frac{\sigma_{\mathrm{s}}}{\sqrt{3}} \tag{6-46}$$

② 进入加速蠕变阶段

$$F_{\mathrm{f}} = \sqrt{J_2} - \frac{\sigma_{\mathrm{f}}}{\sqrt{3}} = \sqrt{\frac{(\sigma_1 - \sigma_2)^2 + (\sigma_2 - \sigma_3)^2 + (\sigma_3 - \sigma_1)^2}{6}} - \frac{\sigma_{\mathrm{f}}}{\sqrt{3}} \tag{6-47}$$

式中 J_2——应力偏量第二不变量；

$F_{\mathrm{s}},F_{\mathrm{f}}$——未进入加速蠕变阶段及已进入加速蠕变阶段所对应的屈服函数表达式。

将式(6-41)、式(6-42)和式(6-45)依次代入式(6-38)，即得三维应力状态下胶结充填材料非线性黏弹塑性蠕变方程表达通式为：

$$\varepsilon_{ij}(t) = \begin{cases} \frac{S_{ij}}{2G_1}(1 - \mathrm{e}^{-\frac{G_1}{\eta_1}t}) + \frac{S_{ij}}{2G_0} + \frac{\delta_{ij}\sigma_{\mathrm{m}}}{3K_0} & (F < F_{\mathrm{s}}) \\ \frac{S_{ij}}{2G_1}(1 - \mathrm{e}^{-\frac{G_1}{\eta_1}t}) + \frac{S_{ij}}{2G_0} + \frac{\delta_{ij}\sigma_{\mathrm{m}}}{3K_0} + H_{\mathrm{s}}(\frac{F_{\mathrm{s}}}{F_{\mathrm{s0}}}) \frac{\partial F_{\mathrm{s}}}{\partial \sigma_{ij}} R_{\mathrm{s}} & (F_{\mathrm{s}} > 0,\ F_{\mathrm{f}} < 0) \\ \frac{S_{ij}}{2G_1}(1 - \mathrm{e}^{-\frac{G_1}{\eta_1}t}) + \frac{S_{ij}}{2G_0} + \frac{\delta_{ij}\sigma_{\mathrm{m}}}{3K_0} + H_{\mathrm{s}}(\frac{F_{\mathrm{s}}}{F_{\mathrm{s0}}}) \frac{\partial F_{\mathrm{s}}}{\partial \sigma_{ij}} R_{\mathrm{s}} + H_{\mathrm{f}}(\frac{F_{\mathrm{f}}}{F_{\mathrm{f0}}}) \frac{\partial F_{\mathrm{f}}}{\partial \sigma_{ij}} R_{\mathrm{f}} & (F_{\mathrm{f}} > 0) \end{cases} \tag{6-48}$$

式中 $H_{\mathrm{s}},R_{\mathrm{s}}$——Bingham 模型对应的等效材料参数；

$H_{\mathrm{f}},R_{\mathrm{f}}$——NVPB 模型对应的等效材料参数。

本书开展的是假三轴蠕变试验，即该条件下有 $\sigma_2=\sigma_3$，则球应力张量和偏应力张量分别可表示为：

$$\begin{cases} \sigma_{\mathrm{m}} = \frac{1}{3}(\sigma_1 + 2\sigma_3) \\ S_{ij} = \frac{2}{3}(\sigma_1 - \sigma_3) \end{cases} \tag{6-49}$$

将式(6-49)代入式(6-40)和式(6-41)，整理后可得胡克弹性体和 Kelvin-Voigt 黏弹性体的蠕变方程表达式为：

$$\begin{cases} \varepsilon_{11}^{e} = \dfrac{\sigma_1 - \sigma_3}{3G_0} + \dfrac{\sigma_1 + 2\sigma_3}{9K_0} \\ \varepsilon_{11}^{ve} = \dfrac{\sigma_1 - \sigma_3}{3G_1}\left(1 - e^{-\frac{G_1}{\eta_1}t}\right) \end{cases} \tag{6-50}$$

假定初始屈服函数为 $F_{s0} = F_{f0} = 1$，假三轴试验条件下有：

$$\begin{cases} \dfrac{F_s}{F_{s0}} = \dfrac{\sigma_1 - \sigma_3 - \sigma_s}{\sqrt{3}} \\ \dfrac{F_f}{F_{f0}} = \dfrac{\sigma_1 - \sigma_3 - \sigma_f}{\sqrt{3}} \\ \dfrac{\partial F_s}{\partial \sigma_{ij}} = \dfrac{\partial F_f}{\partial \sigma_{ij}} = \dfrac{1}{\sqrt{3}} \end{cases} \tag{6-51}$$

大量研究表明，等效材料参数(H,R)与黏塑性体的表达式密切相关，针对 Bingham 体、整数阶 I-NVPB 体以及分数阶 F-NVPB 体，其等效材料参数的取值如表 6-2 所示[216,225]：

表 6-2 黏塑性体等效材料参数取值

参数\模型	Bingham 体	参数\模型	I-NVPB 体	F-NVPB 体
H_s	$1/\eta_2$	H_f	$1/\eta_m$	$1/2\eta_\beta$
R_s	t	R_f	t^γ	$t^\alpha \sum\limits_{k=0}^{\infty} \dfrac{t^k}{\Gamma(k+\alpha+1)}$

根据叠加原理，将式(6-50)、式(6-51)依次代入式(6-48)，结合表 6-2，即可得胶结充填材料在三维应力状态下的整数阶、分数阶非线性蠕变方程表达式：

① 整数阶非线性蠕变方程表达式

$$\begin{cases} \varepsilon(t) = \dfrac{\sigma_1 - \sigma_3}{3G_1}\left(1 - e^{-\frac{G_1}{\eta_1}t}\right) + \dfrac{\sigma_1 - \sigma_3}{3G_0} + \dfrac{\sigma_1 + 2\sigma_3}{9K_0} \quad (\sigma_1 - \sigma_3 < \sigma_s) \\ \varepsilon(t) = \dfrac{\sigma_1 - \sigma_3}{3G_1}\left(1 - e^{-\frac{G_1}{\eta_1}t}\right) + \dfrac{\sigma_1 - \sigma_3}{3G_0} + \dfrac{\sigma_1 + 2\sigma_3}{9K_0} + \dfrac{(\sigma_1 - \sigma_3) - \sigma_s}{3\eta_2}t \quad (\sigma_s \leqslant \sigma_1 - \sigma_3 < \sigma_f) \\ \varepsilon(t) = \dfrac{\sigma_1 - \sigma_3}{3G_1}\left(1 - e^{-\frac{G_1}{\eta_1}t}\right) + \dfrac{\sigma_1 - \sigma_3}{3G_0} + \dfrac{\sigma_1 + 2\sigma_3}{9K_0} + \dfrac{(\sigma_1 - \sigma_3) - \sigma_s}{3\eta_2}t \\ \qquad + \dfrac{(\sigma_1 - \sigma_3) - \sigma_f}{3\eta_m}t^\gamma \quad (\sigma_1 - \sigma_3 \geqslant \sigma_f) \end{cases} \tag{6-52}$$

② 分数阶非线性蠕变方程表达式

$$\begin{cases}\varepsilon(t)=\dfrac{\sigma_1-\sigma_3}{3G_1}(1-e^{-\frac{G_1}{\eta_1}t})+\dfrac{\sigma_1-\sigma_3}{3G_0}+\dfrac{\sigma_1+2\sigma_3}{9K_0} \quad (\sigma_1-\sigma_3<\sigma_s)\\ \varepsilon(t)=\dfrac{\sigma_1-\sigma_3}{3G_1}(1-e^{-\frac{G_1}{\eta_1}t})+\dfrac{\sigma_1-\sigma_3}{3G_0}+\dfrac{\sigma_1+2\sigma_3}{9K_0}+\dfrac{(\sigma_1-\sigma_3)-\sigma_s}{3\eta_2}t \quad (\sigma_s\leqslant\sigma_1-\sigma_3<\sigma_f)\\ \varepsilon(t)=\dfrac{\sigma_1-\sigma_3}{3G_1}(1-e^{-\frac{G_1}{\eta_1}t})+\dfrac{\sigma_1-\sigma_3}{3G_0}+\dfrac{\sigma_1+2\sigma_3}{9K_0}+\dfrac{(\sigma_1-\sigma_3)-\sigma_s}{3\eta_2}t\\ \qquad +\dfrac{1}{2\eta_3^{\alpha}}\dfrac{(\sigma_1-\sigma_3)-\sigma_f}{3}\dfrac{t^{\alpha}}{\Gamma(\alpha+1)} \quad (\sigma_1-\sigma_3\geqslant\sigma_f)\end{cases} \tag{6-53}$$

6.4 蠕变模型的参数辨识

根据上述蠕变模型可知，当偏应力小于 σ_s 时，胶结充填材料仅经历瞬时弹性变形和减速蠕变两个阶段；随着轴向应力的逐渐增大，当偏应力介于 σ_s 和 σ_f 之间时，等速蠕变阶段开始显现；当偏应力达到蠕变破坏强度阈值时，胶结充填材料开始进入加速蠕变阶段。在对蠕变参数进行辨识时，首先应确定 σ_s 和 σ_f 的数值。由不同围压 σ_3、养护温度 T 和养护龄期 T_a 下胶结充填材料的蠕变曲线可知，当试样承受的应力小于长期强度时，材料的稳态蠕变速率极小，可认为胶结充填材料蠕变曲线仅有衰减蠕变，因此，σ_s 取材料的长期强度值；在最后一级应力水平下，胶结充填材料出现了加速蠕变，在进行数据拟合时，假设 σ_s 取蠕变破坏的前一级应力水平，就可获得不同围压 σ_3、养护温度 T 和养护龄期 T_a 下胶结充填材料所对应的 σ_s。综上所述，不同围压 σ_3、养护温度 T 和养护龄期 T_a 下 σ_s 和 σ_f 的值见表 6-3。

表 6-3　不同围压、养护温度和养护龄期下 σ_s 和 σ_f 的值

T_a/d	T/℃	σ_3/MPa	σ_s/MPa	σ_f/MPa
7	20	0	7.78	8
		2	11.51	12
		4	13.37	14
		6	15.43	16
7	5	2	5.84	6
	35		13.83	14
	50		15.46	16
1	20	2	7.64	8
14			13.44	14
28			15.31	16

由于分数阶蠕变方程式(6-54)中包含 Gamma 函数，其形式较为复杂，参照文献[226]所述方法，采用 1stOpt 软件对整数阶和分数阶蠕变方程中的参数进行辨识。不同围压 σ_3、养护温度 T 和养护龄期 T_a 下采用整数阶和分数阶蠕变方程拟合曲线如图 6-5 所示。表 6-4、表 6-5 和表 6-6 分别给出了不同围压 σ_3、养护温度 T 和养护龄期 T_a 下整数阶蠕变模型参数，表 6-7 给出三种试验条件下分数阶蠕变模型参数。

由图 6-5 可以看出，针对不含加速蠕变阶段的所有蠕变数据，非线性整数阶模型拟合精度较高，当胶结充填材料进入加速蠕变阶段时，整数阶模型拟合精度一般，而利用分数阶模型拟合的加速蠕变阶段的曲线更加贴近试验数据，表明分数阶模型在加速蠕变阶段的拟合精度相较于整数阶更高。由此可以看出，建立的非线性分数阶蠕变模型对于胶结充填材料的蠕变特性具有更好的适用性。该模型可为露天矿端帮滞留煤充填开采下边坡稳定性分析、预测及控制方法研究等提供重要理论基础。

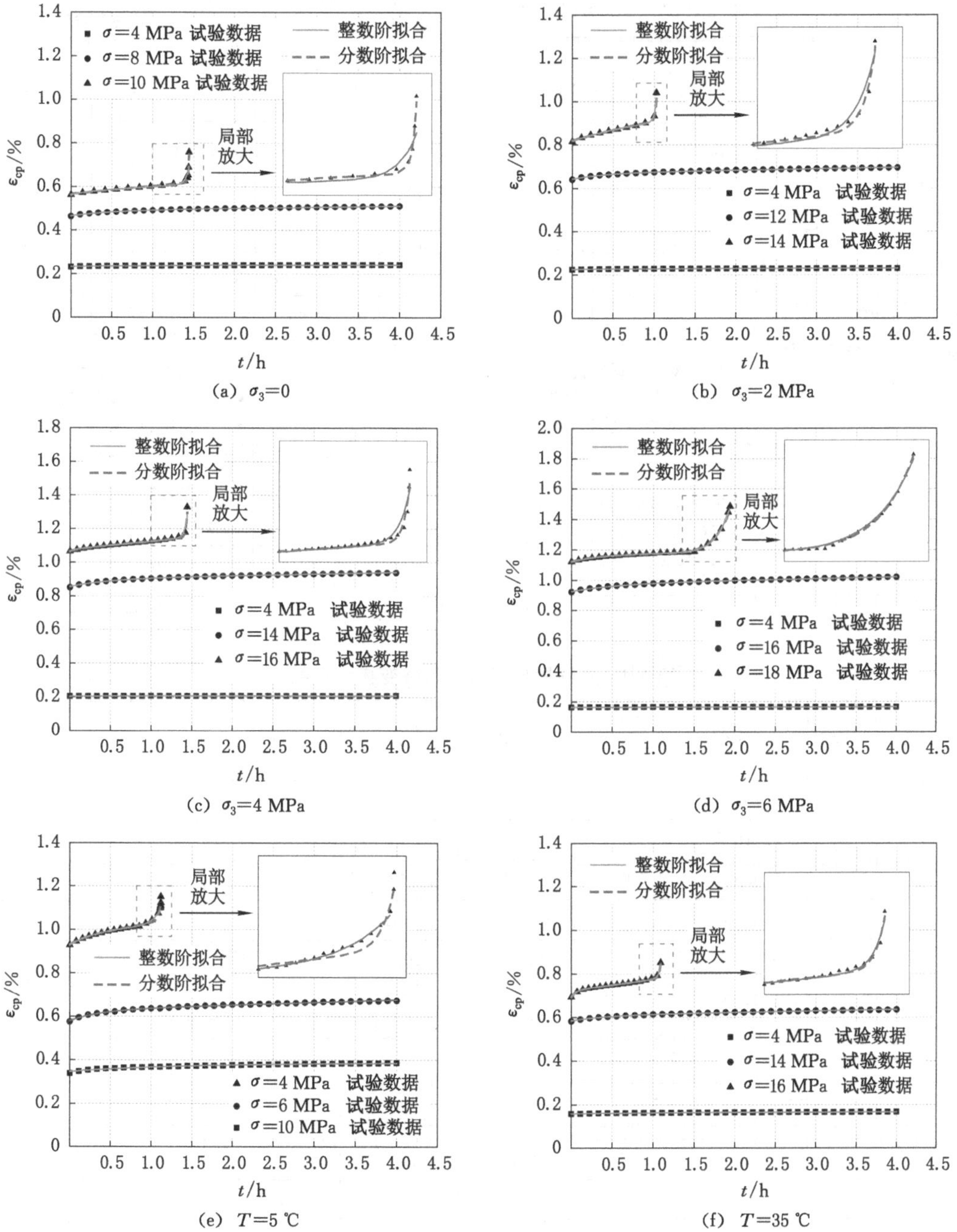

(a) $\sigma_3=0$　(b) $\sigma_3=2$ MPa

(c) $\sigma_3=4$ MPa　(d) $\sigma_3=6$ MPa

(e) $T=5$ ℃　(f) $T=35$ ℃

图 6-5　胶结充填材料蠕变数据拟合曲线

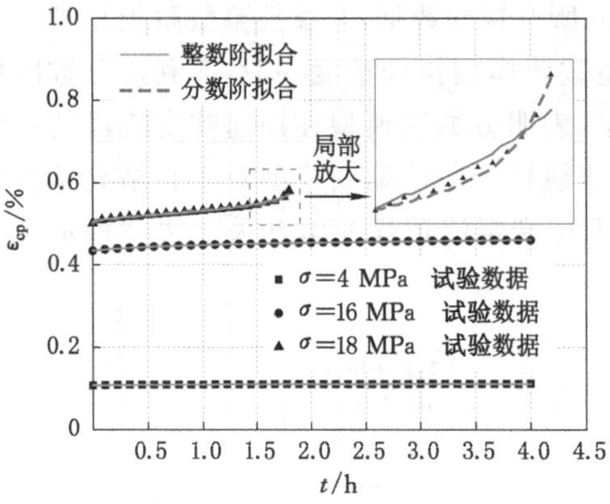

(g) T=50 ℃

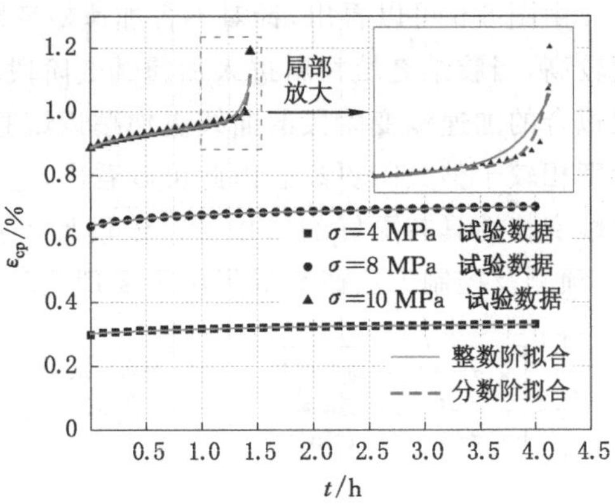

(h) T_a=1 d

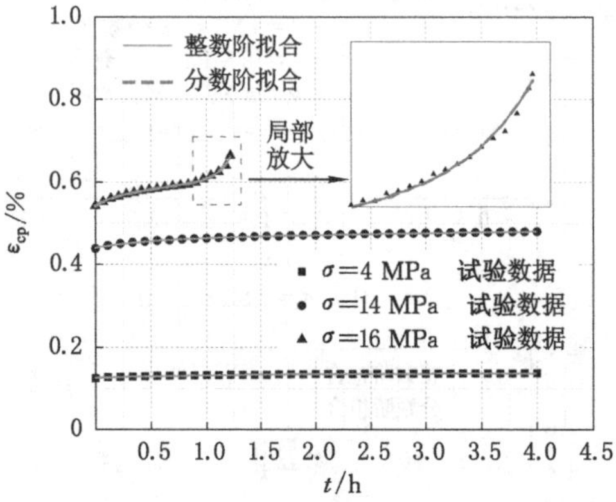

(i) T_a=14 d

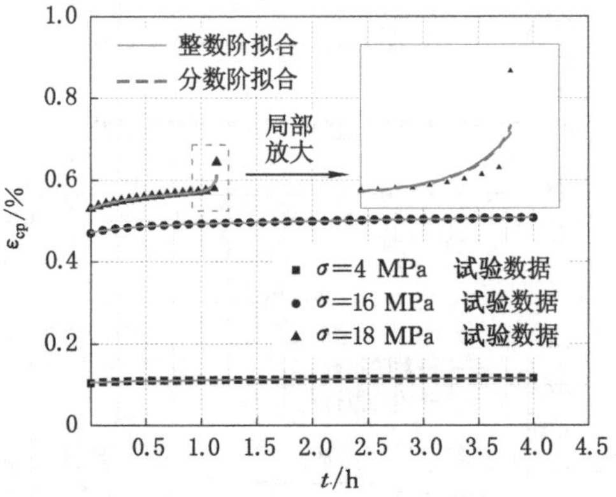

(j) T_a=28 d

图 6-5 (续)

表 6-4 不同围压下整数阶蠕变模型参数

σ_3/MPa	$(\sigma_1-\sigma_3)$/MPa	G_0/GPa	K_0/GPa	G_1/GPa	η_1/(GPa·h)	η_2/(GPa·h)	η_m/(GPa·h)	γ
0	2	0.703 0	0.784 0	3.129 0	4.570 0			
	4	0.718 7	0.943 4	14.953 3	22.745 5			
	6	0.699 9	1.098 0	8.336 8	11.524 6			
	8	0.664 0	1.402 1	10.004 2	6.034 3	1.447 5		
	10	0.729 5	1.051 6	26.551 0	5.027 7	2.999 3	140.471 4	33.000 0
2	2	1.650 6	1.642 1	5.196 8	7.890 7			
	4	1.007 4	1.201 6	25.217 5	32.359 8			
	6	0.886 2	1.245 7	15.370 5	19.978 9			
	8	0.800 0	1.230 7	10.721 2	14.335 8			
	10	0.760 8	1.570 4	9.116 1	11.818 2			
	12	0.769 7	1.624 1	13.759 8	6.477 8	2.712 9		
	14	0.799 8	0.936 6	4.697 5	7.358 6	2.000 0	2.874 7	56.465 5

表 6-4(续)

σ_3 /MPa	$(\sigma_1-\sigma_3)$/MPa	G_0/GPa	K_0/GPa	G_1/GPa	η_1/(GPa·h)	η_2/(GPa·h)	η_m/(GPa·h)	γ
4	2	2.078 7	2.612 6	5.743 9	8.825 9			
	4	1.441 9	1.589 4	29.991 5	51.700 3			
	6	0.863 0	2.683 9	22.402 2	30.664 2			
	8	0.910 0	1.933 1	15.084 3	20.909 7			
	10	0.983 5	1.411 9	10.078 5	16.330 7			
	12	0.914 7	1.514 8	7.716 0	10.475 2			
	14	0.813 5	1.026 5	9.754 5	5.158 6	2.172 5		
	16	0.705 0	1.019 8	35.529 1	1.655 5	1.820 2	115.647 8	40.090 7
6	2	2.911 5	3.301 1	5.891 9	8.977 3			
	4	1.719 4	2.846 2	47.721 3	81.598 0			
	6	1.442 4	2.345 0	18.360 9	29.876 3			
	8	1.423 1	1.882 4	18.246 5	28.105 1			
	10	1.178 9	1.956 3	11.288 8	16.570 5			
	12	1.090 5	1.740 0	8.485 9	12.524 1			
	14	0.928 9	1.622 7	7.684 1	10.534 0			
	16	0.809 7	1.404 8	9.822 3	6.819 3	1.890 0		
	18	0.730 1	1.330 1	14.471 0	4.202 9	9.430 5	187.241 6	10.083 1

表 6-5 不同养护温度下整数阶蠕变模型参数

T/℃	$(\sigma_1-\sigma_3)$/MPa	G_0/GPa	K_0/GPa	G_1/GPa	η_1/(GPa·h)	η_2/(GPa·h)	η_m/(GPa·h)	γ
5	2	0.832 9	1.097 2	3.227 3	4.245 2			
	4	0.657 2	0.776 7	3.207 7	4.620 1			
	6	0.515 5	0.662 2	2.568 9	3.079 5	4.000 0		
	8	0.397 3	0.599 7	3.369 2	1.380 1	5.000 0	2.845 3	10.229 7
35	2	1.326 9	2.901 2	10.734 0	15.895 6			
	4	1.290 5	2.010 7	16.447 1	22.482 1			
	6	1.109 5	1.985 1	15.507 0	20.677 8			
	8	1.103 9	1.655 1	18.321 7	24.731 6			
	10	1.136 8	1.480 9	15.516 4	21.984 2			
	12	1.119 3	1.423 1	16.649 5	23.067 4			
	14	1.100 0	1.400 0	12.161 5	9.677 4	2.012 0		
	16	1.043 8	1.342 3	17.583 2	0.983 5	1.411 9	28.408 9	38.158 7

表 6-5(续)

T/℃	$(\sigma_1-\sigma_3)$/MPa	G_0/GPa	K_0/GPa	G_1/GPa	η_1/(GPa·h)	η_2/(GPa·h)	η_m/(GPa·h)	γ
50	2	1.552 1	2.684 4	10.542 6	16.294 3			
	4	2.000 7	2.725 8	34.625 9	49.332 5			
	6	1.745 6	2.936 5	19.346 4	28.490 1			
	8	1.742 0	2.563 5	23.493 0	32.209 3			
	10	1.629 7	3.082 9	18.970 2	28.412 0			
	12	1.657 3	2.378 6	19.758 1	26.532 2			
	14	1.600 6	2.629 8	17.535 2	24.279 7			
	16	1.631 7	2.253 1	38.416 2	25.719 4	5.793 1		
	18	1.590 0	2.158 0	99.734 3	8.630 3	4.122 4	89.459 1	5.863 0

表 6-6 不同养护龄期下整数阶蠕变模型参数

T_a/d	$(\sigma_1-\sigma_3)$/MPa	G_0/GPa	K_0/GPa	G_1/GPa	η_1/(GPa·h)	η_2/(GPa·h)	η_m/(GPa·h)	γ
1	2	0.704 2	1.591 9	3.015 2	4.698 9			
	4	0.620 9	1.263 1	4.701 6	6.835 9			
	6	0.568 6	1.250 5	4.795 3	6.471 4			
	8	0.579 1	0.855 3	8.246 3	4.474 3	1.808 8		
	10	0.490 9	0.861 8	23.354 0	2.172 3	1.368 4	29.977 6	17.338 6
14	2	2.769 2	2.370 9	6.389 3	9.319 4			
	4	1.801 9	2.122 1	11.701 2	16.113 4			
	6	1.637 4	2.274 3	15.438 9	20.911 4			
	8	1.485 5	2.376 2	18.672 7	25.628 8			
	10	1.487 4	1.973 1	11.334 4	15.632 7			
	12	1.530 0	1.816 0	13.343 7	21.393 5			
	14	1.516 7	1.678 7	20.865 2	11.009 8	4.288 8		
	16	1.407 7	1.497 7	24.715 9	3.981 6	2.220 6	10.995 8	10.664 1
28	2	2.952 0	3.618 3	8.193 1	12.638 9			
	4	2.002 5	2.787 8	13.713 3	18.139 6			
	6	1.799 8	2.456 9	20.291 5	27.214 6			
	8	1.609 6	2.559 7	17.847 4	24.337 4			
	10	1.542 9	2.300 0	17.104 2	22.446 2			
	12	1.563 2	2.298 2	23.183 4	31.166 6			
	14	1.509 1	2.175 0	14.338 9	19.116 0			
	16	1.458 5	2.306 0	27.036 4	13.288 4	5.331 3		
	18	1.504 8	2.018 6	29.687 7	6.754 6	4.607 9	37.287 4	21.950 0

表 6-7 不同围压 σ_3 和养护温度 T 下分数阶蠕变模型参数表

T_a/d	T/℃	σ_3/MPa	$(\sigma_1-\sigma_3)$ /MPa	G_0 /GPa	K_0 /GPa	G_1 /GPa	η_1 /(GPa·h)	η_2 /(GPa·h)	η_3 /(MPa·h)	α
7	20	0	10	0.755 1	1.456 8	6.815 6	0.120 8	2.002 5	0.029 4	135.141 2
		2	14	0.805 0	0.936 0	9.999 5	5.032 9	1.803 8	0.088 5	34.469 6
		4	16	0.704 0	1.005 4	73.351 8	6.919 0	1.742 8	0.043 7	94.177 4
		6	18	0.732 7	1.317 1	12.963 7	4.889 4	9.139 5	0.562 0	11.684 7
7	5	2	8	0.399 0	0.595 2	9.108 4	1.597 2	1.000 0	0.087 5	37.903 0
	35		16	1.026 5	1.408 1	18.046 3	0.988 1	1.370 5	0.065 9	48.227 8
	50		18	1.592 7	2.138 8	90.649 8	1.213 8	3.317 8	0.278 0	21.800 0
1	20	2	10	0.478 7	0.933 3	21.025 1	3.641 9	1.500 0	0.114 0	37.086 1
14			16	1.406 0	1.501 8	25.216 7	3.973 7	2.185 3	0.461 0	10.794 6
28			18	1.506 8	2.007 0	27.969 8	7.356 4	4.786 4	0.157 0	23.775 8

参考文献

[1] 才庆祥,周伟,车兆学,等.近水平露天煤矿端帮靠帮开采方式与剥采比研究[J].中国矿业大学学报,2007,36(6):743-747.

[2] 常永刚.露天矿运输系统优化与卡车调度问题研究[D].沈阳:沈阳工业大学，2018.

[3] 刘勇,车兆学,李志强,等.露天煤矿端帮残煤开采及边坡暴露时间分析[J].中国矿业大学学报,2006,35(6):727-731.

[4] 吕进国,韩阳,南存全,等.黑岱沟露天矿端帮压煤井工开采覆岩与地表变形破坏规律研究[J].采矿与安全工程学报,2019,36(3):535-541.

[5] 王东,姜聚宇,韩新平,等.褐煤露天矿端帮开采边坡支撑煤柱稳定性研究[J].中国安全科学学报,2017,27(12):62-67.

[6] 高云峰.连续采煤机在露天煤矿端帮安全开采的应用研究[J].中国煤炭,2017,43(3):74-77.

[7] LV H Y,CHEN Y L,XIE Q H,et al. Performance optimization and characterization of loess-slag-based geopolymer composite:a new sustainable green material for backfill [J]. Construction and building materials,2022,354: 129103.

[8] ZHUANG X Y,CHEN L,KOMARNENI S,et al. Fly ash-based geopolymer:clean production,properties and applications[J]. Journal of cleaner production,2016, 125:253-267.

[9] AMRAN M,MURALI G,KHALID N H A,et al. Slag uses in making an ecofriendly and sustainable concrete: a review[J]. Construction and building materials, 2021, 272:121942.

[10] QAIDI S M A, TAYEH B A, ISLEEM H F, et al. RETRACTED: sustainable utilization of red mud waste (bauxite residue) and slag for the production of geopolymer composites:a review[J]. Case studies in construction materials,2022, 16:e00994.

[11] 吴中伟.高技术混凝土[J].硅酸盐通报,1994,13(1):41-45.

[12] 钱普舟,曹青霞,魏定邦,等.聚合物水泥加固红层泥岩性能研究[J].公路工程，2016,41(6):194-198.

[13] 孙道胜,王爱国,胡普华.地质聚合物的研究与应用发展前景[J].材料导报，2009,23(7):61-65.

[14] AL-MAJIDI M H,LAMPROPOULOS A P,CUNDY A B,et al. A novel corrosion resistant repair technique for existing reinforced concrete (RC) elements using polyvinyl alcohol fibre reinforced geopolymer concrete (PVAFRGC) [J].

Construction and building materials,2018,164:603-619.
[15] JAFARI NADOUSHAN M, RAMEZANIANPOUR A A. The effect of type and concentration of activators on flowability and compressive strength of natural pozzolan and slag-based geopolymers[J]. Construction and building materials, 2016, 111:337-347.
[16] LI Y R, SHI W H, AYDIN A, et al. Loess genesis and worldwide distribution[J]. Earth-science reviews, 2020, 201:102947.
[17] JIMÉNEZ DELGADO M C, GUERRERO I C. The selection of soils for unstabilised earth building: a normative review[J]. Construction and building materials, 2007, 21(2):237-251.
[18] HANEGBI N, KATRA I. A clay-based geopolymer in loess soil stabilization[J]. Applied sciences, 2020, 10(7):2608.
[19] GU L Y, LV Q F, WANG S H, et al. Effect of sodium silicate on the properties of loess stabilized with alkali-activated fly ash-based[J]. Construction and building materials, 2021, 280:122515.
[20] DASSEKPO J B M, FENG W P, LI Y R, et al. Synthesis and characterization of alkali-activated loess and its application as protective coating[J]. Construction and building materials, 2021, 282:122631.
[21] 孙光华,王玥,任伟成. 胶结充填技术在金属矿山中的应用现状与发展趋势[J]. 有色金属(矿山部分),2022,74(4):26-33.
[22] 孙恒虎,刘晓明,田艳光,等. 矿山充填技术回顾与进展展望[J]. 采矿技术,2013, 13(5):7-11.
[23] 庞博,程坤,王玉凯. 矿山胶结充填发展现状及展望[J]. 现代矿业,2015, 31(11):28-30.
[24] 张磊,吕宪俊,金子桥. 粉煤灰在矿山胶结充填中应用的研究现状[J]. 矿业研究与开发,2011,31(4):22-25.
[25] 李强,彭岩. 矿山充填技术的研究与展望[J]. 现代矿业,2010,26(7):8-13.
[26] 李永亮,路彬,杨仁树,等. 煤矿连采连充式胶结充填采煤技术与典型工程案例[J]. 煤炭学报,2022,47(3):1055-1071.
[27] 冯英俊. 全尾砂胶结充填系统的膏体充填改造及应用[J]. 采矿技术,2020, 20(3):31-33.
[28] 张静文. 铁矿矿山充填采矿用胶结充填料研究[D]. 北京:北京科技大学,2015.
[29] DENG X J, ZHANG J X, KLEIN B, et al. Experimental characterization of the influence of solid components on the rheological and mechanical properties of cemented paste backfill[J]. International journal of mineral processing, 2017, 168:116-125.
[30] YANG Z Q. Key technology research on the efficient exploitation and comprehensive utilization of resources in the deep Jinchuan nickel deposit[J]. Engineering, 2017, 3(4):559-566.

[31] 肖国清.下向分层胶结充填法在我国黄金矿山的应用与发展[J].长沙矿山研究院季刊,1992,12(增刊):54-62.
[32] 杨世兴,王洪江,侯永强,等.冲击加载下尾砂胶结充填体力学行为及变形破坏特征[J].中国有色金属学报,2022,32(3):908-919.
[33] 孙德民,任建平,焦华喆,等.某矿全尾砂胶结充填物料性能研究[J].金属矿山,2012(3):6-9.
[34] 贺严,康虔,兰明,等.活化锂渣基细粒径全尾砂胶结充填材料力学特性研究[J].南华大学学报(自然科学版),2022,36(1):32-38.
[35] 罗根平.大红山铜矿块石尾砂胶结充填工艺试验研究与应用[D].昆明:昆明理工大学,2015.
[36] 卢森,汪小平.块石含量及形状对胶结充填体力学性能影响研究[J].矿业研究与开发,2018,38(3):73-76.
[37] 史俊伟,魏中举,刘庆龙,等.基于正交试验的煤矿安全开采充填材料配比优化研究[J].中国安全科学学报,2011,21(6):111-115.
[38] 王新民,薛希龙,张钦礼,等.碎石和磷石膏联合胶结充填最佳配比及应用[J].中南大学学报(自然科学版),2015,46(10):3767-3773.
[39] 阎爱云,倪文,黄晓燕,等.膏体充填用矿渣:钢渣基胶结剂协同固化 Pb^{2+}[J].工程科学学报,2016,38(7):899-905.
[40] 方军良,陆文雄,徐彩宣.粉煤灰的活性激发技术及机理研究进展[J].上海大学学报(自然科学版),2002,8(3):255-260.
[41] 李少辉,赵澜,包先成,等.粉煤灰的特性及其资源化综合利用[J].混凝土,2010(4):76-78.
[42] 李帅,于正,冯如,等.基于 RSM-BBD 的拜耳法赤泥胶结充填配比优化[J].黄金,2022,43(1):34-41.
[43] 黄迪,倪文,祝丽萍.烧结法赤泥全尾砂胶结充填料[J].北京科技大学学报,2012,34(3):246-252.
[44] 杨焕云.管道自流输送高浓度棒磨砂胶结充填法在建德铜矿的设计与应用[J].中国矿业,1994,3(3):34-37.
[45] ZHAO K, YU X, ZHU S T, et al. Acoustic emission fractal characteristics and mechanical damage mechanism of cemented paste backfill prepared with tantalum niobium mine tailings[J]. Construction and building materials,2020,258:119720.
[46] ZHAO K,YU X,ZHU S T,et al. Acoustic emission investigation of cemented paste backfill prepared with tantalum - niobium tailings[J]. Construction and building materials,2020,237:117523.
[47] 赵康,黄明,严雅静,等.不同灰砂比尾砂胶结充填材料组合体力学特性及协同变形研究[J].岩石力学与工程学报,2021,40(增1):2781-2789.
[48] 赵康,朱胜唐,周科平,等.不同配比及浓度条件下钽铌矿尾砂胶结充填体力学性能研究[J].应用基础与工程科学学报,2020,28(4):833-842.
[49] 刘晓云,叶义成,王其虎,等.单轴压缩下不同强度组合复合岩体相似材料试件力学特

性研究[J]. 岩土力学,2017,38(增刊 2):183-190.

[50] 赵康,朱胜唐,周科平,等. 钽铌矿尾砂胶结充填体力学特性及损伤规律研究[J]. 采矿与安全工程学报,2019,36(2):413-419.

[51] 曹帅,薛改利,宋卫东. 组合胶结充填体力学特性试验与应用研究[J]. 采矿与安全工程学报,2019,36(3):601-608.

[52] 郭廷儒,李占金. 铁矿尾砂胶结充填体的合理配比试验研究[J]. 中国金属通报,2017(9):112-113.

[53] 方志甫,唐绍辉. 安庆铜矿深部特大型采场充填体稳定性研究[J]. 矿业研究与开发,2007,27(3):1-2.

[54] 邓代强,姚中亮,唐绍辉,等. 粒度组成对胶结充填体力学性能的影响[J]. 矿业研究与开发,2010,30(4):1-2.

[55] 葛海源,陈超,李洪宝,等. 超细全尾砂充填体强度增长规律试验研究[J]. 现代矿业,2014,30(7):10-13.

[56] 吴恩桥. 单轴压缩条件下尾砂胶结充填体损伤破坏过程的比能特征研究[D]. 武汉:武汉科技大学,2018.

[57] 刘志祥,李夕兵,赵国彦,等. 充填体与岩体三维能量耗损规律及合理匹配[J]. 岩石力学与工程学报,2010,29(2):344-348.

[58] ERCIKDI B,KESIMAL A,CIHANGIR F,et al. Cemented paste backfill of sulphide-rich tailings: importance of binder type and dosage [J]. Cement and concrete composites,2009,31(4):268-274.

[59] 李一帆,张建明,邓飞,等. 深部采空区尾砂胶结充填体强度特性试验研究[J]. 岩土力学,2005,26(6):865-868.

[60] 杨超,郭利杰,彭威,等. 矿用充填胶凝材料与尾砂适应性试验研究[J]. 中国矿业,2014,23(增刊):185-189.

[61] 邹威,赵树果,张亚伦. 全尾砂胶结充填体蠕变损伤破坏规律研究[J]. 矿业研究与开发,2017,37(3):47-50.

[62] 王国强,郭利杰,闵忠鹏,等. 充填材料特性试验研究及充填工艺参数选择[J]. 黄金,2018,39(8):43-46.

[63] ZHAO Y,SOLTANI A,TAHERI A,et al. Application of slag - cement and fly ash for strength development in cemented paste backfills[J]. Minerals,2018,9(1):22.

[64] POKHAREL M, FALL M. Coupled thermochemical effects on the strength development of slag-paste backfill materials [J]. Journal of materials in civil engineering,2011,23(5):511-525.

[65] LI W C,FALL M. Strength and self-desiccation of slag-cemented paste backfill at early ages: link to initial sulphate concentration [J]. Cement and concrete composites,2018,89:160-168.

[66] ZHAO Y, TAHERI A, SOLTANI A, et al. Strength development and strain localization behavior of cemented paste backfills using Portland cement and fly ash [J]. Materials,2019,12(20):3282.

[67] ONER A, AKYUZ S, YILDIZ R. An experimental study on strength development of concrete containing fly ash and optimum usage of fly ash in concrete[J]. Cement and concrete research,2005,35(6):1165-1171.

[68] PEYRONNARD O,BENZAAZOUA M. Estimation of the cementitious properties of various industrial by-products for applications requiring low mechanical strength [J]. Resources,conservation and recycling,2011,56(1):22-33.

[69] ERCIKDI B, CIHANGIR F, KESIMAL A, et al. Utilization of industrial waste products as pozzolanic material in cemented paste backfill of high sulphide mill tailings[J]. Journal of hazardous materials,2009,168(2/3):848-856.

[70] 王明旭. 胶结充填体与围岩复合体的力学特性[J]. 煤炭学报,2019, 44(2):445-453.

[71] 王永岩,周彤彤,于卓群,等. 不同养护龄期下分层胶结充填体力学特性研究[J]. 矿业研究与开发,2021,41(9):52-55.

[72] 侯永强,尹升华,曹永,等. 单轴压缩下不同养护龄期尾砂胶结充填体损伤特性及能量耗散分析[J]. 中南大学学报(自然科学版),2020,51(7):1955-1965.

[73] 张友锋,付玉华,杨世兴. 养护龄期对掺膨润土胶结充填体能量耗散的影响分析[J]. 矿业研究与开发,2021,41(8):52-58.

[74] 张雯. 全尾砂胶结充填材料微宏观特性及协同支护机理研究[D]. 西安:西安建筑科技大学, 2018.

[75] 李志慧. 承德市某铁矿尾砂胶结充填材料特性试验研究[D]. 唐山:华北理工大学,2018.

[76] 张开放,杨宝贵,杨海刚,等. 东庞矿高浓度胶结充填材料的试验研究[J]. 煤炭科学技术,2013,41(增刊):60-63.

[77] 张国胜,张雄天. 全尾砂胶结充填材料强度影响因素分析及配比预测研究[J]. 金属矿山,2021(12):112-117.

[78] KIM J K,MOON Y H,EO S H. Compressive strength development of concrete with different curing time and temperature[J]. Cement and concrete research, 1998,28(12):1761-1773.

[79] WEI S J, YANG Y S, SU C D, et al. Experimental study of the effect of high temperature on the mechanical properties of coarse sandstone[J]. Applied sciences, 2019,9(12):2424.

[80] 崔立桩. 不同养护温度的全尾砂胶结充填体强度及蠕变特性研究[D]. 青岛:青岛科技大学,2021.

[81] 严伟,阮波,郑世龙,等. 不同养护温度下水泥改良风积沙无侧限抗压强度试验研究[J]. 铁道科学与工程学报,2021,18(3):678-686.

[82] 周平锋,王伟. 不同养护温度下尾砂胶结充填体抗压强度及破坏形态的试验研究[J]. 有色金属工程,2022,12(8):167-176.

[83] 焦国芮,郝益民,杨子龙,等. 胶结充填体受温度作用的影响分析[J]. 矿业研究与开发,2020,40(3):46-49.

[84] NARMLUK M, NAWA T. Effect of fly ash on the kinetics of Portland cement

hydration at different curing temperatures[J]. Cement and concrete research, 2011, 41(6): 579-589.
[85] ABD-EL AZIZ M A, ABD EL ALEEM S, HEIKAL M. Physico-chemical and mechanical characteristics of pozzolanic cement pastes and mortars hydrated at different curing temperatures[J]. Construction and building materials, 2012, 26(1): 310-316.
[86] 阮波,郑世龙,丁茴,等.低温养护条件下水泥改良风积沙无侧限抗压强度试验研究[J].铁道科学与工程学报,2020,17(10):2540-2548.
[87] 党晗菲,龙广成,马聪,等.温度对掺矿物外加剂水泥体系水化动力学的影响[J].铁道科学与工程学报,2019,16(4):907-914.
[88] BARNETT S J, SOUTSOS M N, MILLARD S G, et al. Strength development of mortars containing ground granulated blast-furnace slag: effect of curing temperature and determination of apparent activation energies[J]. Cement and concrete research, 2006, 36(3): 434-440.
[89] 白丽伟,赵润康,屈春来,等.养护温度对胶结充填体力学特性的影响试验研究[J].黄金,2021,42(11):33-38.
[90] FALL M, CÉLESTIN J C, POKHAREL M, et al. A contribution to understanding the effects of curing temperature on the mechanical properties of mine cemented tailings backfill[J]. Engineering geology, 2010, 114(3/4): 397-413.
[91] FALL M, POKHAREL M. Coupled effects of sulphate and temperature on the strength development of cemented tailings backfills: Portland cement-paste backfill [J]. Cement and concrete composites, 2010, 32(10): 819-828.
[92] WU D, CAI S J. Coupled effect of cement hydration and temperature on hydraulic behavior of cemented tailings backfill[J]. Journal of Central South University, 2015, 22(5): 1956-1964.
[93] PAUL M, GLASSER F P. Impact of prolonged warm (85℃) moist cure on Portland cement paste[J]. Cement and concrete research, 2000, 30(12): 1869-1877.
[94] POWERS TC. Structure and physical properties of hardened Portland cement paste [J]. Journal of the American Ceramic Society, 1958, 41(1): 1-6.
[95] ESCALANTE-GARCıA J I, SHARP J H. The microstructure and mechanical properties of blended cements hydrated at various temperatures[J]. Cement and concrete research, 2001, 31(5): 695-702.
[96] POKHAREL M, FALL M. Combined influence of sulphate and temperature on the saturated hydraulic conductivity of hardened cemented paste backfill[J]. Cement and concrete composites, 2013, 38: 21-28.
[97] FALL M, SAMB S S. Effect of high temperature on strength and microstructural properties of cemented paste backfill[J]. Fire safety journal, 2009, 44(4): 642-651.
[98] WANG Y, FALL M, WU A X. Initial temperature-dependence of strength development and self-desiccation in cemented paste backfill that contains sodium

silicate[J]. Cement and concrete composites,2016,67:101-110.

[99] CUI L,FALL M. Mechanical and thermal properties of cemented tailings materials at early ages:influence of initial temperature,curing stress and drainage conditions[J]. Construction and building materials,2016,125:553-563.

[100] 豆少杰. 高温后超高性能混凝土受压性能研究[D]. 郑州大学,2021.

[101] JIANG H Q, FALL M, CUI L. Freezing behaviour of cemented paste backfill material in column experiments[J]. Construction and building materials,2017, 147: 837-846. B

[102] JIANG H Q,FALL M,LIANG C. Yield stress of cemented paste backfill in sub-zero environments:experimental results[J]. Minerals engineering,2016,92: 141-150.

[103] YANG L,XU W B,YILMAZ E,et al. A combined experimental and numerical study on the triaxial and dynamic compression behavior of cemented tailings backfill[J]. Engineering structures,2020,219:110957.

[104] WU W L,XU W B,ZUO J P. Effect of inclined interface angle on shear strength and deformation response of cemented paste backfill-rock under triaxial compression[J]. Construction and building materials,2021,279:122478.

[105] XU W B,LIU B,WU W L. Strength and deformation behaviors of cemented tailings backfill under triaxial compression[J]. Journal of Central South University, 2020,27(12):3531-3543.

[106] WATANABE K, TATEYAMA M, YONEZAWA T, et al. Strength characteristics and construction management of cement-mixed gravel: ISSMGE[J]. International Society for Soil Mechanics and Geotechnical Engineering, 2005.

[107] 胡华,崔明义. 高水材料硬化体特性及其充填体力学作用机理分析[J]. 矿业研究与开发,2001,21(5):23-25.

[108] 刘炜震,郭忠平,黄万朋,等. 不同温度养护后胶结充填体三轴卸围压力学特性试验研究[J]. 岩石力学与工程学报,2022,41(11):2268-2282.

[109] 徐文彬,宋卫东,王东旭,等. 胶结充填体三轴压缩变形破坏及能量耗散特征分析[J]. 岩土力学,2014,35(12):3421-3429.

[110] 徐文彬,宋卫东,王东旭,等. 三轴压缩条件下胶结充填体能量耗散特征分析[J]. 中国矿业大学学报,2014,43(5):808-814.

[111] 郭靖,张小强. 常规三轴加载下尾砂胶结充填体的力学特性及能量变化特征[J]. 有色金属工程,2022,12(6):91-100.

[112] ARSLAN O,MESSALI F,SMYROU E,et al. Experimental characterization of the axial behavior of traditional masonry wall metal Tie connections in cavity walls[J]. Construction and building materials,2021,266:121141.

[113] FALL M,BELEM T,SAMB S,et al. Experimental characterization of the stress - strain behaviour of cemented paste backfill in compression[J]. Journal of materials science,2007,42(11):3914-3922.

[114] 蔡晓盛. 胶结充填体与围岩复合岩体三轴力学特性研究[D]. 唐山:华北理工大

学,2019.
[115] WU P,CHEN L,CHEN Y L,et al. Experimental study on mechanical properties and microcrack fracture of coal specimens under the coupling of loading rate and compression - shear loads[J]. International journal of geomechanics, 2022, 22(4): 04022028.
[116] CHEN L, WU P, CHEN Y L, et al. Experimental study on physical-mechanical properties and fracture behaviors of saturated yellow sandstone considering coupling effect of freeze-thaw and specimen inclination[J]. Sustainability, 2020,12(3):1029.
[117] 曾鹏,纪洪广,孙利辉,等.不同围压下岩石声发射不可逆性及其主破裂前特征信息试验研究[J].岩石力学与工程学报,2016,35(7):1333-1340.
[118] 孙冰,唐文福,曾晟,等.基于自组织临界理论的岩石声发射能量与时间的统计分析[J].岩土力学,2022,43(9):2525-2538.
[119] 张浪.突出煤体变形破坏过程声发射演化特征综合分析[J].煤炭学报,2018, 43(增刊1):130-139.
[120] 胡浩聪,刘娟红,王金安.纤维增强混凝土韧性及声发射特征分析[J].煤炭学报,2023,48(3):1209-1219.
[121] 赵奎,项威斌,曾鹏,等.岩石声发射 Kaiser 效应研究现状及展望[J].金属矿山, 2021(1):94-105.
[122] 刘建锋.岩石声发射研究现状[J].四川师范大学学报(自然科学版),2021, 44(5):569-575.
[123] 吴贤振,刘建伟,刘祥鑫,等.岩石声发射振铃累计计数与损伤本构模型的耦合关系探究[J].采矿与安全工程学报,2015,32(1):28-34.
[124] 程爱平,张玉山,戴顺意,等.单轴压缩胶结充填体声发射参数时空演化规律及破裂预测[J].岩土力学,2019,40(8):2965-2974.
[125] 程爱平,戴顺意,张玉山,等.胶结充填体损伤演化尺寸效应研究[J].岩石力学与工程学报,2019,38(增1):3053-3060.
[126] 程爱平,戴顺意,舒鹏飞,等.考虑应力水平和损伤的胶结充填体蠕变特性及本构模型[J].煤炭学报,2021,46(2):439-449.
[127] 程爱平,董福松,舒鹏飞,等.连续级配胶结充填体力学特性及声发射特征[J].华中科技大学学报(自然科学版),2021,49(8):46-52.
[128] 赵奎,谢文健,曾鹏,等.不同浓度的尾砂胶结充填体破坏过程声发射特性试验研究[J].应用声学,2020,39(4):543-549.
[129] 胡京涛,赵奎,胡慧明,等.尾砂胶结充填体声发射特征的分形分析[J].有色金属科学与工程,2011,2(2):78-82.
[130] 何志伟.掺纤维尾砂胶结充填体宏细观跨尺度破坏机理研究[D].赣州:江西理工大学,2022.
[131] 刘永涛.不同龄期尾砂胶结充填体单轴压缩破坏的声发射及断口分形特征[D].武汉:武汉科技大学,2018.
[132] 赵永辉,冉洪宇,冯国瑞,等.单轴压缩下不同高宽比矸石胶结充填体损伤演化及破坏

特征研究[J]. 采矿与安全工程学报,2022,39(4):674-682.
[133] 郭育霞,赵永辉,冯国瑞,等. 矸石胶结充填体单轴压缩损伤破坏尺寸效应研究[J]. 岩石力学与工程学报,2021,40(12):2434-2444.
[134] 龚囱,李长洪,赵奎. 加卸荷条件下胶结充填体声发射 b 值特征研究[J]. 采矿与安全工程学报,2014,31(5):788-794.
[135] XU S,LIU J P,XU S D,et al. Experimental studies on pillar failure characteristics based on acoustic emission location technique[J]. Transactions of Nonferrous Metals Society of China,2012,22(11):2792-2798.
[136] 杜修力,金浏. 非均质混凝土材料破坏的三维细观数值模拟[J]. 工程力学, 2013,30(2):82-88.
[137] 宋力,王大国,杨阳,等. 基于细观力学的混凝土弹塑脆性损伤研究[J]. 应用力学学报,2013,30(4):480-487.
[138] 梁正召. 三维条件下的岩石破裂过程分析及其数值试验方法研究[D]. 沈阳:东北大学,2005.
[139] 王云鹏. 废石胶结充填工艺研究及充填体细观层次力学性质数值模拟[D]. 长沙:中南大学,2014.
[140] 唐亚男,付建新,宋卫东,等. 分层胶结充填体力学特性及裂纹演化规律[J]. 工程科学学报,2020,42(10):1286-1298.
[141] 辛杰. 尾砂胶结充填材料的微细观结构特征与力学特性研究[D]. 西安:西安科技大学,2020.
[142] 吴疆宇,靖洪文,浦海,等. 分形矸石胶结充填体的宏细观力学特性[J]. 岩石力学与工程学报,2021,40(10):2083-2100.
[143] 吴疆宇. 胶结充填体的宏细观力学特性及蠕变模型[D]. 徐州:中国矿业大学,2019.
[144] 范鹏凯. 胶结充填体微细观结构演化规律及强度模型研究[D]. 唐山:华北理工大学,2019.
[145] 许长新,路燕泽,甘泽,等. 基于细观尺度的胶结充填体破坏模拟试验研究[J]. 矿产保护与利用,2016(4):18-22.
[146] 孙光华,魏莎莎,刘祥鑫,等. 胶结充填体受压性能的非均质细观损伤研究[J]. 化工矿物与加工,2015,44(5):41-44.
[147] FAN X, KULATILAKE P H S W, CHEN X. Mechanical behavior of rock-like jointed blocks with multi-non-persistent joints under uniaxial loading: a particle mechanics approach[J]. Engineering geology,2015,190:17-32.
[148] BAHAADDINI M,SHARROCK G,HEBBLEWHITE B K. Numerical investigation of the effect of joint geometrical parameters on the mechanical properties of a non-persistent jointed rock mass under uniaxial compression [J]. Computers and geotechnics,2013,49:206-225.
[149] PARK J W,SONG J J. Numerical simulation of a direct shear test on a rock joint using a bonded-particle model [J]. International journal of rock mechanics and mining sciences,2009,46(8):1315-1328.

[150] YANG X X,KULATILAKE P H S W,JING H W,et al. Numerical simulation of a jointed rock block mechanical behavior adjacent to an underground excavation and comparison with physical model test results[J]. Tunnelling and underground space technology,2015,50:129-142.

[151] HUANG Y H,YANG S Q,ZHAO J. Three-dimensional numerical simulation on triaxial failure mechanical behavior of rock-like specimen containing two unparallel fissures[J]. Rock mechanics and rock engineering,2016,49(12): 4711-4729.

[152] 程爱平,付子祥,刘立顺,等.胶结充填体蠕变硬化-损伤特征及非线性本构模型[J].采矿与安全工程学报,2022,39(3):449-457.

[153] 孙琦.膏体充填开采胶结体的强度和蠕变特性研究及应用[D].阜新:辽宁工程技术大学,2012.

[154] 孙琦,张向东,杨逾.膏体充填开采胶结体的蠕变本构模型[J].煤炭学报,2013,38(6):994-1000.

[155] 刘鼎,许军策,浦海.不同含水率下矸石胶结充填体蠕变特性试验研究[J].采矿与安全工程学报,2021,38(5):1055-1062.

[156] 沈圳,王俊,宁建国,等.考虑胶结物含量的充填体蠕变特性研究[J].矿业研究与开发,2021,41(6):57-65.

[157] 赵树果,苏东良,韩伟,等.全尾砂胶结充填体蠕变规律及本构模型[J].化工矿物与加工,2016,45(3):39-42.

[158] 任贺旭,李群,赵树果,等.全尾砂胶结充填体蠕变特性试验研究[J].矿业研究与开发,2016,36(1):76-79.

[159] 赵树果,苏东良,张亚伦,等.尾砂胶结充填体蠕变试验及统计损伤模型研究[J].金属矿山,2016(5):26-30.

[160] 周茜.荷载作用下矿用富水充填材料劣化机理与改性研究[D].北京:北京科技大学,2018.

[161] 周茜,刘娟红.矿用富水充填材料的蠕变特性及损伤演化[J].煤炭学报,2018,43(7):1878-1883.

[162] 宋德彰,孙钧.岩质材料非线性流变属性及其力学模型[J].同济大学学报(自然科学版),1991,19(4):395-401.

[163] 郑榕明,陆浩亮,孙钧.软土工程中的非线性流变分析[J].岩土工程学报,1996,18(5):1-13.

[164] 宋飞,赵法锁,卢全中.石膏角砾岩流变特性及流变模型研究[J].岩石力学与工程学报,2005,24(15):2659-2664.

[165] 张贵科,徐卫亚.适用于节理岩体的新型黏弹塑性模型研究[J].岩石力学与工程学报,2006,25(增1):2894-2901.

[166] 蒋昱州,张明鸣,李良权.岩石非线性黏弹塑性蠕变模型研究及其参数识别[J].岩石力学与工程学报,2008,27(4):832-839.

[167] 尹光志,王登科,张东明,等.含瓦斯煤岩三维蠕变特性及蠕变模型研究[J].岩石力学与工程学报,2008,27(增1):2631-2636.

[168] 李亚丽,于怀昌,刘汉东.三轴压缩下粉砂质泥岩蠕变本构模型研究[J].岩土力学,2012,33(7):2035-2040.
[169] 王新刚,胡斌,连宝琴,等.改进的非线性黏弹塑性流变模型及花岗岩剪切流变模型参数辨识[J].岩土工程学报,2014,36(5):916-921.
[170] 刘东燕,谢林杰,庹晓峰,等.不同围压作用下砂岩蠕变特性及非线性黏弹塑性模型研究[J].岩石力学与工程学报,2017,36(S2):3705-3712.
[171] ZHANG TS,YU Q J,WEI J X,et al. A new gap-graded particle size distribution and resulting consequences on properties of blended cement[J]. Cement and concrete composites,2011,33(5):543-550.
[172] 张旭,王武祥,杨鼎宜,等.骨料级配对干硬性火山渣混凝土性能的影响研究[J].混凝土与水泥制品,2019(2):72-75.
[173] 李新旺,赵新元,程立朝,等.基于最佳级配的矸石胶结充填体变形和破坏特征试验研究[J].煤矿安全,2020,51(5):78-82.
[174] GAUTAM B P,PANESAR D K,SHEIKH S A,et al. Effect of coarse aggregate grading on the ASR expansion and damage of concrete[J]. Cement and concrete research,2017,95:75-83.
[175] 吴疆宇,冯梅梅,郁邦永,等.连续级配废石胶结充填体强度及变形特性试验研究[J].岩土力学,2017,38(1):101-108.
[176] ET B. Rock characterisation, testing and monitoring: ISRM suggested methods [M]. Oxford: Pergamon Press, 1981.
[177] 施劲松.无机聚合物混凝土的温度应力试验研究[D].武汉:武汉理工大学,2014.
[178] 时旭阳.基于泥岩-地聚合物的露天矿隔水层重构机理及应用研究[D].徐州:中国矿业大学,2019.
[179] 李海宏,张耀君,李辉,等.碱激发不同活性粉煤灰地质聚合物的研究[J].西安石油大学学报(自然科学版),2007,22(3):89-91.
[180] 赵永林,张耀君,徐德龙.水玻璃激发矿渣超细粉制备灌浆材料的研究[J].混凝土,2007(6):39-40.
[181] 杜天玲,刘英,于咏妍,等.水玻璃对粉煤灰矿渣地聚合物强度的影响及激发机理[J].公路交通科技,2021,38(1):41-49.
[182] 许进.铸造用水玻璃及其改性机制[M].武汉:华中科技大学出版社,2009.
[183] ERCIKDI B,BAKI H,IZKI M. Effect of desliming of sulphide-rich mill tailings on the long-term strength of cemented paste backfill[J]. Journal of environmental management,2013,115:5-13.
[184] LEE Y,FILLIBEN J J,MICHEALS R J,et al. Sensitivity analysis for biometric systems: a methodology based on orthogonal experiment designs[J]. Computer vision and image understanding,2013,117(5):532-550.
[185] 刘明磊.正交试验设计中的方差分析[D].哈尔滨:东北林业大学,2011.
[186] 刘志祥,李夕兵,戴塔根,等.尾砂胶结充填体损伤模型及与岩体的匹配分析[J].岩土力学,2006,(09):1442-1446.

［187］ NASIR O,FALL M. Modeling the heat development in hydrating CPB structures [J]. Computers and geotechnics,2009,36(7):1207-1218.

［188］ 谢和平,高峰,鞠杨. 深部岩体力学研究与探索[J]. 岩石力学与工程学报,2015,34(11):2161-2178.

［189］ 傅昱. 层状岩石破坏过程的声发射特性及源定位研究[D]. 南昌:华东交通大学,2021.

［190］ 陈梁. 采动影响下大倾角煤层巷道围岩破裂演化与失稳机理研究[D]. 北京:中国矿业大学,2020.

［191］ YAO Q L, ZHENG C K, TANG C J, et al. Experimental investigation of the mechanical failure behavior of coal specimens with water intrusion[J]. Frontiers in earth science,2019,7:348.

［192］ EBERHARDT E, STEAD D, STIMPSON B, et al. Changes in acoustic event properties with progressive fracture damage [J]. International journal of rock mechanics and mining sciences,1997,34(3/4):71. e1-71. e12.

［193］ KIM J S,LEE K S,CHO W J,et al. A comparative evaluation of stress - strain and acoustic emission methods for quantitative damage assessments of brittle rock[J]. Rock mechanics and rock engineering,2015,48(2):495-508.

［194］ CHANG S H,LEE C I. Estimation of cracking and damage mechanisms in rock under triaxial compression by moment tensor analysis of acoustic emission[J]. International journal of rock mechanics and mining sciences, 2004, 41 (7): 1069-1086.

［195］ ZHAO X G, CAI M, WANG J, et al. Damage stress and acoustic emission characteristics of the Beishan granite[J]. International journal of rock mechanics and mining sciences,2013,64:258-269.

［196］ YAO Q L, CHEN T, JU M H, et al. Effects of water intrusion on mechanical properties of and crack propagation in coal [J]. Rock mechanics and rock engineering,2016,49(12):4699-4709.

［197］ YAO Q L,CHEN T,TANG C J,et al. Influence of moisture on crack propagation in coal and its failure modes[J]. Engineering geology,2019, 258:105156.

［198］ OHTSU M, TOMODA Y. Damage evaluation and corrosion detection in concrete by acoustic emission[C] //Proceedings of the 6th International Conference on Fracture Mechanics of Concrete and Concrete Structures, June 17-22, 2007, Catania, Italy. London: Taylor and Francis,2007.

［199］ SCHMIDTKE R H,LAJTAI E Z. The long-term strength of lac du bonnet granite [J]. International journal of rock mechanics and mining sciences and geomechanics abstracts,1985,22(6):461-465.

［200］ BIENIAWSKI Z T. Mechanism of brittle fracture of rock[J]. International journal of rock mechanics and mining sciences and geomechanics abstracts, 1967, 4 (4): 407-423.

［201］ EBERHARDT E,STIMPSON B,STEAD D. Effects of grain size on the initiation and propagation thresholds of stress-induced brittle fractures[J]. Rock mechanics and rock engineering,1999,32(2):81-99.

[202] BRACE W F, PAULDING JR B W, SCHOLZ C. Dilatancy in the fracture of crystalline rocks[J]. Journal of geophysical research,1966,71(16):3939-3953.

[203] SONG S B,LIU J F,NI H Y,et al. A new automatic thresholding algorithm for unimodal gray-level distribution images by using the gray gradient information[J]. Journal of petroleum science and engineering,2020,190:107074.

[204] ZHANG J P,FAN Z P,WANG H,et al. Prediction of dynamic modulus of asphalt mixture using micromechanical method with radial distribution functions [J]. Materials and structures,2019,52(2):49.

[205] 杨晓琴,于艳梅,张传达,等. 温度-浓度耦合作用下可溶岩钙芒硝溶浸细观结构演化[J]. 煤炭学报,2014,39(3):460-466.

[206] SONG S B. An improved simulated annealing algorithm for reconstructing 3D large-scale porous media [J]. Journal of petroleum science and engineering, 2019, 182:106343.

[207] YEONG C L,TORQUATO S. Reconstructing random media. II. Three-dimensional media from two-dimensional cuts[J]. Physical Review E,1998, 58:224-233.

[208] ZHAO X C, YAO J, YI Y J. A new stochastic method of reconstructing porous media[J]. Transport in porous media,2007,69(1):1-11.

[209] JU Y, ZHENG J T, EPSTEIN M, et al. 3D numerical reconstruction of well-connected porous structure of rock using fractal algorithms[J]. Computer methods in applied mechanics and engineering,2014,279:212-226.

[210] HAZLETT R D. Statistical characterization and stochastic modeling of pore networks in relation to fluid flow[J]. Mathematical geology,1997,29(6):801-822.

[211] KARSANINA M V,GERKE K M,SKVORTSOVA E B,et al. Universal spatial correlation functions for describing and reconstructing soil microstructure[J]. PLoS One,2015,10(5):e0126515.

[212] 宋帅兵. 高庙子膨润土孔隙结构多尺度特征及其渗流特性研究[D]. 徐州:中国矿业大学,2020.

[213] CHEN X,SHI C,ZHANG Y L,et al. Numerical and experimental study on strain rate effect of ordinary concrete under low strain rate[J]. KSCE journal of civil engineering,2021,25(5):1790-1805.

[214] XUE B,PEI J Z,ZHOU B C,et al. Using random heterogeneous DEM model to simulate the SCB fracture behavior of asphalt concrete[J]. Construction and building materials,2020,236:117580.

[215] HUANG Y H,YANG S Q,RANJITH P G,et al. Strength failure behavior and crack evolution mechanism of granite containing pre-existing non-coplanar holes: experimental study and particle flow modeling[J]. Computers and geotechnics, 2017,88:182-198.

[216] 黄鹏.煤岩蠕变损伤机理及工作面临空区段煤柱稳定性研究[D].徐州:中国矿业大学,2018.

[217] 杜跃.碳纳米管水泥基注浆材料加固破碎岩石机理的研究[D].徐州:中国矿业大学,2021.

[218] 刘雄.岩石流变学概论[M].北京:地质出版社,1994.

[219] 王振,沈明荣,顾琳琳.以等应变速率曲线为基础的岩石长期强度确定方法[J].哈尔滨工业大学学报,2017,49(6):77-83.

[220] 李祖勇,杨更社.基于蠕变试验的冻结红砂岩长期强度研究[J].科学技术与工程,2021,21(23):9976-9982.

[221] 侯荣彬.考虑初始损伤效应的软岩巷道围岩时效变形损伤机理及控制对策研究[D].徐州:中国矿业大学,2018.

[222] ZHAO Z,WU P,WANG L,et al. Influence of moisture content on creep mechanical characteristic and mic-fracture behavior of water-bearing coal specimen [J]. Geofluids,2022,2022:4014462.

[223] 张宇.深部巷道蠕变大变形失稳机理与控制技术研究[D].徐州:中国矿业大学,2019.

[224] 曹丽丽.煤系砂岩渗流-蠕变损伤破裂机理及其分数阶模型研究[D].徐州:中国矿业大学,2017.

[225] 周瑞鹤,程桦,蔡海兵,等.三轴压缩分级卸荷条件下粉砂岩蠕变特性及蠕变模型[J].岩石力学与工程学报,2022,41(6):1136-1147.

[226] 李猛.矸石充填材料力学行为及控制岩层移动机理研究[D].徐州:中国矿业大学,2018.